（加）斯蒂芬 · B · 赫德 著

许培博 孙琳钰 译

Stephen B. Heard

科研写作完全指南

The Scientist's Guide to Writing

（第二版）

从习惯管理、论文结构、语言风格到修改发表

How to Write More Easily and Effectively throughout Your Scientific Career

世界图书出版公司

北京　广州　上海　西安

图书在版编目（CIP）数据

科研写作完全指南：从习惯管理、论文结构、语言
风格到修改发表：第二版 /（加）斯蒂芬·B.赫德著；
许培博，孙琳钰译 . —— 北京：世界图书出版有限公司北
京分公司，2024.10
ISBN 978-7-5232-1153-3

I. ①科… II. ①斯… ②许… ③孙… III. ①科学技
术 – 论文 – 写作 – 指南 IV. ① G301-62

中国国家版本馆 CIP 数据核字（2024）第 049346 号

The Scientist's Guide to Writing: How to Write More Easily and Effectively
 throughout Your Scientific Career, 2nd edition by Stephen B. Heard
Copyright © 2022 by Princeton University Press.

书　　名　科研写作完全指南：
　　　　　从习惯管理、论文结构、语言风格到修改发表（第二版）
　　　　　KEYAN XIEZUO WANQUAN ZHINAN
著　　者　［加］斯蒂芬·B.赫德
译　　者　许培博　孙琳钰
责任编辑　刘天天
特约编辑　何梦姣
特约策划　巴别塔文化

出版发行　世界图书出版有限公司北京分公司
地　　址　北京市东城区朝内大街 137 号
邮　　编　100010
电　　话　010-64038355（发行）　　64033507（总编室）
网　　址　http://www.wpcbj.com.cn
邮　　箱　wpcbjst@vip.163.com
销　　售　各地新华书店
印　　刷　天津鸿景印刷有限公司
开　　本　880mm×1230mm　　1/32
印　　张　13.75
字　　数　343 千字
版　　次　2024 年 10 月第 1 版
印　　次　2024 年 10 月第 1 次印刷
版权登记　01-2023-5047
国际书号　ISBN 978-7-5232-1153-3
定　　价　78.00 元

如有质量或印装问题，请拨打售后服务电话 010-82838515

目
CONTENTS
录

第二版增补说明　　　　　　　　　　　　　　　　　01

前　言　　　　　　　　　　　　　　　　　　　　　03

关于练习的说明　　　　　　　　　　　　　　　　　07

第一部分

写作是什么 001

第 1 章　论培根、霍布斯和牛顿，以及认真写作带来的好处　　003

第 2 章　天才、手艺和本书的内容　　　　　　　　　013

第二部分

写作行为 017

第 3 章　写作与阅读　　　　　　　　　　　　　　　019

第 4 章　管理你的写作行为　　　　　　　　　　　　025

第5章　准备开始　　　　　　　　　　　　　　　　　035

第6章　保持势头　　　　　　　　　　　　　　　　　049

第三部分

内容与结构 ·· 067

第7章　寻找并讲述你的故事　　　　　　　　　　　069

第8章　科学论文的典型结构　　　　　　　　　　　088

第9章　文前内容和摘要　　　　　　　　　　　　　094

第10章　导言部分　　　　　　　　　　　　　　　　103

第11章　方法部分　　　　　　　　　　　　　　　　110

第12章　结果部分　　　　　　　　　　　　　　　　122

第13章　论述部分　　　　　　　　　　　　　　　　149

第14章　文后内容部分　　　　　　　　　　　　　　158

第15章　引用部分　　　　　　　　　　　　　　　　165

第16章　超越传统 IMRaD 写作架构　　　　　　　　174

第四部分

风　格 ·· 185

第17章　段　落　　　　　　　　　　　　　　　　　187

第18章　句　子　　　　　　　　　　　　　　　　　200

第19章　用　词　　　　　　　　　　　　　　　　　223

第20章　简　洁　　　　　　　　　　　　　　　　　235

第五部分

修 改 **251**

第 21 章　自我修改 253

第 22 章　友情审阅 267

第 23 章　正式评议 277

第 24 章　修改和对审稿意见的回复 291

第六部分

没说完的话 **303**

第 25 章　期刊和预印本 305

第 26 章　写作形式的多样性 319

第 27 章　管理合著关系 339

第 28 章　三种类型的阅读：参考阅读、调查阅读和深度阅读 354

第 29 章　以英语为辅助语言的写作 363

第七部分

最后的思考 **379**

第 30 章　论奇思妙想、幽默和美感：
　　　　　科学写作可以成为一种乐趣吗 381

参考文献 403

致　谢 423

第二版增补说明

《科研写作完全指南》第一版面世至今已有 5 年了。在这段时间里，科学写作这门手艺没有发生什么变化，所以，你可能想知道第二版会有什么新内容。简短的回答是：有很多。你会发现，第二版《科研写作完全指南》的内容既有增补又有更新。这些变化建立在读者对第一版的反馈上，并汲取了我将此书作为本科生、研究生写作教科书所取得的相关经验。

一个全新的章节（第 25 章）提供了在各种各样的期刊中进行选择的建议，你可以在考虑投稿的领域、获得的名誉、投稿的成本以及投稿通过率等因素后，向这些期刊投稿。此章还讨论了将稿件作为预印本发布的做法。预印本在一些领域已成为常态，在其他领域也发展迅速。它的优点和缺点是值得我们思考的。

另一个新章节（第 28 章）涉及阅读文献的艰巨挑战。不阅读就无法写作，无论在什么领域，你都会面临可能与你的工作有关的、看似无穷无尽的论文洪流。第 28 章概述了有效处理铺天盖地的论文洪流的技巧，即"参考阅读""调查阅读"和"深度阅读"。

其他一些章节在第二版中也有大量补充内容。第 29 章"以英语为辅助语言的写作"的内容得到了更新和扩展，为那些不是以英语为母语的作者，以及那些指导他们或与他们合作的人提供更好的指南。摘要和标题方面的内容也增加了很多（见第 9 章）；在"论述部分"这章中，更加深入地思考了框架性研究的缺陷（见第 13 章）；增加了对自我引用和引用策略的处理（见第 15 章）；增加了更广泛的撰写评论文章的建议（见第 16 章）。此外，还有一个关于为公众写作的新章节（第 26 章）。当然，还有更多的补充内容。与此同时，为了反映相关的新文献，整个文本也得到了润色和更新。

最后，读者，特别是课程指导者会发现，章节末尾的练习在提供实践经验和写作练习方面很有价值。第二版练习题的题量是第一版的两倍多，读者可以自己练习，导师也可以带着学生在课上进行练习。

没有任何一本书对写作有最后定论，但我认为，你会发现《科研写作完全指南》第二版为你提供了更多的内容。我很高兴看到这本书能在你们的手中。

前　言

　　如果你拿起这本书，你可能觉得写作对你的科研事业很重要，而且你可能想要更好、更快，或更容易地写作。

　　这完全正确，写作对科研事业很重要，至少和学科知识、实验设计或统计一样重要。作为一名科学家，你要努力工作，为世界探索新的发现。但是，你只有通过写作（和发表）才能使你学到的东西成为人类知识的一部分。不仅如此，只有通过写作（和发表），你才能在你的职业生涯中取得进步，即获得引用、获得研究经费、受到聘用，乃至得到晋升。正因为它是如此重要，你可能会花比设计或做实验更多的时间来写作。在你的职业生涯中，你可能要写很多东西，数量惊人。你是一个写作者，你将成为一个写作者，这和你的其他任何职业一样重要。

　　如果你对自己现在的写作方式不满意，请不要担心，不是只有你这样。写作对每个人来说都是困难的，无论是新生代写作者还是经验丰富的老手。幸运的是，写作是一门手艺，只要练习这门手艺，你就能有所收获。如果你在平时能做到刻意练习、学习写作，这门手艺就能提高得更快。这本书会给予你帮助，我将为你提供关于科学家为什么会这样写的观点，对你成为一名科学写作者的目标予以指导，并为你提出作为写作者应如何自我管理的建议，从而实现这个目标。在这个过程中，我将要求你思考你的文章结构、文章内容、写作风格，以及写文章的过程，也就是作为一个写作者的行为和心理。

本书是为整个自然科学（包括数学）领域的学生和起步期的职业科学家设计的。我是一个生物学家，尤其是一个进化生态学家，所以你可能会奇怪，我怎么知道哪些写作建议适合细胞生物学家、物理学家、地球科学家或纯数学家。科学写作者需要知道的很多东西都是通用的，我们在完成写作任务时，会面临同样的行为挑战，我们都想通过写作使我们的研究被理解、文章被引用，我们都使用一套共同的工具（英语写作、图形设计等），我们都要经过同样的审查和出版过程来完成我们的写作。当然，各领域之间也有差异。例如，纯粹数学领域的作者构建文章的介绍部分和论述部分的方式，与其他领域的作者相当不同。为了探究这些差异，我阅读了数百篇科学论文，跨越科学的各个领域，并与许多在不同领域工作的朋友和同事交谈。我确信有一些领域的写作细节我没有涉及，但这些与我们所持有的共同目标和我们作为科学写作者所使用的共同技巧相比，不值得一提。

因为我是一个科学家，所以我喜欢像做其他事情一样，用数据来提出写作建议。因此，在理想的情况下，我的建议会得到反复且可控的实验的支持，大家可以想象一下，数百名科学写作者，每个人都被随机分配到被动或主动语气的写作中，或者至少得到系统的、重复性好的观察研究的支持。如果有这样的数据，我会引用它们，但对科学写作的研究远没有你想象中的那么先进。为了填补这些空白，我提供了一些建议，那是我作为写作者、审稿人、编辑和写作教师的经验。在我三十年的科学家生涯中，我自己撰写或与人合著了两本书，大约八十五篇期刊论文，还有很多经费申请报告、技术报告、行政文件、博客文章等。我是数百家期刊投稿的同行评议人，作为助理编辑，我还处理过数百份稿件。最后，我还为几十个研究生和本科生（我自己的和我同事的）提出过建议，因为他们正在努力（有时还在挣扎着）写学位论文、论文、经费申请报告等。从这些经验中，我学到了很多知识，并形成了很多观点。在下面的篇幅中，我将向你们展示这些知识和观点。

　　没有人能够完全掌握我们的写作手艺，但如果你认真对待它，你可以变得更好，而且会得到回报。祝你好运！

关于练习的说明

　　你不能只通过阅读来学习写作，重要的是要把你看过的书运用到你自己的写作中，更宽泛地说，你要尽可能多地、有意识地进行写作练习。出于这个原因，我在大多数章节的末尾都设置了练习题。如果你能和别人一起讨论这些问题，它们就对你的写作特别有帮助。如果你把这本书作为课程教材，你可能会在小组研讨会中用到这些练习题。另外，可以考虑找一个实验室伙伴或其他同伴和你一起做练习，或在你单独做完后将你的答案与其他答案对比。和大家讨论你的答案与当初做练习一样有价值，也许价值还会更大。

　　与同龄人一起写作似乎让人紧张，甚至令人尴尬。你将会分享不完美的写作草稿，并承认没有成效的写作行为。相信我，你的不良写作习惯并不是你独有的。不要害怕承认过度使用括号、拖延写作、因浏览网页而分心（仅以我自己的三个弱点为例）的问题。相反，如果一个同龄人与你分享他自己的草稿，或透露他们的写作过程或奋战挣扎经历，你要像希望他们支持你一样支持他们①。写作是困难的，但是你可以向你的同事学习。在任何情况下，知道自己并不孤单，都会有所裨益。

---

① 在本书中，我避免使用非包容性的"he"(他)和"she"(她)，以及尴尬的"(s)he"(他/她)和其他此类词汇，试图克服语言中缺乏非性别的第三人称单数代词的缺陷。我经常采用奇特的"they"(他们)。虽然这通常被认为是一个语法错误，但从历史和功能的角度看，这是一个不错的选择(Heard, 2015a)。(如无特别说明，本书的注释均为原书注释。)

第一部分

写作是什么

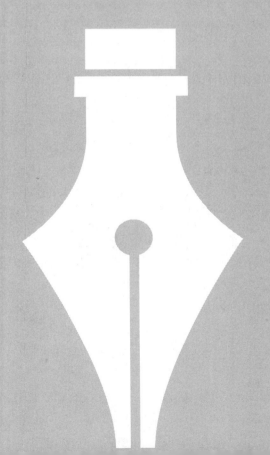

科学家会花费大量时间来写作，许多人花在写作上的时间比花在设计实验、收集分析数据、设计证明或其他任何事情上的时间都要多。然而，许多科学家很少将写作作为一个过程来关注。他们认为，写作是一种相当程式化的工作，即只是在自己的工作完成后简单地记录一下结果。

　　这种观点非常具有误导性。对于我们大多数人来说，写作不仅是一项艰苦的工作，更是压力和沮丧情绪的根源。因此，像对待实验设计那样，对写作给予同样的深思熟虑是值得的。你尝试要写的是什么？为什么你使用的标准科学格式具有相应的结构、样式和其他一些属性？什么属于草稿？什么不属于草稿？为什么？当你坐在键盘前写作（或者没有在写作）时，你到底在想什么？在做什么？作者和读者之间的关系是什么？仔细思考这个问题又将怎样提升你的作品质量？

　　本书的核心主旨是回答上述所有的问题。并且，要想极大地提高你文章的质量和数量，可以注意以下三点：第一，大多数科学写作者并不是天才，他们也要通过刻意地练习写作技巧，来培养写作能力；第二，清晰明了是所有科学写作的目标，即要毫不费力地把作者的信息或论点传达给读者；第三，有意识地思考自己的写作行为，这对写作者来说是非常有帮助的。本书将详细探讨所有要点，不过，我们将从一些基本，但经常被忽略的东西开始。如果你想写得更好，可以先思考一下写作到底是什么。我的意思是，我们如何写、为什么这样写，以及这种写作方法是如何随着时代发展来更好地满足我们（作为作者和读者）的需求的。

第1章

论培根、霍布斯和牛顿，以及认真写作带来的好处

1.1　清晰明了的文章的问世

在欧洲近代早期（约 1500—1750），一切都在变化中。时代见证了新教改革、代议制民主的引入、政治权力的世俗化以及主权民族国家的起源。时代在见证了商品和思想的全球化交流的同时，也见证了欧洲殖民主义征服世界大部分地区。

伴随宗教、政治和全球经济变革，科学自身也在变革。欧洲的"珍奇屋"（curiosity cabinets，见图 1.1）中摆满了从海外勘察和贸易中带回来的标本，包括石头、生物、手工艺品等。这些标本都亟须用自然科学和人类学的新思想来解释。化学迈出的第一步，是从炼金术发展到理性的发现。艰苦的观测和新的仪器使天文学和物理学发生了革命性的变化。最终，微积分的发明使数学成为所有科学的基础。

图 1.1　奥尔·沃姆（Ole Worm）的《珍奇博物馆》（*Museum Wormianum*）的
卷首画（1655），这本书是关于他的"珍奇屋"的藏品目录

　　但是，在人类的知识内容呈爆炸式增长的同时，另一个更重要的变化正在发生。现代科学方法、职业科学家、科学学会的发展，以及（如果你在思考回顾这段历史的意义）现代风格的科学写作改变了人们获取和交流知识的方式。从某种意义上讲，这才是科学家学会写作的时刻，或更具体地说，到这时，科学家写作的目标才明确，那就是要让广大科学界接受他们的想法。

　　这种观念和目标的转变是一个巨大的变化。中世纪的"科学家"（例如炼金术士）通常认为自己是独居的工作者，他们会为了自己的利益而探索大自然的秘密。如果他们将自己的发现全部写下来，也是

第 1 章　论培根、霍布斯和牛顿，以及认真写作带来的好处

为了声明自己的优先权，或是把发现写成笔记以供自己使用。因此，他们所撰写的内容是故意含糊不清的，甚至用密码、神秘符号或字谜写成，以保护他们的秘密，使之免遭对手的窃取。最早的变革提倡者之一是弗朗西斯·培根（Francis Bacon），他批评了这种保密措施，并在他 1609 年撰写的论文《论古人的智慧》（*De sapientia veterum*）中辩称："科学的完善无法单从一个探索者的机敏或能力中取得，科学的进步需要继承。"在他死后出版的《新亚特兰蒂斯》（*New Atlantis*，1627）一书中，培根描述了一个虚构的研究机构兼科学协会，他称之为"所罗门之家"。很显然，他把"所罗门之家"看作对科学应该如何运作的建议。在"所罗门之家"中，由于科学家的相互交流合作，研究才取得了进展。培根很可能受到 8 世纪和 9 世纪伊斯兰科学的启发——伊斯兰科学在阿拔斯王朝的哈里发哈伦·拉希德（Harun al-Rashid）和阿布·马蒙（Abu al-Mamun）的合作下兴旺发展（Lyons，2009）。

受培根"所罗门之家"的概念启发，1660 年，英国皇家学会创立。它的创始者将培根的想法从科学家之间的交流，扩展到与广泛的科学界甚至有好奇心的公众的交流。其中一位创始人是罗伯特·波义耳（Robert Boyle），他实质上发明了一种新的写作形式，即科学报告，它被用来描述一项实验的方法和结果（Pérez-Ramos，1996）。另一位是托马斯·霍布斯（Thomas Hobbes），他在 1655 年的著作《论物体》（*De Corpore*）的序言中写道："为了避免混淆和晦涩，我用了准确的定义来解释最常见的概念。"这个目标在今天看来平平无奇，但在霍布斯的时代却是悍然打破常规的。该学会的成立，随之带来了第一本现代科学期刊《皇家学会哲学汇刊》（*Philosophical Transactions of the Royal Society*），该期刊出版了波义耳所开创的那种科学报告，并

以霍布斯所倡导的清晰明了的语言书写。12 年后，托马斯·斯普拉特（Thomas Sprat）将该学会的修辞哲学描述为：

> 持之以恒的决心，拒绝所有的夸大、离题和浮夸的风格……一种亲切的、无修饰的、自然的表达方式；积极的表达、清晰的感觉、天然的轻松，尽可能让一切事物接近数学上的朴素平实。（Sprat, 1667: 113）[①]

以现代视角看，发生的这一切似乎理所应当。但从中世纪的"秘而不宣"，到培根和霍布斯的改革，再到斯普拉特的皇家学会的"清晰的感觉、天然的轻松"，这一转变是革命性的。没有科学报告方式的结构性转变，就没有现代科学。微积分、望远镜、显微镜和归纳法的发明（都是在 1590 年至 1630 年出现的）当然很重要，但比这些重要的是"清晰地描述一个人的科学思想"的理念，供所有人阅读。

当然，没有一场革命会缺少反对者，科学传播的革命中有这样一个古怪的人物，那就是因脾气暴躁而出名的艾萨克·牛顿（Isaac Newton）。对他来说，出版的主要目的是确保他的作品得到认可。例如，他在 1669 年起草了《根据无穷级数的分析》（*On Analysis by Infinite Series*），以回应尼古拉斯·墨卡托（Nicholas Mercator）的《对数技巧》（*Logorithmotechnia*）。牛顿担心这本书会削弱他作为对微积分发表关键见解的第一人的地位。他只允许稿件在皇家学会内部有限

---

① 这种对"数学上的朴素平实"的提及可能是对欧几里得（Euclid）的赞誉，他的《元素》（*Elements*）清晰易懂，令人钦佩。然而，清晰和开放并不一定是古希腊思想家的准则。例如，毕达哥拉斯（Pythagorus）要求他的追随者必须保守秘密，他的追随者可能以泄露了他对无理数的发现为罪名杀死了哲学家希帕索斯（Hippasus）。

地流通。直到 1711 年，他才同意开放出版。更著名的是，他故意让他的杰作《数学原理》（*Principia Mathematica*）[尤其是第三编《论宇宙的系统》（*De mundi systemate*）] 难以阅读。牛顿最初用通俗的语言写完了《论宇宙的系统》，读者很容易明白其中的内容（Westfall，1980: 459），但他改变了主意，又把它改写成了只有有造诣的数学家才能理解的一系列命题、推导、引理和证明。他毫不动摇这个意图，并告诉他的朋友威廉·德勒姆（William Derham）："为了避免被数学上的'半吊子'折磨，他（牛顿）特意把他的《数学原理》写得深奥难懂。"（Derham，1733）也就是说，他写作是为了阻止与其他科学家的交流，而不是为了方便交流！当然，那时的牛顿已经是一个超级巨星，读者很可能会不遗余力地冲破迷雾，试图去理解他的文章。然而读者也可以"遗余力"，因为那时为争夺科学家的注意而出版的作品仍然只是涓涓细流。这一点，也将会发生改变。

1.2　现代的清晰写作和"心灵感应"

培根、霍布斯、斯普拉特以及他们那个时代的其他人朝着同一个方向迈出了第一步。到 20 世纪，人们一致认为大多数写作都是清晰明了的交流。这方面最著名的体现可能是小威廉·斯特伦克（William Strunk Jr.）和 E. B. 怀特（E. B. White）于 1920 年首次出版的《风格的要素》（*The Elements of Style*）。怀特描述了斯特伦克的观点，即典型的读者是"在沼泽中挣扎"，而"任何试图用英语写作的人都有责任迅速地把沼泽里的水排干，让读者站在干燥的地面上，或者至少扔下一根绳子"（Strunk and White，1972: xii）。然而，不管斯特伦克的辩护多么有力，在斯蒂芬·金（Stephen King）2000 年出版的《写作这回事：创作生涯回忆录》（*On Writing: A Memoir of the Craft*）中，关于清晰性的论证得到了最纯粹的表达。在金的"写作是什么"一章中，他以一个简单的宣言开场："当然是心灵感应。"（King, 2000: 95）

"心灵感应"这个词可能是用来幽默一下的，但在科学写作中，你的目标应该始终是尽可能清晰明了地交流，让读者感觉就像心灵感应一样，信息直接从你的大脑传递到读者的大脑。你写作是因为你有一些信息要传递，你的目标应该是让读者在没有意识到过程的情况下接收这些信息。正如纳撒尼尔·霍桑（Nathaniel Hawthorne）所说："最好的风格就是……能使这些文字完全消失在思想中。"［写给 E. A. 杜伊金克（E. A. Duyckinck）的信，1851 年 4 月 27 日，引用于范·多伦（Doren, 1949: 267）］如果读者停下来质疑你的措辞，或者需要眯着眼睛来区分图表上的两条线，那么你已经卷入了一场你不想参与的战斗：你努力表达的内容和你说话的方式在争夺读者的注意力。

对于这一点，你可能有点怀疑。毕竟，人们普遍认为使用高级词汇和复杂句子的人似乎更聪明。然而，大多数研究发现，情况恰恰相反：人们认为使用简单词汇和简单句子的写作者（以及使用高质量文本的写作者）智力更高（例如，Oppenheimer, 2006）。但即使普遍流行的观点成立，并且晦涩难懂的文章确实让你看起来更聪明，那也只有在人们真正阅读时它才有意义。这就引出了我的下一个观点。

1.3　认真写作带来的好处

实现心灵感应般的写作是一项艰苦的工作（见第 2 章）。我花了几百个小时来创作，希望文章能达到清晰明了的效果，在这本书中，我也会敦促大家这样做。我本可以花上几百个小时做更多的实验，或者

第 1 章　论培根、霍布斯和牛顿，以及认真写作带来的好处

和朋友一起喝啤酒，甚至只是沿着水边散步，用石头"打水漂"。那么，为什么要把时间和精力花在写作上呢？

似乎努力把文章写得清晰明了是对读者的慷慨之举——这就是斯特伦克的比喻给读者留下的印象，即"给读者一条救命绳索"，或者这也可能是对科学进步的慷慨之举。这是培根、斯普拉特和其他科学家在 17 世纪提出的观点。在这种观点下，牛顿自私地"隐瞒"了他的文章，故意把文章写得不透明。

毫无疑问，文章写得好既有利于读者，也有利于科学的进步。但科学的发展，尤其是其自牛顿时代以来惊人的发展，改变了人们写作的动机。在 17 世纪 80 年代，牛顿的奢侈在于他写的书晦涩难懂，但他知道所有重要的数学家、物理学家和天文学家都会尽可能投入时间来研究他的著作。在当时，没有多少类似的重要作品能吸引科学家的注意力。但在我们的时代，每年出版的科学著作越来越多。例如，就 2020 年而言，在 Scopus™ 上进行检索，肿瘤学条目能显示 20 万多条；关于污染物质的有 3.8 万多条；关于石墨烯的有 2.4 万多条。相比之下，仅 7000 份的关于超导体或超导的条目看起来易管理，但即使与你工作相关的超导体文献只占 10%，追踪这些文献也意味着一年中的每一天都要阅读两篇论文。这在一段时间内可能是可行的，但这些数字不包括未编入 Scopus™ 索引的期刊上的论文，以及预印本、技术报告、书籍、书籍章节、毕业论文、经费申请书，或任何其他形式的、来自全球的、在科学家办公室里堆得摇摇欲坠的科学著作。

因此，作为一名科学写作者，你要用大量读者可能更喜欢的材料来吸引其注意力，而非用你自己喜欢的材料。然而，你的职业和声誉取决于你的作品是否被人阅读。招聘者、职称评审者，或是教职委员会以及基金评委会都在密切关注你的出版物引用数据。研究生院招生

委员会会寻找写作技艺高超的证据，最优秀的准研究生会通过阅读文献来寻找能够激发他们灵感的导师。当然，期刊编辑和审稿人已经在提交上来的稿件的重压下叫苦不迭，不能再指望他们从难以阅读的稿件中慧眼识珠。读者有很多选择，如果你的论文不清晰，他们会转向另一篇。当他们这样做的时候，你作为一个作者才是最痛苦的。

你不能简单地通过写更好的文章来让读者喜欢你的科学知识，但你可以让他们更容易地明白，为什么他们应该喜欢它，或者至少他们为什么应该阅读和引用它。当你努力使自己的文章清晰明了时，最大的赢家不是你的读者，也不是科学的进步，而是你。这是一个你可以争取的胜利，一方面是因为有太多糟糕的作品让你可以脱颖而出（往坏处想），另一方面是因为你可以通过学习写得越来越好（往好处想）。牛顿依附在一个自私自利的世界，写的文章晦涩难懂。但在现代社会里，科学家对自己的最大帮助莫过于把文章写得更好。

1.4　写作技巧的共通性

这本书旨在帮助你提高科学写作水平。但如果你的职业生涯把你带离了学术界，你是不是就再也不需要写科学论文了呢？你为提高科学写作所做的努力会白费吗？

当然不会！尽管我从科学写作的世界里找了些细节来修饰我的论点，即认真写作会带来好处，但每一个论点都同样适用于其他形式、其他职业的写作。那些离开科学研究的人可能不会再撰写科学论文，但他们几乎总会写些别的东西。或许他们会获得一个地质学的学位，然后在工业界或政府部门工作，写工作进展报告和技术报告；或许一个学生在获得数学学位后，最终会去法学院，起草案件摘要、法律意见书，甚至立法草案；或许一位生物学家最终会写说明书、销售手册，或者——谁知道呢——儿童小说、通俗历史，甚至是一本关于写作的书。虽然细节各不相同，但你需要的基本工具是可以在不同领域间转换的。你为提高写作水平而付出的努力，其所带来的回报会更加丰厚，因为这样必然会提高你的逻辑思维能力，每个人一生中都在使用这种能力。

本章小结

- 科学写作最重要的目标是写得清晰明了。
- 简明的科学写作会促进科学进步、造福读者，最重要的是使作者自己受益。
- 不简明的科学写作要承担不能发表、不被阅读或不被引用的风险。
- 掌握的科学写作技巧几乎可以运用于任何职业中。

练 习

1. 选择两个可以广泛定义你感兴趣的科学领域的关键词（例如，"沉积地质学"和"白垩纪"，或者"纳米颗粒"和"药物递送"）。

   a. 使用 Google Scholar、Web of Science™ 或 Scopus™ 进行文献搜索。在最近一整年中，你的搜索工具发现了多少篇论文？过去 10 年有多少篇？

   b. 题目 a 中的结果与你在一年中能够精读的论文数量相比如

何？你能够略读的数量是多少？

2. 列出 3 个你想改善自己的科学写作水平的实践方法。可以包括你的写作内容或写作风格，或者你作为一个写作者的写作过程或写作行为。现在，列出 3 件让你对自己的写作能力感到满意的事情。每个人都有写作能力，都能写出自己的成就，即使其中有些是小成就！

第2章

天才、手艺和本书的内容

2.1 天才 VS 手艺

写作对一些人来说是自然而然的。大仲马（Alexandre Dumas）写了《三个火枪手》（*The Three Musketeers*）和超过 276 本书，1844年，他打了一个赌，说他能在 3 天内写完《红屋骑士》（*Le Chevalier de Maison Rouge*）的第一卷，并赌赢了。艾萨克·阿西莫夫（*Isaac Asimov*）写了 506 本书，浪漫小说家芭芭拉·卡特兰（Barbara Cartland）写了 722 本。[①]乔治·R. R. 马丁（George R. R. Martin）[《权力的游戏》（*Game of Thrones*）的作者] 迄今只写了 20 多本书，但其中有些书真的非常厚。像这样的作家，每天都能写出数千字的可出版文本，这种速度似乎只有天才才能实现。

———————————

① 根据你对浪漫主义这一流派的看法，你可能更愿意把其看作是一本书写了722次。

一些科学写作者具有这种天赋。在我的职业生涯早期阶段，我观察过一位类似大仲马的资深科学家。为了写一篇论文，他会在屋子里绕圈走动一个星期，或深思熟虑地歪着头，然后坐在键盘前，让几乎没有瑕疵的文字从他的手指流向电脑。与许多新手写作者一样，我也期望写作对我来说是容易的。但我很快就明白了不是这样，当我写作时，我停下来，又开始；我写完，删除，撤销，再删除。我拿着一份稿件，重新组织、重新写、重新措辞，通过十几版或更多草稿打磨润色。有时我会花几个小时写一个段落，然后把它删掉，再重新开始。

很长一段时间以来，我认为我的挣扎奋斗让我与众不同。但事实并非如此，大多数作者都在努力奋斗。我之所以没有意识到这一点，是因为我看到的是他们的写作成果，而没有看到他们努力创作的过程。19世纪法国小说家古斯塔夫·福楼拜（Gustave Flaubert）也许是奋斗成功的标杆，他以竭力寻找"唯一完美的词"（le seul mot juste）而闻名。在他的职业生涯中，他只创作了少数几部小说，因为创作对他来说简直是一种痛苦。[他最著名的作品《包法利夫人》（*Madame Bovary*）花了5年时间才完成。]在一次写作中，福楼拜花3天时间做了两次修改，花5天时间写了一页，但他却被尊为伟大的作家。

我意识到大多数写作者都在为他们的写作手艺而勤奋努力，这对我来说是一种转变。它使我认识到，写作过程中的艰苦是我工作的正常部分。反过来，这使我觉得花大量的时间来创作、修改和润色是正确的。这也让我意识到，我可以有意识地去学习和练习写作的要素，而不是坐在键盘前希望天才降临。我发现，有意识地关注我的写作过程，而非只关注我写作的内容有巨大的好处。总之，这样的思考方式力量很大，尽管大家都不是天才，但大家都可以写得好，只是需要注意相关的技巧。

2.2　科学写作的手艺

但是，"注意相关的技巧"是什么意思？关于写作的书籍如果专注于语法和用法的细枝末节，就会显得呆板和单调。

> 使用现在分词和现在不定式，无论主动词的时态是什么，都表示与主动词时间相同的时间。使用完成式分词和完成不定式表示主动词时间之前的时间。（Johnson, 1991: 56）

> 一个（核素）的质量数显示为前置上标，如 ^{14}N。后置上标可以表示电离状态，如 Ca^{2+}，或一个激发态，如 $^{110}Ag^m$，$^{14}N^*$。后置下标用于表示分子中的原子数，如 $^{14}N_2$。（American Institute of Physics Publications Board, 1990）

这不是"那类书"。同义词、语法规则、引文格式和表格布局（以及更多）确实是手艺的一部分，我会在相关的地方介绍它们，但这本书并不是关于它们的详细指南。这类技术问题广泛存在于优秀而枯燥的指南中，并得到了很好的涵盖。相比之下，本书为你提供了一个策略：不是一位天才，而是一位普通的科学写作者在练习自己的手艺。这是一个包含两个要素的战略。第一个要素是对清晰沟通的目标的不懈关注。你的文章是否应该包括方法论的一个细节？你应该用主动语态还是被动语态来写？你应该给表格中的数字保留多少位小数？你的数据到底应该放在表格里，还是放在图形里？在每一种情况下，找到答案的途径都是一样的：更好的选择是让读者更轻松地理解你要讲的故事。第二个要素是不仅要刻意关注你写什么，还要关注如何写。许多新手科学写作者只是坐下来，期待着写作的发生。这样的写作者（实际上是所有的写作者）可以通过在写作时有意识地思考自己的写作实践和写作行为而获益。与自己打交道会让你写得更轻松、更好，尽管这确实需要与自己就如何写作进行坦诚的讨论（甚至是对抗）。

总而言之，这是一本关于作者如何通过关注他们的写作内容、写作目标（清晰明了地沟通）、写作方式（写作过程）取得成功的书。采取这种深思熟虑的方法是使写作成为一门手艺的原因。将科学写作描述为一门手艺，会让人将其与其他活动进行比较，如家具制作。这两种活动都包括熟练掌握基本材料（木材和紧固件、文字和图表）并将其组装成具有强度的大件。熟练掌握这门手艺，需要仔细考虑用户的需求：谁会使用这个产品，如何使用，以及为什么要用？其次，在这两门手艺中，技术操作的熟练是平时刻意练习的结果。一个橱柜制造商可能会练习绘图、切割、细木工和精加工。一个写作者也可以做同样的事情，只是用文字代替木材作为选择的材料。最后，熟练掌握这两门手艺需要熟知自己的行为，以及如何管理这种行为，以便生产出更多更好的产品。我不能教你成为一个家具木匠，但我认为我的建议可以帮助你成为一个更好的写作者。

本章小结

- 很少有科学写作者是天才，大多数人发现写作既困难又耗时。
- 科学写作是一门手艺，人们可以通过练习和刻意关注来提高手艺。
- 对技巧的关注包括对写作者行为的关注，而不仅仅是书面文字。

第二部分

――― ― ―――

写作行为

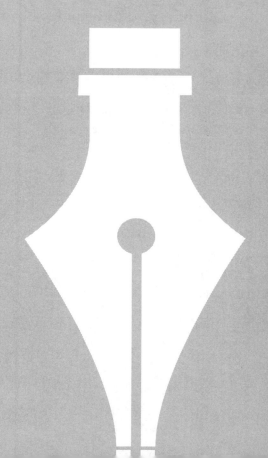

写作既可以是一个名词，也可以是一个动词。[①] 作为一个名词，写作是一种具有历史、功能和一系列惯例的表达形式，尤其是科学写作。这些因素都很重要，但它们的重要性要等到第三部分才会讲述。在第二部分，我们将注意力转向作为动词的写作。

　　把写作作为一个动词来思考，会使我们注意到写作是一个过程。当然，我不是指书写英文连体字或打字的机械性活动，而是指写作的智力活动。一篇文章并不是凭空出现的，它是由写作者创作的，而这种活动是我们可以有效思考的。当你写作时，你在想什么？你在做什么？同样重要的是，当你应该写作却没有写时，你又在想什么，做什么？通过谈论你的行为，我要求你把注意力从你的**写作内容**上转移开，转而思考你是**如何**写的。你是否分心了？你是短时间写作还是长时间写作？当你被一个词卡住时，你是等待它出现，还是跳过它继续写，或者休息一下？你是否因写作的成功而奖励自己？如果是的话，何时奖励，怎么奖励？这些都是写作者行为的要素。认识和修正你的写作行为，将帮助你提高写作水平。

　　对大多数科学家来说，写作是闭门进行的。我们不会看着对方写作，"写作"分享的是成果，而不是行为。因此，许多科学家认为写作（如果他们真的这么想的话）是一种将思想转录到纸上的机械过程。对于"作为名词的写作"，他们可能知道并追求其中的规则，但却没有过多思考"作为动词的写作"所涉及的心理及其行为。这是一个非常大的错误。仔细思考自己作为一名写作者以及**如何**写作的问题，会得到丰厚的回报。

　　我在第二部分所说的内容，适用于你工作中涉及的各类写作。然而，你在阅读时，可能会想到科学写作，因为你会看到，我在写作时基本上是这样做的。如果你发现科学写作的练习和非科学写作的练习可相互促进，那就更好了。

---

① 严格地说，是动名词。但这种区分不是本书关注的内容。

第3章

写作与阅读

我们很容易认为写作和阅读是完全不同的活动，它们之间的联系仅仅是印刷品从写作者到读者的传递。这种观点表明，写作者不需要考虑他们的读者。出版商、图书馆和互联网等渠道站在两者之间，管理必要的交接。这种观点还表明，读者不需要考虑写作。当阅读发生时，写作已经安全地成为过去式。

这种观点对写作者很不利。我已经说过，写作者应该时刻牢记读者，因为任何写作者的目标都应该是与目标受众进行清晰的沟通。因此，写作者在写作时应该思考阅读。在另一个方向建立联系也有很大的价值：写作者在阅读时也应该思考写作。

3.1　以写作为目的的阅读

要想写出让人一目了然的文字，唯一的办法就是搞清楚读者会如何回应你在撰写文字和绘制图形时所做的选择。你需要知道哪些句子结构最容易理解，哪些材料的章节组织最容易遵循，等等。当然，这里可以提供一些大致的规则，例如"使用主动语态""将论文分为导言、方法、结果和论述部分""在比较数量时使用图片而不是表格"，等等。原则上，你可以在你的电脑上录下一长串这样的规则，并将其视为如何接触读者的权威之声。但长长的规则清单令人厌烦，使用它们会使写作变得无聊，而好的写作有时需要知道什么时候应该改变规则，而不是遵循规则。此外，使用规则清单是一种奇怪的间接方式。与其依赖被告知的规则来创作清晰明了的文本，不如更有效地理解读者的想法，并按照这种理解进行写作。

不过，了解读者的想法并不容易（见第 21 章）。他们很少会告诉你他们读你写的东西时的感受，当他们这样做时，你要对作品做出修改通常为时已晚。幸运的是，有一位读者你非常了解，如果你愿意倾听，他会说出来，那个读者当然就是你。你对别人写的东西的反馈，正是你在写作时需要知道的。

在阅读过程中，你可以通过刻意注意自己的反馈来学习很多东西。如果你发现一篇论文特别容易阅读或令人愉悦，是什么让它如此？你认为哪些措辞、结构或图表是有效的？如果你发现一篇论文很难读，是什么因素使你艰难地前行？你可以想象有什么修改能使文章变得更加清晰明了吗？史蒂文·平克（Steven Pinker）（2014，第一章）提供了一些阅读方式的具体例子。记下有效或无效写作的例子，并将其保存在文件夹中以备日后参考。当你写作时，模仿你喜欢的，避免重复你不喜欢的。事实上，刻意这样做只是你自学会阅读以来，潜意识里所做的事情的延伸。孩子们通过倾听家人、朋友和邻居的声音来发展对口语的听觉，因此几十年后，你依然可以通过他们说话的词汇和口音判断他们来自哪里。同样，你也可以通过阅读来发展对书面语言的"听觉"。作为读者，你喜欢的东西会自然而然地出现在你的写作中，但你可以通过有意识地关注这件事极大地加快这个过程。[①]

顺便说一句，你可能在本科阶段就已经遇到过看起来有些类似的建议，但那使你的写作变得更糟了，而不是更好。我们经常告诉学生要阅读科学论文，并按照他们所读的内容进行写作。我在这里想说的并不是这种情况。当我们建议某人以整个文献为蓝本进行写作时，可能会延续文献里的一些最糟糕的特征，如过度使用行话和缩写词。我们建立了一个期望的循环，在这个循环中，我们认为科学写作是乏味和不透明的，所以我们创造了更多这样的东西，而这些东西反过来又被下一代人模仿。因此，对一般文献的模仿要谨慎。与之相反，我们应该找到并模仿那些能使一篇科学写作鹤立鸡群的特点。

一旦你决定在阅读时关注写作，你就可以在任何地方找到机会。如果你在期刊俱乐部或实验室例会中与同行一起阅读一篇论文，写作就不仅是内容，还是讨论的明确重点。如果你没有参加任何小组，那就加入一个，主动阅读同行或更高级同事的稿件（每个人都需要友情审阅，见第 22 章）。如果期刊或资助机构要求你提供同行评议，那么，请接受。除了提供专业意见外，你还有机会参与别人的（好的和坏的）写作。最后，你不需要只从科学写作中学习。你还可以从任何东西中得到提示：报纸文章、博客文章、麦片盒上的营养表、没营养的机场小说，甚至《呼啸山庄》(Wuthering Heights)。所有这些都使用语言来传达信息和劝导读者，而且都可以向你展示需要模仿和避免的东西。你读的东西越多越好。

---

① 那些对本书中的脚注感到不满的人可以责怪特里·普拉切特 (Terry Pratchet)，他的《碟形世界》(Discworld) 的脚注给我带来了无穷的乐趣。

3.2　但要小心抄袭行为

虽然阅读是充实你的写作工具箱的绝佳方式，但要注意不要越过界限变成抄袭。抄袭是指有意或无意地将别人的文字、数据、图表或想法当作自己的东西来介绍。我建议你阅读并模仿你欣赏的东西，当然，这并不包括从你的资料中挪用内容（剽窃有其文化背景和定义，这可能会给非西方文化背景的科学写作者带来麻烦。关于这一点，请看第 29 章。）

我想我们可以假设，对自己的手艺足够在意并正在阅读这本书的写作者并不会故意抄袭，所以我在这里提醒大家注意的是无意中的越界行为。你可以通过仔细注意三个问题来避免越界，其中一个或多个问题是大多数案例的基础。第一，内容与风格不同：你可以自由地模仿另一位写作者说某事的方式，但不能模仿他们实际说了什么。这意味着，如果你欣赏一位写作者的结构、风格、措辞或图表格式，你一般可以毫无顾虑地模仿。但是，你不能（在没有署名的情况下）复制短语以外的措辞、数据，以及图表元素，如地图、图画和其他实质性的文本或图形，等等。第二，记住，转述另一位写作者的话并不意味着仅仅改变几个词，甚至不是在原封不动地挪用原句的词序、结构和措辞的同时替换所有词。一个好的转述是使用你自己独立设计的措辞和短语来完成的（但它仍必须通过引用来注明出处）。第三，当你保存了好的写作范例，以便以后可以模仿时，即使是在你自己的非正式笔记中，也要仔细标示它们的来源，以免以后把这些你希望能写出的东西误认为是你自己实际写过的东西，并逐字记录到你的作品中。也许这最后一条建议听起来太显而易见了，不说你也明白，但谷歌搜索"草率笔记剽窃"的结果（当我写这篇文章时）有接近 300 万的条目！

关于抄袭的进一步建议是随处可见的。佩科拉里（Pecorari, 2008）将抄袭视为一种语言现象，并讨论了故意与非故意的抄袭。许多大学的写作中心都提供了关于抄袭和可接受的转述的例子（例如，www.mun.ca/writingcentre/plagiarism/examples/paraphrasing.php）。你大学的写作中心很可能愿意直接与你讨论你的草稿。工业与应用数学学会（www.siam.org /journals/plagiarism.php）提供了一份关于防止学术出版中剽窃行为的技术指南《科学出版中的作者诚信》（*Authorial Integrity in Scientific Publication*）。你也可以把那些你没有把握的文字上传到在线查重软件。在撰写本文时，Grammarly（www.grammarly.com）提供了一个免费的查重软件，许多大学都订阅了付费服务，如 TurnItIn（www.turnitin.com）。这些工具是否好用取决于它们的数据库，所以如果你在对一些原始文本进行模仿时，要先确保检查器检测到原文是抄袭的，然后再对你的版本通过审核这一事实感到安慰。

值得注意的是，不管是故意还是非故意的抄袭都可能会毁掉一个人的职业生涯。

3.3　复盘：阅读的价值

不要让关于抄袭的警告妨碍你通过阅读来提升写作能力。你从阅读中培养出来的"耳朵"（尤其是有意识地关注写作）比 1000 条写作规则更有价值。作为一个写作者，你是一个可以追溯到几千年前的群体的一部分，那些在你之前就存在的作品可以被看作是作者和读者交流的一长串实验。阅读，无论是科学、文学作品，还是麦片盒，都能让你获得这些实验的成果，并把它们运用到你自己的写作技巧中。因此，要经常阅读，广泛阅读，并有意识地阅读。

本章小结

- 阅读是培养写作技能的一个有效途径。
- 在阅读时，对你认为成功或不成功的写作做记录，以便于自己模仿或加以避免。
- 当以好的文章为榜样时，要注意避免抄袭。

练　习

1. 对于接下来你所读的 3 篇科学论文进行书面记录，至少要分别记录下你对其在写作上欣赏的一个方面，以及你认为可以改进的一个方面。

2. 阅读一本小说（任何体裁）的前 5 页。
   a. 找出你喜欢的写作特点（风格、选词、断句、结构），你可以在写科学论文时模仿。
   b. 找出另一个你喜欢的，但不适合在科学论文中使用的写作特点，并说明为什么它不合适。

3. 从一篇与你自己的研究有关的科学论文的导言中选择一个写得很好的段落。找出该段中传达的一个重要观点，并像在自己的论文导言中那样，用一到三句话转述它。现在查阅大学写作中心的"避免抄袭"建议。根据你找到的建议，你的转述是否可以？如果不是，你将如何修改？

第4章

管理你的写作行为

我总是写得很慢。对我来说，想要花一整天的时间写一篇文章，最后只写了两三段是很常见的。一篇文章的初稿可能要花我几个星期甚至几个月的时间。就写作本身而言，这并无大碍，许多成功的写作者都写得很慢，甚至是众所周知的缓慢。[①] 更重要的是，任何一天我都可能有两个原因会拖延进度。有时我很慢，是因为我整天都在写作和修改、删除和撤销、组织和重新组织。你可以认为这是"福楼拜式的慢"（见第2章）。有时，我写得慢是因为我活像看见了松鼠而不能自已的狗，反复分心，这是我写作时最大的敌人。例如，在打开一个空白文件开始新一章的写作时，写完标题之后，我检查了4次电子

---

① 也许没有人像谢尔比·福特（Shelby Foote）那样坚决地慢下来，他花了20年时间写出了3卷本的美国内战史（Foote, 1958, 1963, 1974）。福特用蘸水笔和墨斗写稿（一直写到20世纪70年代！），把每一页的湿墨水都擦掉，不写下任何他不喜欢的东西，因为他讨厌修改。因此，他认为只要写出500字就是美好的一天也不足为奇（Foote, 1994）。

邮件，阅读了《纽约时报》(*New York Times*) 和《环球邮报》(*Globe and Mail*) 的新闻报道，之后去温室为一棵实验中生长的一枝黄花属植物除草（不必要的），阅读了一篇棒球博客、一篇计算机安全博客和两个经济学博客上的最新帖子，并认真思考时间是否快到中午了，我是不是要去加热我的午餐（遗憾的是，还没到中午）。这些事情都不能帮助我在页面上增加文字。

我写作缓慢的原因植根于两种非常不同的行为，而且就问题而言，它们有不同的解决办法。在我的写作生涯中，我变得更有成效，部分原因是我学会了识别我写作缓慢背后的行为，并找到改变的方法。只在修改有用的时候进行修改，避免在修改上浪费精力，并且在意识到自己注意力不集中的时候，要把注意力拉回到空白页面上。这只是我自己的例子，但说明了一个更普遍的原则：当练习你的写作手艺时，你不仅要注意写的内容，而且要注意你自己在写作时的行为，这非常重要。

4.1　一些常见的行为挑战

你在提高写作效率方面面临的挑战可能与我不同。每个写作者都是独一无二的，探究自己的行为是很有价值的，我们下面将围绕如何做到这一点进行讨论。尽管如此，对于写作者来说，任何的行为挑战都源于以下 6 大挑战。如果你在自己的写作行为中意识到其中一点，那么你就是一个优秀的同伴。

- **逃避**。只要可以，许多写作者会尽可能地延期开始一个写作项目，或迟迟不坐下来进行一天的写作。空白的一页可能让人望而生畏，但摆脱空白的唯一方法是开始填补它。然而，有一些方法可以让开始一个项目或会议更容易（见第 5 章和第 6 章 ）。

- **注意力分散**。我已经承认了自己面临的最大的行为挑战：一旦我坐下来写作，就有一个巨大的问题摆在我前面。如果没有保持专注于写作的能力，就绝对不可能写出成功事业所需的大量文本。在我的写作生涯中，我已经学到了很多关于避免分心的技巧（见第 6 章 ）。

- **思路卡顿**。也许你的写作暂停了，不是因为你被其他事情困扰，而是你盯着书页不知道下一步该写什么。这个问题经常被称为"写作者的障碍"，但这是一个糟糕的名字，因为它暗示了一种来自写作者之外的力量，而不是一种来自内心的行为。克服"卡壳"是一个关于保持写作动力的问题（见第 6 章 ）。

- **完美主义**。看起来你好像总希望自己能写得更好，但就像大多数事情一样，适度一点是明智的。一个完美主义者在把前一段写得完美之前，是不会转向下一段的，但这样是不可能写到最后一段的。我们可以先把一些糟糕的东西写在纸上（见第 6 章 ），然后再加以修正（见第 21 章 ），这样做是有很多好处的。

- **害怕批评**。职业生涯早期的写作者，有时不愿意向同事或（甚至是）导师展示他们的作品。相反，他们反复打磨，但无法决定作品是否已经好到可以分享。可以肯定的是，批评确实会刺痛人。[①] 然而，成功的写作者意识到，这种刺痛是有用的。写作的全部意义在于与读者交流，而判断和改善这种交流的最佳方式就是分享草稿并接受批评（见第 22 章和第 23 章）。

- **不愿意修改**。对你作品的批评是非常宝贵的，但前提是你要把它利用起来。许多写作者不愿根据建议对他们的作品做出修改，我在担任编辑时经常看到这种情况，而我作为一个写作者也在为这种情况挣扎。这种抗拒背后有一些自然的心理力量，因此大多数写作者需要特别注意它、克服它（见第 22 章至第 24 章）。

你自己的行为挑战可能并不在这张清单上。但作为一个完全正常的科学写作者，你肯定要面对其中至少一两个。如果你想写得比现在更多，或者写得比现在更好，那么不仅要考虑你正在写的内容，还要考虑你自己作为一名写作者的实际情况。理解和管理自己的行为是真正完成所有这些你知道且应该做的事情的关键，从正确的标点符号到长期的工作效率都是如此。

---

① 每个作家都会受到批评。当还是一名学生时，小说家、奥斯卡获奖剧本作家威廉·戈德曼（William Goldman）与他的搭档共同编辑了奥伯林学院的文学杂志。他匿名提交了自己的故事，并记得他的合作编辑说："我们不可能发表这些垃圾。"（Queenan, 2009）令《公主新娘》（*The Princess Bride*）的粉丝感到幸运的是，他坚持了写作这一手艺。玛格丽特·米切尔（Margaret Mitchell）的《飘》（*Gone With the Wind*）的手稿被拒绝了38次，但出版的版本获得了普利策奖；玛德琳·英格（Madeleine L' Engle）的《时间的皱纹》（*A Wrinkle in Time*）在出版版本获纽伯里奖章之前被拒绝了26次。这些作家都不喜欢受到批评，但他们的作品都因批评得到了改进。

4.2　为什么思考你的写作行为会有所帮助

令人惊讶的是，有多少写作者忽视了显而易见的事实：如果不改变在写作中的所作所为，你就无法写出更多或更好的作品；如果不知道自己在做什么，你就无法改变自己正在做的事情。在这方面，写作挑战与咬指甲、暴饮暴食或任何你想要改变的其他行为没有区别。管理一个人行为的第一步是做一个有意识的决定。虽然这一步听起来微不足道，但我花了好几年才迈出这一步，而世界上还有很多写作者仍没有迈出这一步。

然而，自我意识的好处远远不只让你决定改变自己的行为。事实证明，它还可以帮助你实施和维护这样的决策。我们从神经生物学研究中了解到这一事实，该研究使用了一种称为功能磁共振成像（fMRI）的技术来检测有意识的自我反省（见框 4.1）。在研究中，参与者会被要求提高他们在戒烟等任务中的表现，这种逻辑也适用于写作。那些最成功、成功时间最长的人，是那些有意识地思考自己行为与任务之间的关系的人。

框 4.1　功能磁共振成像和自我意识的好处

功能磁共振成像（fMRI）是一种可以识别在给定的思维任务中神经活动增强的大脑区域的技术。它通过对比含氧和脱氧血液的磁性，来测量脑细胞的能量消耗。功能磁共振成像扫描表明，大脑的一些小区域密切地参与了对自我的有意识思考。尤其是背内侧前额叶皮质（dmPFC）的活动与对自身行为的评估和决策相关（van der Meer et al., 2010）。但

dmPFC 的活动不仅仅是一个人在思考自己行为时的指标，它还能预测未来改变这种行为的能力。蔡等人（Chua et al., 2011）利用功能磁共振成像，监测想戒烟的人在听到不同戒烟信息时的大脑活动。结果显示，促使 dmPFC 活动最多的信息是那些根据受试者的个人情况（健康史、自我确定的吸烟原因等）量身定制的信息，这些信息促使他们有意识地思考自己的行为。这些听到使 dmPFC 激活信息的吸烟者的戒烟成功率，要高于听到更多关于戒烟好处的一般信息的吸烟者的戒烟成功率。蔡等人（2011）推测，这种效应的产生是因为自我反思的思维刺激了更深层次的神经，它们与吸烟者改变行为的目标相关，从而更好地将目标整合到习得的（改变的）行为中。重要的是，使 dmPFC 激活的信息在被真正听到后很长一段时间，在受试者进行自我反思的几周或几个月后，仍与行为改变相关。在一段时间内明确地思考自己的行为（同时倾听智者的意见）有助于吸烟者做出并维持未来的行为改变。这种对大脑运作方式的理解远不止戒烟，我认为你可以利用它来更好地管理你作为一个写作者的行为。

自我意识也不仅仅在当下起作用：它还有助于在很久以后维持行为的变化。这是一件好事，因为维持对自己行为的意识并不容易。我们大多数人都非常善于在不知不觉中执行一项熟悉的任务。如果你对此表示怀疑，那就去散散步，并看看你能把注意力集中在脚趾的动作上多长时间。不仅如此，对一种行为的关注也会干扰它的执行：当想着你的脚趾时，你可能会撞到一根电线杆上。如果管理你写作行为的唯一方法是一直刻意地意识到这一点，那么这就不是一条非常有效的改进途径。幸运的是，功能磁共振成像的研究证实，自我意识在你放松很久之后就会得到补偿。

自我意识具有重要性的一个有趣推论是，对于一本写作书中提供的一般建议，即使它非常适合作为个体写作者的你，也不如你思考自己的行为时给自己的建议有效。这并不是说这本书不重要，但它强调了一个事实，那就是在我帮助你练习写作的过程中，你必须是一个积极的、有思想的伙伴。如果有时我没有告诉你该做什么，而是让你决定该做什么，这不是我在逃避责任。作为一名写作者，你是独一无二的，有自己的好习惯和坏习惯，也有自己对试图调整这些习惯的干预措施的反应。思考自己的独特性会让你受益匪浅。

4.3　鼓励行为上的自我意识

行为上的自我意识提出容易实现难。可以使用一些简单的技巧来帮助把你自己的行为定期地记住。以下技巧中的一些可能适合你。

- **提醒**。在你的写字台（笔记本屏幕、桌子等）上方放一个小牌子，上面写着"你是如何写作的？"当你的目光越过这个牌子时，你就会要求自己注意自己的行为：你是真的在写作，还是在分心？你是在写新文还是在修改旧文？不管是哪一种，这是你应该做的吗？同时，要防止这个牌子逐渐消失在你的认知背景中，你可以每天把它移来移去、打印出一个不同字体的新牌子，或者做一些其他事情来保持它对于你的新鲜感。

    或者在你的写字台附近挂一个小的毛绒动物玩具或类似的东西，把它当作你的写作意识，想象它在观察你写作时的行为。当你注意到它时，想一想它看到了什么，你也会看到这种行为。我使用的是匹诺曹（Pinocchio）小木偶（它有一个额外的好处，那就是提醒我，我写的东西大部分应该是真实的）。

- **写作日志**。提醒在当下起作用。这种方法能迫使你回顾性地思考自己的写作行为：写作日志可以帮助你集中思考。其中一种方式是记录个人的写作过程，你可以坐下来工作两个到三个小时，并记录 6 分钟写作日志：设置一个闹钟，每 6 分钟响一次；当闹钟响起时，记下你在这一刻在做什么。你可能会惊讶地发现，在这些记录中，有一小部分涉及两眼放空、查看电子邮件、取来零食或写作以外的其他事情（见表 4.1）。如果是这样，你就发现了一些需要管理的行为。

表 4.1　我在一次写作过程中的 6 分钟写作记录

时刻	我的事项	时刻	我的事项
9:00	写新的文本	10:00	写新的文本
9:06	写新的文本	10:06	写新的文本
9:12	写新的文本	10:12	写新的文本
9:18	检查电子邮件	10:18	吃点小吃
9:24	写新的文本	10:24	阅读法律幽默博客
9:30	斟酌用词	10:30	写新的文本
9:36	阅读棒球博客	10:36	检查推特
9:42	检查电子邮件	10:42	写新的文本
9:48	写新的文本	10:48	盯着空白
9:54	阅读《迪尔伯特》（Dilbert）	10:54	写新的文本

注：我实际用于写作的时间不到一半！

你不会想要经常使用 6 分钟日志这个方法，因为它有可能打断你的写作，并引发它应该诊断的问题。〔有一些在线工具可以在后台编制日志，如"拯救时间"（http:// www.rescuetime.com），但这些工具只能跟踪你用于接入互联网的设备〕。一个你可以长期坚持的替代方法是每天写作日志。在你的写作日结束时，花 5 分钟到 10 分钟写一些关于这一天的笔记，以及你写作时的行为：你写了多少？你有没有写出高质量的东西？如果是这样，你做了什么，使之成为可能？如果你没有完成多少，是什么阻碍了你，第二天你怎样才能避免这个问题？不要只是想一想，写下来会有助于你集中思想，让你在长时间内重新审视，寻找规律并吸取教训。

- **与朋友合作**。约定与朋友或同事（定期）一起讨论写作行为，把他们作为责任伙伴。例如，你们可以约定每天晚上互相发送你们当天所写的或修改的内容副本，同时对你写作时的实际表现做出一些评论。另外，你们也可以简单地约定交换和讨论上面建议的每日写作日志。如果你们的友谊经得起考验，那就可以做得更多：约定检查对方的浏览器历史记录、脸书页面、冰箱和其他写作（或不写作）期间的行为证据。这种策略有两个好处：第一，另一个人的参与可以作为一种承诺手段（见第 6 章），使你很难跳过当天的自我反省；第二，另一个人往往可以发现你没有意识到的行为，或者问你一个你自己不会想到的问题。

当然，如果没有一些痛苦的坦诚，这些建议就不会奏效。将你打算做的事情（写作）与你实际做的事情（在脸书上发帖，制作回形针链）进行比较，这可能会让人大吃一惊。你至少可以放心一点，你发现的任何坏习惯肯定是在你之前的其他写作者已经分享并克服的。

本章小结

- 理解和管理你的写作行为对高效写作至关重要。每个写作者都会有一套独特的行为挑战。
- 意识到自己行为的人更有能力管理好自己的行为。保持行为意识的工具包括贴出提醒便条、撰写日志、与朋友或同事相互监督，并履行你们之间的约定。

练 习

1. 制订一个两小时的写作计划表，并做一个 6 分钟的写作记录。在这种方法中你中发现了哪些可能降低你效率的写作行为？你怀疑自己还有哪些非产出性的行为？
2. 根据自己的经验，列举你在写作时做的两件会使你的写作过程富有成效的事情。列举两件影响你写作效率的事情，并为每件事情制定一个解决它的策略，你将尝试改变你的行为。

第5章

准备开始

因为我在写作方面有困难，所以不太喜欢写作。因此，当要开始写一篇新文章时，我发现很难开始。我的待办事项清单上的大多数其他事情似乎都值得一做，还有很多不在清单上的事情似乎也很诱人。

当然，不愿意写作这个想法随时可能出现，但许多写作者发现开始一个新的项目，比他们开始后继续下去更令人望而生畏。例如，约翰·斯坦贝克（John Steinbeck）在他的日记中坦言："我患有……对写下第一行的恐惧。恐怖、魔法、祈祷、直挺挺的羞怯袭击着我，真是令人惊讶。"（Steinbeck 1969, 13 Feb. 1951: 9）如果连他在开始时都有困难，那么大家都有困难也就不足为奇了。当整个项目摆在你面前时，最困难的部分就像地平线上最高的山丘一样吸引着你的注意力，此时你很难想象能到达终点。于是，第一天的工作最终被耽搁了，也许只是一两天，也许更多一点。当然，问题在于，大多数科学写作者需要进行很多不同的写作项目，包括论文、章节、申请、评论、报告等。即使是短暂的写作延误, 也会让事情堆积起来。

如果你对第 4 章记忆犹新, 那么你不会惊讶于我们是从有意识地关注写作者的行为入手的。写作者主要有两种动笔失败的方式, 我称之为"无意地不动笔"和"有意地不动笔"。你要找出自己犹豫不决的根源。有意地不动笔者会做出(现在)还不开始写作的决定, 无意地不动笔者(像我一样)不会做出这样的决定, 但在工作日结束时却发现自己还没有开始。这两种类型的写作者最终都有同样的结果, 但他们不同的行为需要分别处理。

5.1　无意地不动笔

无意地不动笔实际上只是拖延的一种形式。拖延是指"推迟预定的行动方案, 尽管拖延将会使事情变得更糟"(Steel, 2007: 66)。几千年来, 这一直被认为是人类普遍存在的缺陷。[1] 实际上, 拖延不仅仅是一种人类行为。马祖尔(Mazur, 1996)证明鸽子也会这样做。[2]

我们都知道我们不应该拖延, 但我们都在拖延。那么, 是什么让我们一直这样做, 我们能否改变我们的行为? 心理学文献同时带来了

---

[1]　罗马演说家西塞罗(Cicero)在公元前44年[在他的《反腓力辞》(*Philippic*)第六篇中]抨击了拖延症, 作为对马克·安东尼(Mark Antony)的严厉攻击的一部分。再往东, 200年前, 在《薄伽梵歌》(*Bhagavad Gita*)中, 克里希纳(Krishna)将拖延与粗俗、懒惰和欺骗一起列为定义 "Taamasika" 的罪过, 这些人死后注定只能转生为野兽或昆虫。

[2]　在马祖尔的研究中, 啄按键以获得食物奖励的鸽子可以选择很快按下食物传递的按键(但持续时间很短), 也可以选择较晚按下食物传递的按键(但持续时间较长)。它们通常更倾向于在未来更远的时间按下按键, 尽管这给它们带来的整体奖励较少。也许我们应该谨慎地解释这一点, 但据我所知, 这项研究并没有被重复过。心理学家大概会在以后进行此类研究。

坏消息和好消息。坏消息是，有些人确实比其他人更容易受拖延症的影响（Steel, 2007），他们的弱点随着时间的推移而持续存在，甚至可能受到基因控制（Arvey et al., 2006）。好消息是，这只是一种趋势，而不是不可避免的厄运，人们可以学会而且确实学会了减轻拖延症。更妙的是，了解这种行为的心理根源可以帮助你找到控制它的方法（Steel, 2007）。

把拖延看作你在两种或更多的行为（或任务）中做出选择的结果是很有用的，你可以选择在某个特定的时刻开始。想象一下，现在你可以开始写作，检查你的电子邮件，或者起身去拿零食。每项任务在执行过程中或完成时都会有奖励，但这些奖励的价值不同，而且预计会在未来的不同时间内发放。从心理学（Steel, 2007）和行为经济学（Thaler, 1981）中得出的关键见解是，人类不一定会选择有最大奖励的任务。相反，我们对未来更远的预期奖励的积极性较低。从技术上讲，我们将它们的价值打了折扣。因此，我们可能更喜欢那些提供少量即时奖励的任务（例如，阅读新到的电子邮件），而不是具有更大延迟奖励的任务（例如，完成一篇稿件的满足感）。

这一观点在时间动机理论（简称为 TMT）（Steel and König, 2006）中得到了正式的阐述，这一阐述很有帮助，因为它为我们理解避免拖延的行为策略提供了一个统一的框架。TMT 模型将任务选择模拟为对每项任务的吸引力进行（明确或隐含）计算的结果，其中最具吸引力的任务被选中。任务的吸引力取决于四个主要因素：一个人对完成任务的信心如何（期望），一个人对奖励的重视程度（价值），一个人的未来奖励的贬值程度（折扣），以及在收到奖励之前有多长时间（延迟）。这些因素中的每一个都取决于任务的属性，但也取决于选择者的属性。更具体地说，其表达式是：

$$A \propto \frac{E \cdot V}{\Gamma \cdot D}$$

其中 A 表示吸引力（attractiveness），E 表示期望值 (expectancy)，V 表示价值 (value)，Γ 表示折扣 (discounting)，D 表示延迟 (delay)。

让我们研究一下这个表达式。每个术语的定性影响都是相当直观的。从分子中，我们看到吸引力（A）随着期望值（E）增加而增加：如果你对完成任务更有信心，你将更有可能开始。吸引力（A）也会随着奖励的预期价值增加（例如，它对你的职业生涯的重要性）而增加。从分母中我们可以看出，任务的吸引力会随着折扣增加而减少。折扣（Γ）衡量一个人对奖励的兴趣随着奖励向未来的推移而减弱的程度。如果你倾向于冲动，那么你的 Γ 就高；如果你倾向于在行动之前仔细权衡未来的后果，那么你的 Γ 就低。任务的吸引力也会随着延迟（D）的增加而减少，因为在未来更远的奖励会因为折扣的增加而贬值更多。

重要的是，你可以调整 E、V、Γ 和 D，既可以针对个别写作任务，也可以更广泛地针对你的写作行为。采取行动提高期望值或价值，或减少折扣或延迟，都会增加写作的吸引力，从而提高你选择这种行为的可能性。具体而言，你可以依次采取如下措施。

提高期望值（E）。 至少有 3 种方法可以提高对写作的期望值。

第一，你可以让写作看起来更容易。一项特定写作任务的内在难度可能是你无法控制的，但你仍然可以通过重新定义任务来操纵期望值。你是否（很准确地）认为写出一篇论文的成品是非常困难的？那就把注意力集中在写初稿上，这是个较容易的任务。整个草稿仍然令人生畏吗？那就专注于第一部分。这种重新定义提高了期望值，因为较小的任务可以更容易地完成（而且更快，这也是减少延迟的一个好处）。或者，邀请一个合作者加入你的写作项目（见第 27 章）。有了合作者，你们可以分工写作，各自承担自己最有信心（期望值最高）的任务。

第二，你可以努力提高写作水平。当然，你不可能一夜之间成为大师，但你取得的每一次进步都会增加期望值，从而增加开始写作的吸引力。

第三，即使你的实际能力保持不变，作为一名写作者，你也可以对自己评价更高。最明显的是，你可以提醒自己你有能力成功。如果你曾经写过引以为傲的东西，请你重读一遍，你就会知道你的新项目可以达到同样的高度。观察同龄人的写作成功例子也很有效，如果他们能做到，那么你也能做到。更好的办法是换位逻辑，把成功的写作者看成是你的同行。如果你了解到你尊敬的科学写作者（或像福楼拜这样的著名作家，见第 2 章）和你一样奋斗后取得了成功，你的自信肯定会得到提升，投入工作的吸引力也同样如此。

提高价值（V）。你能增加与写作有关的回报吗？虽然你不能轻易操纵别人给你的回报（成绩、职业认可等），但你可以稍微贿赂一下自己。完成你的稿件是否可以获得一天的假期？每完成 1000 字的草稿是否可以换来一块好巧克力？这些东西将与外部奖励结合起来，增加总价值。当然，自我奖励应该在你真正完成任务时才会出现。如果你有欺骗自己的冲动，可以考虑请朋友发放这些奖励。通过足够频繁的奖励训练，甚至可以通过经典条件作用，使完成任务本身成为一种乐趣（Eisenberger, 1992）。

另一种方法是完成任务的厌恶性（与工作任务相关的不愉快，在 TMT 模型中，这是一种负值的"奖励"）。你可能想多花一点钱买一把舒适的办公椅，在你的办公桌上放一支香薰蜡烛，或者在冰箱里放上你喜欢的软饮料。

降低折扣（Γ）。TMT 模型中的折扣项主要是指选择任务的人的属性，而不是任务本身的属性。首先，有两个坏消息。第一，人与人之间在冲动性（高 Γ）与对未来回报的关注（低 Γ）方面的差异往往是相当稳定的（Gustavsson et al., 1997）。第二，大量关于冲动的自助文献可以被归结为真诚但无益的建议，即停止冲动。幸运的是，并不是一切都丢失了，因为当人们对未来的奖励做出有意识的选择时，他们的折扣会比无意识的选择更少。那么，你可以通过鼓励对未来回报的认识来减少 Γ，从而增加写作的吸引力。如果你的工作机会取决于你的论文答辩，就在你的电脑屏幕上把它展现出来。如果你正在写一篇期刊论文，就把它的标题在期刊封面上的模样展现出来。问问自己为什么写作对你很重要（你期待什么回报），然后有意识地这样做。

降低拖延（D）。如果拖延的发生是因为我们对未来的奖赏不屑一顾，那么我们能不能把奖赏移近些（减少拖延）？许多写作的奖励不能这样操作，在工作完成之前，或者在有自己的时间表的组织（如资助小组）将其上交之前，奖励是不会累积的。然而，你可以控制自我奖励的时间。因为在写作过程中的早期奖励（小的拖延）对你的拖延症有很大的影响，一般来说，为自己的渐进式进展提供小的奖励，比承诺在任务完全完成时去迪士尼乐园旅游更有效。

不在你控制范围内的长期和不确定的拖延可能对你的动机造成特别大的伤害。例如，我发现，从提交稿件到（我希望）稿件被接收出版之间的几个月，我都很难专注于写作的回报。对此，我的解决办法是，我向自己保证，当我按下期刊网站上的"提交"按钮时，我将在当天的其余时间里休息。虽然这种奖励并不巨大，但它是一个小的已知拖延，我发现它具有很强的激励作用。

当然，如果你能调整 E、V、$\varGamma$、D 来使写作更有吸引力，你也可以调整它们来使其他任务的吸引力降低。也许最好的例子是减少互联网的使用。例如，检查电子邮件或脸书的奖励几乎是即时出现的，这使得这些任务具有很强的吸引力。一些简单的事情，如在关闭 Wi-Fi 的情况下在电脑上写作，或使用一个限制访问社交媒体或其他诱惑事物的应用程序，可以对你的写作效率产生惊人的影响，因为它迫使你推迟或减少这种电子产品让你分心的回报。只允许自己访问那些你不喜欢（低价值）或你不擅长（低期望值）的视频游戏也是一种类似的调整方式。

最后，TMT 模型提出了另一种方法，也就是将拖延视为一种选择。与其试图确保你会做出正确的选择，不如把选择本身看作问题所在。你可以通过从你的环境中消除任何表明你有其他任务可做的线索，来消除选择，从而确保你开始写作。不要只是关闭你的电子邮件程序（增加延迟以减少吸引力），而是从你的桌面上删除它的图标（从根本上避免计算机吸引力的诱惑）。将你的桌子上读了一半的惊险小说、智能手机和其他诱惑通通拿走。从本质上讲，你可以通过自觉性来避免选择，使写作成为一种你不需要有意识地去维持的习惯性活动。如果你能习惯在这把椅子上，或在一天的这个时候写作，而且只是在写作（Silvia, 2007），那么你就避免了导致拖延的选择。

5.2　有意地不动笔

无意地不动笔者（拖延者）知道他们应该开始写作，但有意的不动笔者却是另一种类型。故意不写的人确信，如果等待合适的时机，他们就会写得更快更好，尽管他们几乎总是错的。

如果你问故意不做的人他们在等什么，你会听到两个非常常见的答案。

"我还没有得到所有的数据或分析。" 在收集任何数据之前，你绝对不应该完成你的结论部分。但等到每一个数据都被分析了之后再开始也不是一个好主意。只要你有足够的数据，知道你打算大体上讲什么故事，你就可以开始写了（甚至更早更好，见下文"早期写作"）。

一些有意不写的人担心，如果他们太早开始写，最后的分析会改变故事，那么他们的努力就会白费了。这种担心是没有必要的。如果分析最后一项数据促使你重写导言的两段内容，那么这项任务在你要做的其他所有修改工作中很难被注意到（见第 21 章）——但它会更快发生，因为你已经提前调整了。甚至你认为可以在写作前确定"最后"的数据或分析的观点也是错误的。在朋友间审稿和正式评议期间（见第 22 章和第 23 章），阅读你稿件的人经常建议你加入新的数据或分析，这往往对稿件有很大的好处。你在写作时的思考，同样可以带来不同的分析方法或部分缺失的数据。如果你能利用这一点，在写作中的稿件和它将要汇报的科学成果之间可能会有一个强有力的反馈：不仅是科学暗示了要讲述的故事，而且发展中的故事也暗示了科学的发展方向。等到所有的数据都在手，所有的分析都完成之后再写，就意味着错过了这个机会。

"我还不知道我要说什么。" 许多有意不写作的人认为写作是一个相当被动的过程，在这个过程中，你只需使用铅笔或键盘来详细记录你脑海中已经想好的完整故事。这些写作者会想象自己是这样起草论文的，并打算等到他们能够简单地输出完整的思想草稿时再动笔。如果真的可以这样，那么过早动笔确实会浪费精力，以后还要被迫进行修改。但几乎没有人能够这样写作。几乎所有人历经的都是一种更为动态的过程，即在写作过程中探索他们的故事，他们的草稿在广泛、深入和反复的修改中曲折撰写（见第 21 章）。

不要误会我的意思。每个写作者在实际写作之前，至少都会进行一些思考，在脑海中尝试论点或排演段落，这没有什么不对！但是，在此花费过长时间则是自寻烦恼。如果你喜欢自己想到的一些文本，你需要做两件事：记住这些文本，并看看把它写在纸上是否对读者有好处。写下你的想法就能最好地满足这两个需求。但是，如果你要写下"完成的"段落，那为什么不先写下不完整的段落？为什么不潦草地写下大纲，或记下想法，或在打字时再尝试写句子或段落？也就是说，为什么不直接写呢？

还有一些写作者则屈从于一种更危险的预写式写作。这些写作者可能已经收集和分析了他们所有的数据，但他们并没有写作，也没有积极思考写作。相反，他们在等待某种神秘的过程来"激发"他们的灵感，让他们的草稿准备好被誊写到纸上。这种魔力可能包含他们"潜意识的光辉"或"来自写作小精灵的礼物"，但这不是他们可以直接控制的。依赖"魔法"的写作者总是发现，自己迟早会被魔法抛弃。到那个时候，他们会被迫像其他人一样挣扎，只是他们已经失去了等待魔法降临的时间。

如果神奇的写作灵感确实发生在你身上，当然，你应该利用它[1]，但不要被诱惑去依赖它。成功的写作者在他们需要的时候写他们需要

---

[1] 我的淋浴间里有一个SCUBA记事本，因为我经常在那里得到神奇的想法。淋浴的魔力给我带来了实验的想法、优雅的转折以及组织段落的更好方法，但只是杂乱无章地出现。我可以打开或关闭淋浴，但魔法只在它高兴的时候出现。

写的东西。在这样做的过程中他们发现，在感觉还没有准备好的时候，写作是对严谨思考的一种宝贵帮助。在页面上写下文字会对你有帮助，那是不会出现在你脑海里的东西，无论你等待多久。

5.3 "早期写作"：将写作与科学实践结合起来

如果你采纳了我在上一节中的建议，极端地合乎常理，会怎么样？ 如果你从来没有"开始"写一个项目，因为你在项目的计划和实施过程中就一直在写，又会怎么样？我们可以把与计划和正在进行的研究相结合的写作称为"早期写作"。这是一种简化写作过程的方法，同时也是挖掘写作和实践之间协同作用的机会。

早期写作的优势在"方法"部分最为明显。首先，没有比在正在计划或执行（还没有忘记任何细节）时更容易写出你的方法的时间了。其次，撰写"方法"部分可以加强你的实验设计，在为时已晚之前提醒你注意不明智之处。为一个不熟悉的读者描述它们，会让你注意到逻辑中的漏洞、假设和数据之间的不匹配，或者缺少可以完善你的故事的观察结果。特别是要注意你的方法难以解释的特点。如果你发现自己写了一个复杂的解释，或者为某件事情做了辩护而不是解释，那么这些都强烈暗示你可能没有选择正确的程序或分析方式。

"其他"部分也适用于早期写作。在你阅读文献和思考该领域以规划你的研究（或撰写资助申请或项目建议书）时，是起草"导言"部分和"论述"部分材料的天赐良机。例如，如果你在阅读论文时写下简短的摘要，你可以验证你的理解，并最终为自己论文的文献综述部分起草材料。而你的项目成立可能是因为你发现了这个领域的知识空白，所以写下你的工作理由，为你的导论（见第 10 章）的关键部分打下草稿。如果这个理由在写作时经不起严格的思考与推敲，最好在你花费时间和金钱进行无法向读者"推销"的工作之前就发现它。

甚至结果部分的大部分内容都可以在你有实际结果之前起草。如果你有实验数据，就使用实验数据；如果没有实验数据，就使用我们称之为"模拟数据"的数据（你预计会从你的工作中获得的虚构数据），制作模拟数据的表格和图形，这对你分析你想象中的数据是有帮助的。你可以对你计划的统计分析做同样的事情。在你进行单次测量之前，尽早这样做，这是测试你的研究设计的一个很好的方法。我不止一次通过实体模型发现了我的设计中存在一个会使数据分析或演示复杂到不必要的特性——幸运的是，我及时解决了这个问题。也许你对"编造数据"的概念感到不安，但这些模拟数据只是用来测试的，永远也不会公之于众（一定要给模拟模型贴上 **"仅为模拟数据"** 的标签，以避免以后出现混淆）。当你收集到真正的数据时，你可以将其剪切并粘贴到模拟数据中，然后就可以完成最终版本了。

当然，你在工作前或工作中所写的大部分内容在以后都需要修改、重写，甚至丢弃（呜呼！），也许这就是数据带给你的惊喜。那么，早期写作是在浪费精力吗？一点也不浪费。修改草稿总是比从头开始写要容易得多，而且即使是被完全抛弃的早期写作，也会在帮助指导科学本身方面得到回报。当然，打磨你的早期写作也是白费力气，所以你可以不按语法写作，或以小点的形式写作，忽略模拟图形和表格中难看的格式，或者写一些不相干的文本，以便你以后可以把它们放在一起。像这样做可以降低早期写作的成本，同时保留了将写作与科学工作相结合的巨大好处。

5.4　逐步适应

进入冰冷的游泳池，在深水区最容易；而开始写作项目，在浅水区最容易。如果开始似乎就很困难，你可以通过放松地进入工作来欺骗自己。当你决定"开始"一个新的稿件时（即使早期写作也意味着你已经有了相当多的材料），从你认为最容易的项目的任何部分开始。即使你先写的内容不是最先被阅读的部分，也不必担心：读者不会知道或关心你从哪里开始。当我写一篇论文时，我从"致谢"部分开始。当然，这些都是微不足道的，但一旦它们完成了，我就觉得我已经开始写作了。接下来，我会采取一个稍微困难的步骤，也许是起草一张图或一个表。没过多久，我就为一个难点部分的句子结构感到汗流浃背。放松并不能改变写作是一项艰苦的工作这一事实，但从简单的事情做起，至少能给你带来让你做更难事情的动力。

当然，并不是每个人都觉得同样的事情容易。赶早的写作者可能会在工作执行过程中写下关于方法的碎片，然后从组装和连接这些碎片写起。还有一些写作者则认为表格和图片是一个诱人的起点，因为它们是从统计分析中自然产生的。还有一些人喜欢导言中的文献综述部分，特别是如果它可以从已经写好的资助申请、项目意见书或他们在阅读背景论文时所做的笔记中拆解出来。另一种常见的策略是通过制定大纲或概念图（见第 7 章）来逐步适应。我的一位同事从导论的第一段开始（这对我来说是完全有害的），但她有一个诀窍：她从一篇她认为写得很好的论文的第一段开始，然后逐字逐句地用她自己的故事来替换文本。她所模仿的论文的主题与她的论文是否相关并不重要，她所追求的是写作和组织的清晰性。这比面对空白页要轻松得多。尽管她后来总是重写草稿，但一旦脱离了可供模仿的文本，她就能轻松地进入独立写作状态。

你可以轻松地进入任何写作任务：一个章节、一个图表、一个段落。你甚至可以轻松地进入一个句子。我经常只敲出几个有错别字的单词，然后把它们改成一个连贯的句子，这样最终对连贯性的需求就不会把我吓跑。从简单的东西开始似乎并不高级，但其实不然，因为你是用简单的东西作为过渡，进入了更困难的地方。

本章小结

- 许多写作者在开始一个新的项目，甚至是新的一天的写作项目时都会有所挣扎。

- 不愿意动笔可能是无意的拖延，也可能是有意的拖延（认为自己还没有准备好写作）。

- 拖延可以通过对写作者心理学的一些关注，以及通过调整期望值、价值、折扣和延迟来进行管理。

- 在所有数据和分析都到手之前，甚至在你知道你的论文会说什么之前，就可以开始写作了。

- 在整个项目设计和实施过程中完成的"早期写作"避免了开始时的挣扎，使写作更容易，并让写作帮助你发现方法以推动你正在从事的科研工作。

练习

1. 对于你正在进行的一个写作项目，想一下 TMT 理论，写下一些你可以采取的具体行动，以增加写作的吸引力。至少包括一项调整期望值、价值、折扣和延迟的行动。

2. 选择一篇你计划汇报，但尚未完成数据收集或处理的分析报告。虚构一些模拟数据，其中包含你认为最可能存在的规律，并制作一个模拟图或表格来显示这个结果。

第6章

保持势头

现在你已经开始写作了（见第5章），下一个挑战是如何继续下去，点燃并保持写作动力。你之所以渴望从事科学工作，可能是因为你喜欢绞尽脑汁想出证明，喜欢化学反应，喜欢利用月光在森林里追踪狼群，或者喜欢在教室或实验室里与学生一起工作，但你很可能已经发现，你花在写作上的时间比做这些事情的时间都多。事实上，在一个典型的自然科学职业中，写作量大得惊人。经过一个粗略的计算，我在正常的一年中做的事情包括如下内容。

- 4篇期刊论文或书籍章节，平均每篇5000字。

- 2份资助申请，分别为2000字和9000字。

- 24篇同行评议，平均每篇1500字。

- 1份技术报告，3000字。

- 3份行政文件，平均每份2000字。

● 70 篇博客文章，平均每篇 1100 字。

这些清单中的内容加起来大约有 15 万字，也就是双倍行距下将近 600 页英文。所有这些都必须先起草，然后反复修改，以回应自我评议，通常还有朋友和同行的评议（见第 21 章至第 23 章）。当然，我不可能全职写作。我还有教学和管理的任务，我需要花时间通过撰写文章真正做科学研究！

这样计算的目的不是为了吹嘘。总之，我的产出效率在我的同龄人中是很低的。这也不是为了吓唬你，如果我想这样做，我会告诉你关于学术管理的事情！重点是要证明从事科学工作需要大量写作且长期保持写作节奏。就算你的工作和职业阶段使你的写作活动与我的完全不同，也是如此（例如，在政府工作的人可能写的期刊论文较少，但写的技术报告更多，而一个处于职业生涯早期的科学家写的同行评议较少）。为了保持一个富有成效的写作节奏，你必须在平衡其他工作（和生活）职责的同时保持势头。这听起来可能令人生畏，但如果我可以做到，那么你也可以。幸运的是，通过有意识地关注你的写作行为，你可以日复一日更轻松地坚持你已经开始的写作。

6.1　持续写作与开始写作有区别吗?

第 5 章涉及坐下来面对空白的一页，开始一个新的写作项目。持续写作真的有什么不同吗？从某种角度看，持续写作需要做很多的决定来重新开始：开始当天的写作过程，一个新的章节，一个新的段落，一个新的句子。任何不开始的理由都会再次出现，成为不想继续写的理由。因此，关于动笔写作的教训当然也适用于持续写作。

然而，这并不是故事的结束。对许多写作者来说，开始和持续是不同的挑战。有些写作者在开始时很费劲，但之后发现自己一帆风顺，而另一些写作者开始时很容易，但要保持势头却很费劲。相较于启动一个新项目的技巧，一些技巧更有助于保持势头。

6.2 自 律

对于大多数科学写作者来说（见第 2 章），如果不花大量的时间写作，就不可能产生大量的文章（Silvia, 2007）。这就需要自律，尤其是当你真的宁愿去做其他事情的时候。小说家 J. G. 巴拉德（J. G. Ballard）说得好："除非你能自律，否则你最终只能得到很多空酒瓶。在我的职业生涯中，我每天都会写 1000 字，即使我偶尔宿醉。如果你是一个专业人士，你必须约束自己。没有其他办法。"（Ballard, 2003, 后记：5）。

那么，你该如何约束自己呢？这里有一些有用的技巧。

- **写作定额**。最简单的自律方法是设定每天的配额，可以是产出（写出或修改的字数），也可以是投入（写作的时间）。乍一看，这似乎没有帮助。如果你在写作自律方面有困难，那么凭什么你会在执行配额方面做得更好？但这个技巧是有效的，因为写"足够多"的决心是模糊的，很容易被操纵，而量化的配额却是明确的（你可以用一些在线工具来管理配额，如 www.750words.com）。

  产出配额和投入配额各有优缺点。你可能会认为产出配额是危险的，因为它对所有的字都一视同仁，从而会鼓励你写大量的低质量材料。然而，写作者最常见的问题并不是如何写出高质量的文章，而是如何写出任何文章。写下大量平庸的文字并不是一件坏事，因为你以后可以修改它们。

字数配额的问题还有另一个原因：它们使用的是一种对文本产出来说很自然的通行标准，但其不容易适应图表的制作、参考文献的检查以及科学写作中其他耗时的要素。投入（时间）配额更容易适应写作任务的多样性，但其也有自己的问题。"写一个小时"是什么意思？这当然意味着你要在电脑前（或拍纸本，或其他）。它还应该意味着你没有检查电子邮件、玩游戏或上网，即使是间歇性的也不行。但是，盯着天花板的时间呢？这有时是必要的，但如果它持续很长时间，可能会消耗掉你的时间配额，但不代表任何实际进展。这里没有唯一的正确答案，你需要发现产出配额或投入配额是否最能帮助你保持写作的自律性。

- **安排时间**。从时间配额到一个固定的写作时间表，这只是很短的一步。当一天的写作环节被那些看起来很紧急的事情（即使它们并不紧急）打断时，时间配额就会有些紧张。这种时间占用可能会使你可支配的时间减少，从而无法满足你的产出配额，或者只剩下你困倦或疲惫的低质量时间。写作日程安排消除了时时刻刻基于写作重要的选择，它鼓励常规化（在每天的这个时候，你所做的就是写作——没有什么可供分心的选择）。一个有趣的变化是安排与同事共同写作的想法，这有强化承诺兑现的优点。许多城市的写作者都组织了"闭嘴写作"的聚会，或者你可以尝试虚拟聚会（例如，suwtuesdays.wordpress.com）。西尔维亚（Silvia）的优秀著作

《如何大量写作》（*How to Write a Lot*）（2007）更详细地讨论了日程安排。

- **时机**。考虑在一天的早些时候坐下来写作。一些研究表明，处理不受欢迎的或困难任务的意愿是一种有限的资源，会因使用而耗尽（Alquist and Baumeister, 2012），而且即使是非常不同的任务，也会依赖于同样有限的意志力（Martin Ginis and Bray, 2010）。因此，我的想法是，在有限的意志力预算中，尽早将其用于写作，使其优先于如评分、文书工作、锻炼或洗衣服等其他任务。这种策略是对其他试图减少意志力需求的策略（如日程安排）的补充，但肯定不应取代其他策略。

- **环境**。分心是许多写作者的祸根（见第 5 章）。如果时间配额要算上你实际做其他事情所占用的分钟或小时，那么时间配额就毫无意义，如果你不能把注意力放在写作上，那么字数配额就不可能达标。你可以改变你的环境以消除干扰，或者至少清理提示你有这些干扰的线索。附近的智能手机、屏幕上的单人纸牌图标、俯视篮球场的窗户：任何这些都是容易分心的写作者不愿意看到的选择（这可能是一个提及一种浏览器插件的好机会，例如 StayFocusd for Chrome，你可以使用它来阻止你知道的会分散你注意力的网站）。密切关注自己的行为一段时间（见第 4 章），可以帮助你弄清楚哪些事情最容易使你分心，以便你将它们从自己的写作环境中清理出去。

- **更加奇特的承诺机制**。上述每一种技巧都是经济学家和心理学家所称的"承诺机制"：你采取一种安排或行为，目的是帮助你执行一项行动计划，否则就会面临缺乏自律的危险。承诺机制可以让你计划的替代方案不那么有吸引力，由于困难、尴尬、昂贵，或者其他什么。例如，将游戏从你的写作电脑上删除，会让你做出想要避免的选择，即花费大量时间重新安装软件，同时也使你尴尬地意识到自己正在撤销以前的写作决定。写作配额和时间表会引起你对缺乏自律的注意，特别是当你通过公开写作承诺来提高赌注的时候。精心设计的承诺机制可能非常有效（Boice, 1990; Bryan et al., 2010）。

一个人可以为写作设计一个承诺机制的创造力真的是无限的，许多写作者已经想出了更奇特的机制来适应他们自己的心理。你可以成立一个每周写作小组，规定每个参与者每次会议都带来 2000 字的新作品，失败会带来耻辱。你可以让朋友把你的车钥匙、智能手机或苏格兰威士忌酒藏起来，直到你达到写作配额时再拿出来，否则你就得花时间寻找。你可以在脸书上公开发布你每天的写作成绩（或缺乏成绩）。你可以签订一份正式的合同，如果没有达到写作目标，就会受到经济处罚（罚款的支付可以自动进行，例如，www.stickk.com. 如果罚款给一个你不同意其目标的组织，那么这种协议可能特别有效）。你甚至可以效仿美国诗人詹姆斯·惠特科姆·莱利（James Whitcomb Riley），他让他的朋友把他裸体留在酒店房间里，这样他就可以写作而非喝酒（Hendrickson, 1994）。[①]

[①] 这个裸体写作故事的版本（不包括饮酒）的主人公还包括道格拉斯·亚当斯（Douglas Adams）、舍伍德·安德森（Sherwood Anderson）、阿加莎·克里斯蒂（Agatha Christie）、哈兰·埃里森（Harlan Ellison）、艾伦·格林斯潘（Alan Greenspan）、欧内斯特·海明威（Ernest Hemingway）、特雷·琼斯（Terry Jones）、让-保罗·马拉特（Jean-Paul Marat）和福雷斯特·麦克唐纳（Forrest McDonald）等人。要么这种承诺手段出奇地普遍，要么（更有可能）就是这种故事太有趣了，让人无法不相信。

6.3　狂欢写作与零食写作

你当然需要写很多东西，但你需要一次写很多东西吗？换句话说，你的目标应该是偶尔进行长时间的写作还是经常进行短时间的写作？在这个问题上，人们已经进行了很多讨论，两种观点各有一个响亮但不讨好的名字：前者叫"狂欢写作"，后者叫"零食写作"。

每个观点都有强有力的论据。许多科学写作者认为，频繁的短时间写作不可能有什么成就，因为需要一段时间来重新确定你写到哪里了并重新建立写作动力。对于非常短的时间（少于半小时）来说，这可能是正确的，但是一些经验性的研究（例如 Boice, 2000, 第 11 章）表明，那些致力于定期（至少每天）进行 30~90 分钟写作的写作者会非常有成效。然而，目前还不清楚积极的效果在多大程度上是来自频繁的休息（保持新鲜感）、短暂的间隔（减少重新建立动力的成本），还是仅仅是由许多短暂的时间累积起来的大量写作时间。相比之下，狂欢写作的优势在于有时间进行详细思考，以处理复杂的任务（科学写作充满了需要详细思考的复杂任务）。其最大的缺陷是，坚持长时间写作的科学家通常难以找到可用的时间段。大多数科学写作者每周进行 7 小时的写作，这可能确实比每天一小时的写作更有成效，但这种 7 小时的写作实际上很少发生。

通常情况下，当有两个被轻视的极端时，最好的策略可能是折中一下。如果你能安排长时间的写作（有适当的休息时间来补充体力和脑力），并真正做到这一点，那就很好，但在两者之间增加"零食写作"肯定会有帮助。如果频繁地短时间写作对你来说更现实，那就在这些时间里写作。只要确保短时间写作是非常频繁的，且避免时长太短，如果可能的话，把偶尔的一次延长到"狂欢写作"的长度。找到对你最有效的长短结合的一段时间，这只是一个更常见的观点的另一个例子：没有两个写作者是相同的，每个人都需要找到自己的"兵工厂"，以提高工作效率（Sword, 2017）。

同样值得考虑的是，在较长和较短的时间内如何分配任务。有些写作任务确实更适宜长时间的关注。例如，我发现要想解决寻找故事的难题（如提纲等，见第7章）或起草导言和论述部分，需要复杂而全面的思考，而我很难在30分钟内完成这些任务。对我来说，较短的时间可以写出方法或结果，起草图和表格，或进行除了最主要的修改外的其他任何工作。你可以将你要完成的任务与任何指定的一天的时间相匹配。

6.4 中断、间歇和动力

写作过程的中断，以及一次写作过程与下一次写作过程之间的间歇，都会给保持写作势头带来不寻常的问题。在中断或中场休息后，将注意力再次集中到稿件上需要时间和一些心理上的调整。更糟的是，注意力分散和写作障碍特别容易潜伏在一次写作的开始阶段。

那么，保持势头的一个明显方法就是避免干扰，例如在私人空间而不是在共享空间内工作，关掉手机铃声，等等。不过，认为你永远不会被打断是不现实的。生活就是这样，所以你需要有能力重新开始。本章和上一章的所有建议都可以起到帮助作用，但还有一个特别有价值的技巧：留下一条零碎的线索来接续。当你在写作过程中被打断时，你的第一直觉可能是告诉打断你的人："等一下，我把这个想法写完。"但不要完成写作。快速记下刚刚好的拼写错误要点笔记来保持思绪，但要刻意不完成句子或段落。然后，当你回来时，你可以迅速地润色未完成的文本，让你重新进入写作状态，恢复你在中断前的势头。

　　写作过程中有计划的间歇会对写作动力构成类似的危害，尽管在长时间的写作过程中有计划的休息可以提神［即使是很短的休息时间，也能提高在持续性任务中的表现（例如 Ariga and Lleras, 2011）］。在这里，你也可以使用未完成的文本策略来保持势头。无论多么诱人，都不要通过完全润色好一个段落或一个部分来结束写作。相反，写出下一段的第一句话，或为即将到来的章节写下一些笔记，这就为你留下了一条零碎的线索。当重新开始写作时，你就可以捡起来。通过这条零碎的线索使你的速度赶上来。

　　最后，当写作不顺利的时候，当你讨厌刚写的东西，或是不知道下一步该写什么的时候，休息一下是很诱人的。但不要这样做——这只会让你不愿意回到任务中。相反，深吸一口气，再多写一点，直到你有了下一步可写的内容的雏形。如果这还不算是一件美事，那也没关系，可以达到这种程度：当你返回任务时，只需快速记下需要修补的地方。

6.5　海滩突击战

　　到目前为止，我所谈到的保持写作势头主要是指在某一特定时刻，你是否仍在写作。但是，一旦我们考虑到自己实际上在写什么，就会有更多关于保持写作势头的东西。库尔特·冯内古特（Kurt Vonnegut）在他的自传体小说《时震》（*Timequake*）中描述了两种写作者："一鼓作气"型和"徐徐图之"型。

　　　　"一鼓作气"型写作者写一个故事既快速又混乱，多有曲折，总之不管用什么方法，先完成初稿。然后他们再仔细

地看一遍，修正所有……不合适的地方。"徐徐图之"型写
作者一次只写一句话，在他们继续写下一句话之前，要把它
写得完全正确。当他们把句子全部写完时，作品就完成了。
（Vonnegut, 1997: 137）

冯内古特才华横溢，对写作了解甚多，但他的分析在一个非常重
要的方面是不完整的。事实上，有 3 种写作者。许多人确实是"一
鼓作气"型写作者（我试图成为其中一个）。极少数人确实是"徐徐
图之"型写作者。冯内古特自己重写了每一页，直到差不多可以排版
了，才继续写下一页。但是，他错过了一类我们可以称之为"拖沓者"
的写作者。拖沓者为完美的措辞而苦恼，当他们写完一页时，却发现
他们无论如何都需要回去重写那些近乎完美的措辞。他们努力为论述
部分写出理想的第一段，却因为不知道最后一段是什么而障碍重重。
他们花了好几个小时来完善一个图的格式，但在绘制两个图时却发现
第一个图是不需要的。拖沓者认为自己是"徐徐图之"型写作者，但
他们错了。相反，他们严厉批判所写内容的尝试变成了无休止的劳
作，因为他们在写作中被过早地追求完美拖累得疲惫不堪。如果拖沓
的人能够一鼓作气，他们会写得更轻松、更有成效，但他们没有。

小说家马特·休斯（Matt Hughes）这样描述"一鼓作气"。

撰写初稿就像在 D 日登陆海滩。你不会停下来照顾伤员
或哀悼死者。如果你不离开海滩，你就会死在那里……第一
稿的重点不是要把它写好，而是要把它写出来。在你完成最
后一章之前，不要回头重写第一章。离开海滩，否则，你可
能永远无法翻过第二十页。（Hughes, 2011）

如果你认为自己是一个"徐徐图之"型写作者，那就要对这种行为持怀疑态度了。当然，你可能是对的，像加州神鹫和优秀的迪斯科歌曲一样，"徐徐图之"型写作者很少见，但他们确实存在。[1] 但在你最好应一鼓作气向海滩突击的时刻，你更有可能是在拖沓。

抢滩意味着全速前进，虽然不一定要走直线。这意味着将完整的草稿写在纸上，不管它有多难看。实际上，"一鼓作气"型写作者初稿有多难看完全不重要，它不是一项成果，其质量也不应该被当作成果来评估。初稿是写作过程的一部分，除了你，没有人需要看到它。如果它不是一部杰作，那大多数人的作品都不是杰作，你不是一个人。写下第一稿也意味着下定决心不必担心细节问题。如果你不太确定该用什么词，不要等着去想它，插入一个接近的词，然后继续往下写。如果你愿意，可以用"？？？"之类的符号来标记，方便以后找到。如果你需要引文，但手头没有，不要丢下你的草稿去搜索文献，只要填上"？？？引文？？？"，然后继续前行。如果你不确定事情的顺序是否正确，就用"？？？重新调整排序？？？"来标记，然后继续写。即使你觉得自己因为任何原因思路被卡住了，也不要停，继续往"海滩"上走。

如果你是个拖沓者，改变抢滩的方式可能会让你觉得没有效率，或者至少没有乐趣，因为你把所有困难的部分都留给了以后。在某种程度上你是这样做的，但这不是什么问题。在最坏的情况下，找到那

---

[1] 1987年只剩下22只加州神鹫，当时所有的秃鹫都被捕获参与繁殖计划。截至2021年1月，世界上有504只加州神鹫，其中329只生存在野外（我很激动，这些数字比本书第一版中的数字要大）。优秀的迪斯科歌曲要稀少得多，但葛罗莉亚·盖罗（Gloria Gaynor）的《我会活下去》（*I Will Survive*）赢得了有史以来唯一的格莱美奖最佳迪斯科录音奖项，如果一首迪斯科歌曲可以使人缓缓摆动，那便是《我会活下去》。

个正确的单词可能和你跳过它一样困难，但不会更困难。不过，通常情况下，你会发现那些"难"的部分在被丢下后反而变得更容易了。有时这种情况发生是因为灵感在那期间袭来。你已经为你的潜意识争取到了时间，当你有意识地在其他事情上努力时，潜意识就会把你解救出来。有时会发生这种情况，因为在写稿件的其他部分时，你学到了一些东西，这些东西可以对你挣扎纠结的部分有所启发。最后（通常情况下，不管怎样），你最终还是会删去有问题的部分，而你根本不需要去修改它，这就是 3 种解决问题的方法！

6.6　写作者的瓶颈

关于写作者的瓶颈，人们已经说了很多。写作者盯着页面，不确定下一步该说什么，这种状态会持续数小时、数天或数周。写作似乎不可能完成，眼前只有死胡同。遇到障碍的写作者甚至可能觉得他们再也无法进行有成效的写作。如果有这种感觉，你就和玛雅·安吉洛（Maya Angelou）、尼尔·盖曼（Neil Gaiman）和芭芭拉·金索尔弗（Barbara Kingsolver）等杰出的写作者没什么区别。每个人都会感觉遇到障碍，但还是得写下去，你也可以。

应对写作者瓶颈的关键是要理解"瓶颈"被糟糕地界定了。"瓶颈"（Block）听起来像是从外部强加给你的障碍，一个横跨道路的混凝土障碍。但实际上，写作者的瓶颈来自写作者的内心。对障碍的感知，或者至少是看不到绕过障碍的方法，使遇到障碍的写作者退缩。我指出这一点并不是将困难归因于障碍，而是帮助你找到摆脱障碍的工具——在你自己行为中的工具。

不难发现，有一长串克服写作障碍的技巧。所有有效的建议都可以被归结为：你感觉遇到障碍是因为你的思维或行为中的某些东西妨碍了你写出下一句话。等一等，唯一的解决办法是无论如何都要写出下一句话。要想做到这一点，你可以通过直面障碍的行为去战胜它，或者偷偷地绕过它。这是以行为对抗行为，这里有一些方法可以让你做到这一点。

- **降低你的标准**。诗人威廉·斯塔福德（William Stafford）说："我认为对于任何人来说，从来没有哪个早晨是'不能写作'的。我认为任何人都可以写作，只要他的标准和我的一样低。"（Stafford, 1978: 104）如果你发现自己不愿意写作是因为想象读者会因为你糟糕的文章感到畏缩，你就被你内心中的批评家（Inner Critic）所阻挡。让那个批评家滚蛋吧。他们的工作是修改，而初稿与他们无关。捂住你的鼻子，强忍着写一些可怕的东西。如果有必要，用 10 分钟时间刻意写一些可怕的东西（并从中获得一些乐趣）。然后继续前进，追求你还不知道该怎么说的东西。[1]
- **分而治之**。你可能对面前的任务感到不知所措，不知道从哪里开始。这种情况最常发生在稿件或章节的开头，有时一个新的段落也会引起这种麻烦。你给自己设定的目标太过遥远，更小、更具体的目标会显得更容易实现。把稿件（或段落）的结尾抛在脑后，转而考虑一次只写下的几句话的价值。或

---

[1] 我把这个措辞归功于威廉·斯塔福德的儿子金（Kim），他也是一位诗人，他向我解释说，他父亲的"降低标准"建议并不意味着接受糟糕的写作。相反，它意味着拒绝让起草阶段的高标准阻碍对好作品的最终追求。如果有人试图告诉你，诗人没有什么可以教给科学写作者的，那么你就需要反驳。

者花 10 分钟记下这一节或这一段的提纲，把这不可能的一步变成一系列更小、更容易的步骤。

- **对于你被卡住的那段话写两个版本**。这听起来可能很愚蠢。如果写一个版本就让你遇到阻碍，写两个版本不是更糟糕吗？但是，许多写作者被一种信念所麻痹，坚信只有一种正确的写作方式，而他们却找不到。任何东西都不可能只有一种写法，刻意选择写两个版本（或至少列出大纲）可以打破这种僵局。不要在这上面花几个小时：在 10 分钟内完成两个版本的写作，然后选择一个版本继续。即使你在几分钟后由于一个版本更好而决定放弃另一个版本，这也是完美的做法，因为你已经解除了障碍。

- **改变你的环境**。站起来，到一个新的地方，以新的方式进行写作。这个新地方离你不应该超过 10 分钟的路程（因为到那里不应该成为分心的事情），但它应该是一个有不同视觉、听觉、触觉和嗅觉线索的地方。不要带着你常用的笔记本电脑，带上笔和笔记本去街边的咖啡馆，或者公交车站的长椅上。你到了那里要立即开始写东西，不管这个地方多么糟糕。

- **说出来**。对于一些写作者来说，出现在纸面上的文字会使写作正式化，并使人很容易期待不可能实现的快速完善。因此，花 10 分钟，说出你正在创作的段落，而不是写它。与朋友交谈，无论是真实的还是想象的。或者跟自己讲话，录下自己的声音，10 分钟后回放你所说的话。然后，不管它看起来有多糟糕，在你的稿件中编织几句你讲的话，给你一个新的起点继续写下去。

- **自由写作**。设置一个 10 分钟的计时器，写下你脑海中出现的任何东西。不要担心它是否拼写错误、符不符合语法、是否无关紧要，甚至是不是胡言乱语，只要在计时器关闭之前不停止写作。在最坏的情况下，你只是让你的大脑认为它在写作（确实如此！），但你经常会发现，你的自由写作中包含着一些有用的句子，这些句子可以启动被卡住的段落。

- **跳过**。在写作项目中找到一个简单而重要的部分：编辑参考文献的格式、调整表列大小、修改论文的方法部分。在这些任务上工作 10 分钟，然后回到你中断的地方，成功的滋味取代了失败的滋味。

- **回退**。有时候，感觉被卡住并不是因为接下来的段落，而是因为你刚刚写的那段话。你的潜意识可能在告诉你，你的论点不大符合逻辑，材料的顺序不对，或者你对自己数据的解读不完全有信心。退回几行或一段，尝试写下不同的东西。不要试图从头开始重写整篇论文。记住，你正在"抢占海滩"，不要放弃你已经取得的所有成果，不要放弃你已经获得的所有"土地"，只要试着穿过"铁丝网"找到一条稍微不同的路径。

- **休息一下**。如果没有其他办法，那就洗个澡，散个步，换件衣服，或者吃点零食来打破这种反馈循环。在这种循环中，写作被卡住的感觉会让你感到压力更大，从而被卡得更紧。但要确保这是一个短暂的休息时间，例如 10 分钟，并且要下定决心，当重新回到你的办公桌时，你要立即写一些东西（好的、坏的或自由写作）。短暂的休息和返回到写作中是至关重要的。否则，你就不是在休息，而是在分散注意力。

你敏锐的目光肯定已经注意到，这些想法有两个共同点：都在有意地改变你的行为，而且都只让你的写作有短暂中断。你需要改变你的行为，因为这是障碍的来源。虽然你可能需要中断写作以改变行为，但中断的时间必须是短暂的。这是因为到最后，除了写作，没有其他方法可以克服写作障碍。你是一个专业人士，这就是专业人士应该做的。

本章小结

- 从事科学工作需要大量的写作和可持续的写作节奏。
- 在写作中保持自律的技巧包括写作配额、时间安排、在有成效的时间写作、建立一个没有干扰的写作环境，以及各种"承诺机制"。
- 专门采用"狂欢写作"或"零食写作"可能都是无益的。然而，经常性地短时间写作可能会有令人惊讶的成效。
- 对大多数写作者来说，"一鼓作气"（快速完成初稿，即使质量不高）比"徐徐图之"（边写边修改和润色）好。
- 大多数写作者都会遇到"写作障碍"。克服它的有效方法包括刻意改变写作行为，但只是暂时中断写作。

练 习

1. 在一周内，对于任何当前的写作项目，尝试满足 750 字 / 天的写作配额。记录你这一周的进展。如果达到了配额，你是如何做到的？如果你没有，是什么行为或竞争性需求阻碍了你？

2. 在一个（单独的）星期里，设定一个写作时间表，每天至少有一次长为 45 分钟的写作时间（如果可以的话，两次）。记录你这一周的进展。如果你能坚持这个时间表，它是如何影响你的写作效率的？如果未能坚持，是什么行为或竞争性需求阻碍了你？

3. 坐在你通常写作的地方，但不要写作。相反，检查你的写作环境（不要忽视你的电脑屏幕）。你能发现什么可能诱使你停止写作？你可以对你的写作环境做什么改变以减少分心？

4. 写一段短文，论证猫比狗更好（或者狗比猫更好，如果你愿意）。像一个"徐徐图之"型写作者一样写这段话，在确定第一句话已经完美之前，不要写第二句话，以此类推。现在再写一段，这次是论证橙子比柚子更好（或反之）。按"一鼓作气"型写作者的方式来写这一段，在写完最后一句之前，不要编辑第一句话，如果你对某个词不确定，哪怕只是一瞬间，也只留下标记，然后继续写。当你完成了这两件事后（现在去和你的猫享受一个橙子，或者和你的狗享受一个葡萄柚），回想一下，哪一种方式对你来说最容易？一种比另一种好吗？

第三部分

内容与结构

让我们假设你已经准备好了，愿意并能够把手指放在键盘上，去写一篇科学论文。现在是时候问一下自己将在论文中加入什么内容，以及你将用什么样的结构来组织它了。在第三部分，我将重点讨论期刊论文，因为这是科学家在职业生涯前期需要努力应对的最常见且最重要的一种写作类型。稍后在第26章，我将转向其他科学写作形式。

正确把握内容，我称之为"寻找你的故事"，是你写作技巧的一个重要部分。幸运的是，有许多技巧可以帮助你把堆积如山的数据变成一个对读者来说引人入胜的故事。不过，只有正确的内容还不够，你还必须把这些内容呈现出来，让读者容易吸收。关于呈现的决策不是凭空产生的。在过去的几百年里，我们已经开发了一个标准的系统来构建和组织大多数类型的科学论文。此外，各个学科都有你应该学习和尊重的惯例。这些标准和惯例是非常有帮助的，因为它们利用了丰富的经验来实现清晰明了的沟通，而且它们使你的表述符合读者的期望。

本部分并不试图详尽地涵盖科学写作的结构和格式。相反，我提供了可以用于决定文章细节的原则。如果这还不够，那么每个写作者就应该熟悉那些讲述更详尽的参考书。我在后面的章节中会提到一些优秀的参考书。

第7章

寻找并讲述你的故事

撰写任何科学论文的第一步就是要回答一个简单的问题：它究竟是关于什么的？也就是说，你的故事是什么？

7.1　你的故事

很明显，你的论文是关于你的研究结果的，而研究结果来自实验数据、定理证明、通过新型望远镜进行的观测。但出于两个原因，认为你的论文是关于研究结果的观点是无益的。第一，你的结果很少由一个单一分析的，按照你的计划进行并产生你预期结果的实验组成。相反，你在坐下来写作时，手中通常会有来自多个实验和观察的大量数据。其中有些数据对你的研究问题至关重要，有些则与之毫不相干，还有很多介于两者之间。对于每个数据集，你可能有几个备选分析。你甚至可能发现，自己会把早在你介入的很久以前的，不同人出于不同原因收集的数据集整合在一起，以检验一个在收集数据时从未考虑过的假设。换句话说，你的论文很明显是关于你的结果的，但是它是关于哪些结果，为什么？

第二，说你的论文是关于你的结果，这是将重点放在作者身上（"你的"结果），但好的写作应该将重点放在读者的需求上。你不应该问"我应该写什么"，而应该问"我的读者需要听什么"。这个微妙而重要的区别将引导你鉴别要讲的故事。

对你的论文来说，讲一个故事意味着什么？成功的小说通过将迷人的人物暴露在一个明确的情节中，在读者心中设置并解决一些有趣的问题［嗯，除了《等待戈多》（*Waiting for Godot*）（Beckett, 1954）］。一篇科学论文也是如此。它有不少的"人物"：岩石、化学品、方程式或你研究的其他实体。它有一个情节：你运用于"人物"的方法和你从中获得的结果。最重要的是，它提出并回答了一个有趣的问题。

你的中心问题及其答案是你的故事中最纯粹的精华。一个明确的中心问题给你的论文一个单一的、明确的方向。你论文中的每一个元素都可以共同运作，吸引读者径直走向你问题的答案。你应该能够通过一两句话总结问题和答案，也许对读者来说这意义不大，因为他们还需要定义、背景等，但是对你来说，这可以帮助你界定这个故事。当你不确定某个数据集、分析报告、图表或其他东西是否应该出现在你的稿件中时，参考这两句话的小结就能给你答案：把它加入进去是有助于讲述故事还是会分散读者的注意力？

我们来用一个具体的例子（在接下来的几章中我们会反复提到这个例子）进行说明，设想你是一个对大质量恒星的形成感兴趣的天文学家（见框 7.1）。你用智利的一个无线电望远镜综合体，即阿塔卡马大型毫米/亚毫米阵列（Atacama Large Millimeter Array, ALMA）对鹰状星云、猎户座星云和卡里纳星云进行成像，那里正在形成新的大质量恒星。ALMA 比其他任何毫米波望远镜都更敏感，分辨率也更高，你有大量的图像、光谱数据等。但是你将讲述什么故事呢？你可以通过一些方式来展示你的 ALMA 数据，后面是关于框 7.1 中文字的迷你摘要。

框 7.1　恒星形成

　　简而言之，当星际尘埃和气体云在其自身的引力下坍缩时，就会形成恒星。随着一个密集的核心（原恒星）的形成，引力势能被转化为热量。被加热的物质发出辐射，提供一种向外的力量（辐射压力），越来越强地对抗云中剩余物质的引力。物质不断增加到原恒星，直到它变得足够大，足够热，辐射压力才能平衡引力。

　　这个过程对于小型恒星来说是很好理解的，但是对于更大规模的恒星（超过我们太阳质量的 10 倍）来说就不是了。最简单的模型表明，在原恒星达到这样的质量之前，辐射压力应该会变得太强，无法进行进一步的吸积。一种可能性是，辐射并不是往所有方向上逃逸的，而是在集中的喷流中，清除一个方向的物质，但允许从其他方向吸积物质（Banerjee and Pudritz, 2007）。另一种情况是，大质量恒星是在星团的中心形成的，那里的吸积可以由许多原恒星的联合引力驱动（Bonnell and Bate, 2006）。这个问题很有意思，因为大质量恒星很罕见，只占所有新形成恒星的 0.2%（Chabrier, 2003），但我们不知道原因。

　　大质量恒星形成的对立模型，对大质量原恒星的出现和它们在空间的分布上，做出了不同的预测，这些预测可以通过足够的观测数据来检验。幸运的是，含有原恒星的气体云是相当普遍的，仅在我们的银河系中就有至少 6000 个大云和许多小云（Sanders et al., 1985）。大质量恒星形成的区域足够近，可以进行详细的成像，包括猎户座星云、鹰状星云和卡里纳星云（离地球分别为 1300 光年、7000 光年和 8000 光年）。

► **非常糟糕的摘要：**

ALMA 提供了猎户座、鹰状星云和卡里纳星云有史以来最详细的图像。我解释了 ALMA 的工作原理，并展示了一些图像。

这个迷你摘要的重点是其所做的研究，而不是回答的问题。它没有提到恒星的形成（或任何问题）。它把分析和解释数据的任务交给了读者。然而，大多数读者会简单地继续读下去。

► **糟糕的摘要：**

我展示了在猎户座、鹰状星云和卡里纳星云中的成星区的图像，这些图像在 0.4 毫米到 10 毫米的 8 个波长下拍摄。它们显示了许多原恒星，有些是成群的。

这份摘要提到了恒星的形成，但没有提出关于它的具体问题。它定义了方法，并提供了可能相关的数据，但是把弄清楚如何进行这项研究的这个任务还是留给了读者。

► **好一些但不是很好的摘要：**

　　我概述了我们对恒星形成和恒星演化的了解，并将其应用于处于恒星演化不同阶段的大质量原恒星的 ALMA 图像。

这里试图确定数据的相关性，但是"恒星形成和恒星演化"对于一篇论文来说太宽泛了，而且没有提供具体的问题。ALMA 数据和大质量恒星形成之间的联系还不明朗。

► **非常好的摘要：**

　　如果大质量恒星是在其邻近恒星的引力协助下形成的，那么大质量原恒星通常应该出现在其他原恒星中。然而，在猎户座、鹰状星云和卡里纳星云的 ALMA 图像中，大质量原恒星经常单独出现。

这份迷你摘要有一个明确的中心问题（大质量原恒星是否通过临近恒星的联合引力形成），并提供了一个答案（不是）。这个问题驱动着稿件各部分发挥功能：导言部分将提出星团辅助假说，并具体说明需要什么来检验它；方法部分将解释我们如何测量原恒星的质量并区分单独的原恒星和相邻的星团；结果部分将列出原恒星孤立和相邻的频率；论述部分将把结果解释为对星团辅助假说的检验。

也许有一个清晰的故事是显而易见的事，以至于我很难想象自己在没有故事的情况下坐下来写作。然而，值得注意的是，我经常看到一些稿件暴露了作者对主题的不确定性。这些症状包括：一个冗长而复杂的标题，或一个简短而模糊的标题；提供了数据，但没有进行分析；图或表与导言中提出的任何假设都没有关系，或对论述部分没有帮助；论述部分中出现的主题在稿件中没有被提及。这类稿件的作者忽略了一个关键步骤：他们没有找到自己的故事。

7.2　寻找并规划你的故事

寻找并规划你的故事意味着完成三件事。第一，你必须确定你的中心问题及其答案（上一节的两句话小结）。即使没有读者会看到它，你也要把它写下来。写下来将迫使你明确它。第二，你必须决定哪些信息、数据、分析和解释属于这篇论文，哪些最好放在另一篇稿件中，哪些要被遗弃在一排排尘封的旧笔记本里。第三，一旦确定了内容，你必须决定以何种顺序来呈现它。其中，第一点是找到一个要讲的故事，第二点和第三点是确定讲故事的最佳方式。

因为从观念到执行再到数据分析和解释的过程很少是简单的，所以找到你的故事既需要先见之明，也需要后见之明。没有意识到这一点的写作者往往坚持按照他们所做的事情的顺序来汇报他们所做的一切，包括那些被证明是进入死胡同的实验，以及在申请阶段看似相关但对最终得出的结论无关紧要的观察结果。经验丰富的写作者充分利用后见之明来努力确定他们想让读者听到的故事，无论这是不是他们开始创作时想到的故事，然后再继续思考读者需要什么信息来理解这个故事。

不要希望通过坐在键盘前输入导言的第一行文字就能找到你的故事。相反，首先要集思广益，找出可能的内容，然后选择和组织内容，以确定你的故事并有效地讲述它。寻找和规划故事的技巧有很多。下面是一个"工具箱"，你可以从中选择。许多写作者在他们的每个写作项目中都运用了不止一种技巧。

词库。词库（见图 7.1）是一个未经分类的列表，列出了你认为可能对你的稿件有用的要点。每个要点可以是一个单词或短语，表示一个相关的事实、想法或主题，也可以是一个粗略绘制的图形。你的词库可以有一些对你来说是显而易见的层次结构（一些要点含有子要点），但不要硬拗这种结构。

有凝聚力的故事……论文
? 标题是故事的最短摘要
大纲
关于我如何认为我不做大纲的故事
什么时候列提纲，那就是当故事准备好时；与此同时，找到故事的标题和副标题作为粗略的提纲
以主题句作为详细的提纲
哪些内容要写，哪些不要写，按什么顺序写
　　不是任何事物都要写
　　不是都按你的顺序进行
概念图
　　通往大纲的非线性中间步骤
尽管有超文本标记语言（Hypertext Markup Language, HTML），但基本形式仍然是线性的单词堆或想法堆
　　第一步
　　积累前期写作
? 卡西尔的推销
没有考虑到故事：导致过长、过复杂、组织性差的草稿
IMRaD 结构
在线补充
追溯性讲故事：当实验不是为你最终述的故事而设计时
避免固化
简单明确的方向
推销故事
　　不是"我所感兴趣的"
　　不是"尚无任何研究考察过"
　　不是"增加我们对……的理解"
对比"倒着写"（Magnusson, 1996）
图片重组

图 7.1　我的本章词库

在这一章中，我用一个例子来说明词库，因为这样做可以清楚地说明词库和成品之间的关系。请注意，这并不是一个非常密切的关系。词库是一个集思广益的场所，把想法写下来比担心它们是否被充分开发、相互之间是否有关联或按逻辑顺序排列更重要。出于同样的原因，如果你不确定一个词条是否真的属于你，也不要担心，把你的怀疑记下来（我用问号），但不要删除这个词条。词库的意义在于积累原始材料，以便你能从中汲取营养。在根据词库撰写这一章时，我纳入了一个被我标记为有问题的点（章节基调），但忽略了另一个（章节题目）。我还遗漏了我最初没有质疑的材料（关于我撰写提纲的习惯的故事），并包括了词库中没有的材料（故事摘要）。这一切都很正常，词库是一个工具，而不是一个成品。

概念图。概念图（见图 7.2）是一个探索概念间关系的工具（Novak and Cañas, 2008）。它由一组用线连接的节点组成。每个节点都是一个概念，一个单词或者一个短语表示一个观点、一个事物，或者是其属性。每条线连接着两个节点，并贴上标签以显示这些概念之间的关系。大多数节点都是名词或形容词，而大多数线条标签都是动词。

要构建概念图，首先要（暂时地）确定你的稿件主题中涉及的最普遍的概念。对于本章，我选择了"清晰易懂"。对于我们的天文学例子，可以选择"恒星形成"。然后在你构建概念图时从词库或其他提示词中添加概念。当你添加每个概念时，想想它与其他概念之间有什么关系，以及是怎样的关系，用连接词标签来表示这些关系。在我自己的案例中，我添加了"恰当的内容"，并指出清晰易懂取决于对它的判断。然后我将"恰当的内容"分解，指出它由"少数"和"有序"的"内容项目"组成。当然，如果有足够的想象力，你可以把每一个概念与其他概念联系起来，所以构建概念图的一部分工作就是选

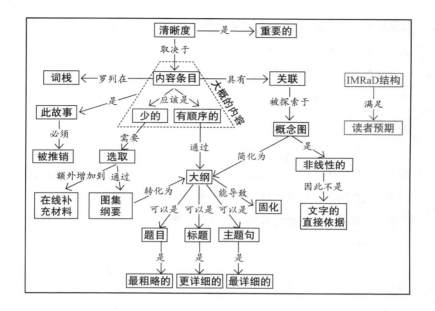

图 7.2 我的本章概念图

注：概念以黑体显示；连接以楷体显示；灰色的概念未能与核心结构相连接，因此在本章中被删除。

择你希望读者思考的关系。把更具体的、狭义的概念放在较低的位置，这样你的概念图就有了大致的层次性。随着概念图的发展，你可能会反复地重新排列你的概念图（也许可以使用 CmapTools 软件：cmap.ihmc.us）。

完整的概念图描述了你对稿件中可能包含的材料之间的逻辑关系的判断。它不能完全定义你的故事，因为它很可能显示出太多的复杂性，但你的故事隐含在概念之间的主要联系流中。你可能会发现，你的概念图包括一些与图中其他部分没有联系的节点或节点组（例如，图 7.2 中的灰色字体部分）。这些都说明这个素材不属于这个故事。你最重要的素材很可能出现在中心顶部附近，与其他概念有很强的联系，就像我的例子中的梯形超节点那样。

概念图的一个重要属性是，它们可以而且通常也会包含分支和循环（如从"内容条目"到'大纲"的3条路径）。这是该方法在初步探索你的材料方面的优势，但在将材料转化为文本时却有不足之处。我们已经花了几十年时间在万维网上试验交叉链接的超文本，但一系列线性的想法仍然是沟通复杂信息的最有效方式。写作者的工作是确定哪种线性顺序能让读者最清楚地看到材料。那么，将概念图转换成稿件，需要一个中间步骤来使其线性化，做到这一点的最好方法是构建一个大纲。

大纲。大纲（见图7.3）是一个有序的主题或要点清单，概括了

```
1. 你的故事的概念和重要性
   1.1 什么是故事（简单、明确的方向）
   1.2 故事的重要性
2. 规划故事
   2.1 词库
   2.2 概念图
       2.2.1 在学习中使用
       2.2.2 在写作中使用
   2.3 大纲
   2.4 故事摘要
   2.5 小标题纲要
   2.6 主题句子大纲
   2.7 图表集大纲
   2.8 标题
3. 以后人之见讲故事
4. 修改提纲
5. 在线补充
6. 推销故事
```

图 7.3　我的本章大纲

你的稿件的预期内容。它是在词库内可用的大集合中选择和排列主题的结果，也是概念图线性化的结果。大纲与完成的草稿有 1 ： 1 的对应关系，因此将大纲的每个要点依次扩展成一个文本部分，就足以产生草稿（这种对应的目的是承认写作过程中的重组是很常见的；见下面的"修改大纲"，并注意图 7.3 中的大纲与你正在阅读的章节之间的差异）。

除了确定和排序所包括的主题外，大纲通常还将子主题分层组织到主题中。有许多方法可以列出大纲，但有 3 种特别有用的方法，分别是故事摘要、副标题大纲和主题句大纲。

故事摘要。故事摘要包括对以下关于你的作品和故事的 9 个问题的回答。

1. 中心问题是什么？

2. 为什么这个问题很重要？

3. 回答这个问题需要哪些数据（变量）？

4. 用什么方法来获得这些数据？

5. 必须对这些数据进行哪些分析以回答中心问题？

6. 获得了哪些数据（价值）？

7. 分析的结果是什么？

8. 这些分析是如何回答中心问题的？

9. 关于更广泛的领域，这个答案告诉了我们什么？

把这 9 个问题看成一个有 9 个部分需要填写的表单。问题 1—3 和问题 8—9 应该分别用一句话来回答。如果必须结合多个实验、数据集或分析来回答中心问题，问题 4—7 可能需要更多的内容，但几个简短的短语（或可能是一个手绘的图）就足够了。例如，对于我们的恒星形成的例子，问题 4 可能需要 3 个要素。

4a. 从 ^{13}C 发射线的红／蓝偏移得出的旋转速度。

4b. 从半径与旋转速度的关系图中得出原恒星的质量。

4c. 从每个原恒星的周年视差[①] 得出的最近的近邻距离。

顺便说一下，如果你是一个理论科学家，想要把故事摘要运用到你的研究中，你可以把"数据"广泛地定义为模型的结果。

当故事摘要完成后，你已经列出了整篇论文：答案 1—3 为你的导论；答案 4—5 为你的方法；答案 6—7 为你的结果；而答案 8—9 为你的论述。

顺便说一下，关于问题 3 和问题 6，以及问题 6 和问题 7 之间的区别，值得思考一下。问题 3 问的是我们需要收集哪些数据、哪些变量，以及对哪些研究实体进行测量（小型和大质量原恒星的近邻距离），而问题 6 问的是我们发现了哪些测量结果（小型原恒星的近邻距离平均为 3 光年；对于大质量原恒星，平均距离为 3.2 光年）。问题 6 只是描述了数据，而问题 7 问的是如何利用这些数据进行推论（小型原恒星和大质量原恒星近邻距离的差异在统计学上并不明显）。以这种方式区分你的研究步骤，将有助于你使用常规的写作结构，从而使读者觉得熟悉。

故事摘要并不提供一个完整的稿件大纲。你以后可能会把它扩展为一个小标题或主题句的大纲。它的价值在于促使人们关注你的故

---

① 周年视差（从地球轨道的对立面观测到的物体方向的变化）表明了地球到该物体的距离。

事，关注读者需要用什么材料来理解它。例如，问题 3 并不是指你所收集的所有数据，它问的是回答你的中心问题所需的数据（不同的、通常小得多的集合）。

子标题大纲。子标题大纲是由短语或其他条目组成的，打算在完成的稿件中作为标题和子标题使用。对于一篇标准的科学论文来说，最高级别的标题几乎都是导言、方法、结果和论述（见第 8 章），但对于其他写作形式来说，它们会有所不同。每个顶层标题都有子标题，将其分为逻辑上不同的子主题，这些子主题又可以被进一步划分。然后，稿件是围绕着子标题写的，因为每个子标题下都插入了一些文字。

如果你发现自己想使用超过三级的标题的话，请三思（例如，对于上述恒星形成的例子，"方法—恒星邻近距离—视差测量"）。子标题的作用是向读者传达组织结构，如果你的论文的组织结构复杂到需要第四级子标题，那么它可能就太复杂了！三级标题以下的内容通常应该足够简单，正常的段落和句子结构就可以引导读者来阅读（见第 17 章至第 18 章）。如果你觉得有必要进一步阐述你的大纲，这很好，但可以考虑用主题句大纲来代替。

主题句大纲。主题句大纲为已完成的稿件中的每一个预定段落都设定了一个条目。每个条目都是一个完整的句子，表达其段落的主题（因此适合作为该段落的第一句）。主题句大纲比子标题大纲更详细，体现在两个方面：它们解析得更精细；并且它们更完整地说明了要撰写的内容，因为它们确定了要表达的观点，而不仅仅是命名了主题。回到上述恒星形成的例子，三级标题"方法—恒星邻近距离—视差测量"的主题句大纲可能包括两个句子。

我们通过在 3 月和 9 月的观测中的赤经和赤纬 ① 的变化来测量每颗原恒星的视差。

我们测量了相对于遥远星系的赤经和赤纬，对于这些星系来说，视差是可以忽略不计的。

当你写作时，你将把每个主题句扩展成一个段落，提供进一步的细节，比如在这个例子中，如何进行测量，使用哪些参考星系，等等。当一个主题句大纲包含足够的细节，并且这种扩展对你来说显得简洁明了时，它就是完美的。这是一个不精确的标准，但知道什么时候大纲是"完美的"并不非常重要，因为扩展大纲的过程只是进入了稿件本身的写作。

图表重组。图表重组的重点是将数据和分析作为定义你的故事的要素。在写作之前，你可能花了很多时间来探索你的数据，如绘制不同变量之间的关系，在表格中总结数据，进行备选的统计测试，等等。你手头可能有几十张粗略的图和表格，有些属于你的稿件，有些不属于。重组就是把这些图表钉在墙上，筛选并移动它们，从而使图表的数量和顺序合理，代表你想讲的故事。

当完成图表重组后，你选择的每张图和每个表格都应该是讲述你的故事所必需的。如果有一个不是，就把它拿掉。当然，应该保留多少取决于你的研究和你所在领域的惯例，但我认为，如果你想在一篇论文中插入超过 5 张图和 4 张表，那么你应该仔细考虑。如果你需要更多，那么很可能你还没有找到你的故事。

图表重组看起来似乎是本末倒置的，因为它没有从确定你的中

① 赤经和赤纬是天文坐标，表示从地球到被观测物体的方向，它们类似于经度和纬度。

心问题开始。但实际上，它找到了问题的答案，而问题就隐含在其中。我们可以把图表重组看作是一种"倒着写"的方式（Magnusson，1996）。此时，你首先要确定最重要的结论，然后，写下你的结果，只包括支持结论所需的内容。图表重组完成了这两个步骤。接下来，你要写出获得结果所需的方法，以及将你的结论放在更广泛背景下的讨论。最后，你要写导言，提出中心问题，而你的结论就是答案。这种技巧在寻找你的故事方面非常有效，因为它使故事讲述脱离了你打算研究什么和你做了什么，而是集中在读者应该从研究中得到什么结论上。

词库、概念图、大纲和图表重组可以相互补充，但很少有写作者会同时使用这些技巧。我自己的主要方法是词库、小标题大纲和主题句大纲。按照这个顺序构思这些技巧通常就足以让我找到并规划我的故事。经验会告诉你哪些技巧能帮助你找到并规划你的故事。

7.3　关于剔除东西的注意事项

剔除一些东西对寻找和讲述你的故事至关重要。仔细思考只展示"支持你的结论所必需的结果"是什么意思，这一点非常重要。当然，这并不意味着省略那些与你的结论相冲突的结果，那是不道德的。但是，它确实意味着省略那些与你的结论无关的，或者与其他足以支持你的结论的结果相比是多余的结果。作为一个科学家，这些是你能做出的最重要的判断，除了经验和认真思考之外，没有简单的方法可以做出这些判断。

7.4　修改大纲

寻找和规划你的故事是至关重要的，但危机也潜伏于此。记住，大纲以及类似的东西是工具，而不是束缚。当你把大纲充实为稿件时，你可能会觉得有些东西不合适。也许你的大纲中早期出现的一个主题不适合放在那里，或者一个新的主题正在呼吁将它纳入其中。你应该坚持使用代表了你所规划的故事的大纲，还是修改它？

当然，问题的答案取决于两个方面。一方面，如果你打算完全无视你所做的规划，那么规划你的故事就没有意义。另一方面，你在写作时的思考可以改变你对数据的解读，或者改变你所讲的故事。拘泥于大纲会使你的思维僵化，并封闭改进的途径。

折中的办法是把你的大纲看作一个明确的标准，你可以根据这个标准来衡量潜在的变化。批判性地问你自己：在大纲中加入新的材料是否能改善故事的内容？如果你能解释为什么会这样，那就把它包括进去；如果不能，它就会分散你的注意力，影响你规划好的故事。重新安排主题或删除一个主题是否能让你更好地讲述故事？只有在你确定它能让你更好地讲述故事时，才能做出改变。例如，在根据图 7.3 中的大纲编写这一章时，我删除了原定的关于学习中的概念图的 2.2.1 节，因为我意识到它与我的故事无关；我把关于在线补充的第 5 节移到了第 14 章，在那里它更适合。第 3 节关于后人之见的故事，在我写完大部分内容后，发现它更适合放在第 2 节规划故事的开头。在每一种情况下，我都仔细考虑了哪种组织方式更适合我的故事，然后进行改变。这种勉为其难地改变大纲的意愿，使故事规划成为一个动态的过程，并且在整个写作过程中持续进行，但也是一个自我指导的过程，因为当前的规划总是为评估修订提供一个基准。

7.5 推销你的故事

作为一个写作者，寻找和规划你的故事是你工作的一部分，要努力让读者可以毫不费力地阅读你的作品。但你的职责并不仅限于此。请记住，你的作品要与众多已出版的作品争夺读者的注意力。你需要告诉读者为什么他们应该花时间阅读你的作品，而不是其他人的。所以你需要推销你的故事。

你可能对此感到不舒服。我们从小就被告知不要吹牛，而且许多科学家的性格是内向的。这种不舒服的感觉很可能是造成"我对研究 X 很感兴趣""需要进一步研究以增加我们对 Y 的了解""没有研究报告了实验 Z 的结果"等胆怯心理的原因。许多可预见的研究都能通过检验，但读者对其不感兴趣。我们很容易认为，你的优秀科学成果会证明自己，读者会知道为什么它很重要。但是，除非事先明确论文的重要性，否则很少有人会投入精力去阅读一篇论文。

最重要的一点，是你论文的中心问题对读者的重要性，而不是对你的重要性。或许是因为你对坍缩气体云物理学的内在兴趣，才促使你研究大质量恒星的形成。这可以成为你每天去办公室的完美理由，但这并不能吸引你的听众。相反，你需要把你稿件的精确的主题与人们关心的、更普遍的问题联系起来。例如，大质量恒星在宇宙中扮演着重要角色，只有在这样的恒星中，核聚变才能产生比碳重的元素，只有通过它们的超新星爆炸，这些元素才能被合并到更小的恒星、行星和人类中。你可以解释，你对大质量恒星形成的研究将帮助我们理解宇宙成为适合生命出现的环境的过程。

推销任何故事都有其他方法，你选择的方法决定了对此感兴趣的读者群体。这反过来又决定了你的稿件适合哪种期刊（见第 25 章）。

能吸引更多读者感兴趣的稿件，往往会被影响力更大的期刊接受，并积累更高的引用率。常见且有效的推销故事的方法有以下 5 种。

- 文献对 X 问题的探讨有争议，我呈现了解决这个问题所需的数据。
- 我们了解 X 的事实阻碍了我们努力了解 Y 问题的过程，而 Y 问题是一个发展中的分支学科的核心。
- 我们对 X 事物的不了解阻碍了我们解决经济问题 Y 的过程。
- 我们需要更多地了解 X 事物，因为它是一个被广泛应用于研究 Y 领域问题的模型系统。
- 我已经发现了 X 事物，这表明有办法朝着难以达到的目标 Y 迈进。

你可以把这些不同的说法看作是对你的故事的不同定义，你可以让它们发挥作用，把你要说的话最有效地推销给想告诉的观众。

本章小结

- 一篇论文有一个故事，有"人物"和"情节"，它提出并回答一个有趣的问题。
- 寻找和规划你的故事的工具包括两句话的小摘要、词库、概念图、图表重组和大纲。大纲可以是故事摘要、子标题大纲和主题句大纲。
- 仅讲述你的故事是不够的，你还必须推销它。这意味着，说明你的作品如何去解决或回答一个问题，对读者来说很重要。

练　习 ⏳

1. 为你最近读过的一篇论文写一篇小型摘要、画一张概念图，再写一篇故事摘要大纲。你能提出另一种组织相同内容的方法吗？你的替代方案是否讲述了一个更好的故事或只是一个不同的故事？

2. 对于不同的论文，在导言、方法、结果和论述中，突出每段的第一句（主题）。单独阅读这些句子，它们是否构成了一个能很好地代表论文的大纲？如果不是，这个主题句大纲中省略了哪些主要观点？

3. 为你最近开始或计划很快开始的写作项目写一个迷你摘要。接下来，做一个词库和一个概念图或一个子标题大纲。如果你写一个新的迷你摘要，它是否会因故事规划过程而有所不同？

4. 为练习题第 3 题中概述的项目——或者（如果可能的话）为同学或同事的项目——写 3 种风格不同的推销语，每种推销语不超过两句话。不同卖点是否暗示了论文不同的受众群体，或者发表的不同期刊？

第8章

科学论文的典型结构

现代科学论文的典型结构，对任何一个接触过文献的人来说都很熟悉。这个结构通常被简写为 IMRaD，指**导言**（Introduction）、**方法**（Methods）、**结果**（Results）和**论述**（Discussion），因为它按顺序包含这些要素（每个部分包含一组相当标准的组件）。这一标准代表了科学家心目中对于如何最有效地组织信息的方法的共识，这种结构对作者和读者都非常有帮助，但它并非一直都是如此，其中的原因很值得思考。

8.1　规范结构的演变

如果你浏览 17 世纪和 18 世纪的《哲学会刊》（*Philosophical Transactions*），就会发现最早的科学论文在结构、格式或风格上并没有明显的规范，有些是以信件的形式写的（连问候语和签名也包括在内），而另一些则是以游记、说明文或记叙文的风格写的。很少有论文具有章节标题或其他正式的结构，同时，在那些具有这些形式的论文里，章节也是各不相同的。文献引用可能出现在页边空白处，作为正文的脚注或尾注，或者可能根本没有。图和表格是罕见的，通常没有标记和编号，而且经常印在一卷的末尾处，而不是与提到它们的那篇论文一起出现。

　　阅读这些早期的文献可能是有趣的，但也令人沮丧和困惑。每篇论文都有自己的方法，而且往往让人不清楚它讲的是什么故事以及是如何讲的。作者希望自己的作品被阅读的愿望可能并不重要，因为当时的文献规模非常小，一个人可以合理地有针对性地阅读所有关于"化学"这样宽泛主题的出版物。然而，在整个 19 世纪，科学的专业化使写作脱离了早期出版物中那种描述性的、个人化的风格。与此同时，出版作品数量的不断增加也让读者失去了耐心。在 19 世纪 30 年代和 40 年代，一种包括我们现在称之为导言、方法、结果和论述等要素的组织风格变得普遍起来（Harmon and Gross, 2007），尤其是在德国的化学论文中，尽管它们不一定被标记为单独的部分。详细的方法论在早期微生物学家支持"细菌致病论"和拒绝"自然发生论"的工作中变得尤为重要，因此独立的方法部分变得常见起来（Day and Gastel, 2006）。然而，直到 20 世纪中叶，随着第二次世界大战期间研究工作的爆炸性增长以及 20 世纪 50 年代和 60 年代的太空竞赛和军备竞赛的开展，论文才完全呈现现代形式。期刊开始坚持标准化的结构，即分别标注摘要、导言、方法、结果和论述部分，部分是为了减轻编辑、审稿人和读者的负担。

　　我们现在使用的规范结构已经逐步发展到允许读者有效地访问科学论文的内容的阶段。我们熟悉的传统风格就像一个"查找系统"

（Gross et al., 2002），在这个系统中，作者满足了读者明确的期望：想知道实验是如何完成的人可以直接进入方法部分；想看总结研究问题的人可以看导言的结尾部分；想知道结果为什么重要的人可以检查论述的结尾部分。这让读者不需要阅读整篇文章就能获得特定的信息，也帮助了那些从头读到尾的读者，因为它以熟悉的顺序呈现信息，让读者畅通无阻地通过论文得出结论。并不是每一篇论文都采用 IMRaD 结构（见第 16 章），但对于那些采用该格式的论文，典型结构是实现与读者进行清晰明了沟通的强大工具。

8.2　标准：IMRaD 结构和"沙漏"

我们熟悉的 IMRaD 结构（见图 8.1）比它的首字母缩写词要复杂一些，原因有三。第一，这四个主要部分是文章的核心，但也与其他要素紧密相关。经常在它们前面出现的是一些前置部分（标题，署名和其他细节），通常还有一个摘要（这就是为什么你有时会看到变体术语 AIMRaD），而且它们后面总是跟着一些后置部分（致谢、参考文献、附录或在线补充材料）。第二，四个主要部分的每个部分中，都有一些标准化的子结构。第三，在结果和论述部分的呈现上有一些小变化：它们通常（最好）是分开的，但有时是合并的，甚至有时，论述部分的后面会有一个单独的结论部分。尽管如此，IMRaD 几乎是所有论文的基础骨架。

IMRaD 结构有一个重要的核心点，正如沙漏状图所示（见图 8.1）一篇好论文会随着一个可以预见的焦点而变化：在导言的开始，广泛关注某一主要领域的科研工作背景；在导言的最后，对中心研究问题进行更为精确的界定；在"沙漏"中间的方法和结果部分，是对特定

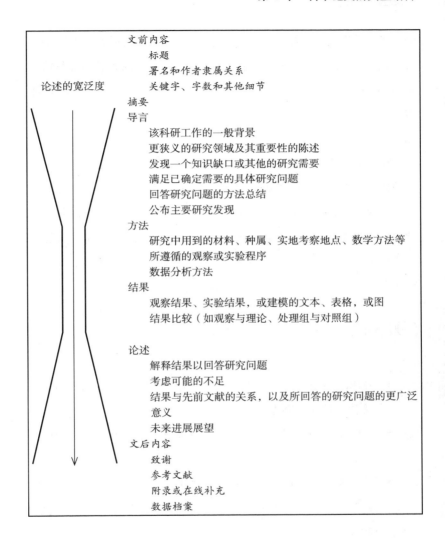

论述的宽泛度

文前内容
　　标题
　　署名和作者隶属关系
　　关键字、字数和其他细节
摘要
导言
　　该科研工作的一般背景
　　更狭义的研究领域及其重要性的陈述
　　发现一个知识缺口或其他的研究需要
　　满足已确定需要的具体研究问题
　　回答研究问题的方法总结
　　公布主要研究发现
方法
　　研究中用到的材料、种属、实地考察地点、数学方法等
　　所遵循的观察或实验程序
　　数据分析方法
结果
　　观察结果、实验结果，或建模的文本、表格，或图
　　结果比较（如观察与理论、处理组与对照组）

论述
　　解释结果以回答研究问题
　　考虑可能的不足
　　结果与先前文献的关系，以及所回答的研究问题的更广泛
　　意义
　　未来进展展望
文后内容
　　致谢
　　参考文献
　　附录或在线补充
　　数据档案

图 8.1　现代科学论文的规范结构

　　注：宋体部分是讲述论文故事的核心元素；楷体是具有其他功能的辅助材料。

的技术和结果最精确的聚焦；在论述部分的最后，又回到了该领域的大环境上。宽泛的开头和结尾将故事推销给尽可能多的读者（见第 7 章），而导言部分的收缩定义了故事，并精准地表明了作者将如何回答核心研究问题。记住这个"沙漏"将极大地帮助你写出有效的导言和论述。

在接下来的几章中，我将依次关注每个部分。我会按照它们在完成的稿件中出现的顺序来阐述，但是要记住，很少有作者会按照这个顺序来攻克它们（见第 5 章和第 7 章）。尤其是许多有经验的作者会把导言放在最后写，因为他们意识到只有在你写完之后，你才知道自己要介绍什么。尽管如此，传统的 IMRaD 顺序赋予了一篇文章最清晰的组织架构，那么就这样开始吧。

本章小结

- IMRaD 结构现在是大多数科学论文的标准，包括摘要、导言、方法、结果和论述。
- IMRaD 结构为读者提供一个查找系统，使读者能有效地访问内容。
- 一篇组织良好的论文会有一个"沙漏"式的结构，在开始的时候焦点宽泛，在导言的时候逐渐变窄，在讨论的时候再次扩大。

练 习

1. 可以下载 18 世纪的《伦敦皇家学会哲学会刊》（*Philosophical*

Transactions of the Royal Society of London）的任何一篇论文（可以在网上找到）。把你认为属于现在的论文导言部分用黄色亮色标出，方法部分用绿色亮色标出，结果部分用粉色亮色标出，论述部分用蓝色亮色标出。

2. 拿一本你所在领域最近一期的杂志［不要用《科学》（*Science*）或《自然》（*Nature*）杂志，选择一本特定领域的杂志］，查看前十几篇论文。有多少篇论文的导言、方法、结果和论述部分是按照顺序清晰明了地标记的？如果它们偏离了那个结构，你认为这种偏离的原因是什么？

第9章

文前内容和摘要

虽然你的论文的 IMRaD 核心讲述了它的故事，但这并不是全部。每篇论文都有一些"文前内容"（标题、署名、摘要，有时还有关键词和其他要素）和一些"文后内容"（我们将在第 14 章讨论）。人们很容易认为文前内容不重要，但这是一个错误。文前内容通过提供摘要和索引材料，将你的工作带入更广阔的科学界，这样，感兴趣的读者可以找到作品（及其作者）。编辑也可以在重新审稿时，对文前内容进行适当的处理。所以，文前内容不应该在事后才考虑。

9.1 标　题

每篇论文都以标题开始。它的功能是宣传。它邀请潜在的读者拿起你的论文并阅读。这就像搭讪或高速公路上的广告牌一样，标题需要快速完成其使命。有些人在快速查阅论文列表时，可能只会在几秒钟内决定是否阅读你的论文。标题必须在没有其他内容支持（甚至没有附带的摘要）的情况下完成这项工作，因为它可能单独出现在搜索引擎的结果页、院系网站、目录和你的简历上，或者出现在编辑发给特定同行评议者的邀请中。

为了有效发挥其广告功能，你的标题应该简短（见下文）、清晰、信息丰富。它应该传达你论文的故事，或者至少是核心问题。事实上，你可以认为标题是你论文最短的摘要。保持标题简短和让它总结你的整篇论文之间呈现明显的紧张关系，这是"冒号标题"出现频率高的原因。较长的标题可以用冒号分成开头更宽泛的短语或从句和后面更聚焦的短语或从句。

考虑一下我们的星体形成论文（见第 7 章）的一些可能的标题。首先是两个非常简短但模糊的选项。

《鹰状星云、猎户座和卡里纳星云的光谱观测》

《关于原恒星质量的一些观测结果》

这两个标题都很弱。第一个强调了论文的方法，而不是它的问题。第二个标题将原恒星质量作为一个课题，但没有提出任何关于它的问题，"一些观测"又是如此模糊，以至于对读者来说毫无用处。这两篇论文都不会引起读者的注意：如果将论文比作一场搭讪，它充其量只是在一个嘈杂的酒吧里礼貌地清了清嗓子，而且结果肯定是独自回家。

强有力的标题把自己摆在那里，能够让潜在的读者清楚地看到文章的故事，甚至暗示其重要性。比如：

《原恒星分布和大质量新星的形成：测试星团辅助模型》

《原恒星在分子云中的分布模式能否在大质量恒星形成的竞争模型之间进行区分》

《原恒星邻域的详细图像并不支持大质量恒星形成的星团辅助模型》

这些标题中的每一个都表明了论文的中心问题。第一个和第二个对测试单一假设和区分相互竞争的假设给予了不同的强调，第三个是通常被称为"陈述性句子"或"断言性句子"的标题，它指出了中心问题，并断言其答案。这样的标题很常见，但并非人人都喜欢。它们在清晰度和信息量方面得分很高，但有些读者认为它们轻率、想当然，在没有提供证据或考虑各种条件的情况下假设并夸大一个观点。

你可能会注意到，更好的星体形成标题包括动词、介词和其他用于将名词相互联系起来的词。虽然这些可能会使标题稍长，但它们也使标题连贯并可读。你可以将我们的第一个较好的标题浓缩为《原恒星分布，大质量新星形成和星团辅助模型》以节省单词，但是你想这样做吗？

最近，通过寻找简单的标题特征分析引用数据的研究蓬勃发展，简单的标题特征可以帮助论文获得知名度和影响力。数十篇论文报告分析，如果论文使用较短的标题、有主张性的句子作标题、以问题形式表达的标题、分为两部分的标题（带冒号或破折号）、带首字母缩写词的标题，等等，那么论文是否会被更多地引用？也许令人惊讶的是，结果显示，即使有影响，这些特征对引用的影响微乎其微（Costello et al., 2019）。不同领域的影响往往不同（例如，Milojević, 2017; Murphy et al., 2019）。唯一有力的总结是，表明论文范围狭窄的标题（国家名称、物种名称或不常用的技术词汇）与低引用率有关。这可能只是因为这类论文的范围狭窄，重要性不高。然而，那些真正具有普遍重要性的论文可能会因标题另有所指而被遗漏。你可以通过省略狭义范围的标记（如国名），或者在标题中把它们放在一个从属的位置，明确地把你的研究与最广泛的问题联系起来，从而避免这种情况。

科学论文的标题有时很有趣：例如，《逃离巨大虫洞的威胁》（Coleman and Lee, 1989）或《缺氧诱导因子 -1α 在神经元和星形胶质细胞中的好坏和细胞类型的特定作用》（Vangeison et al., 2008）。这是不是一个好主意尚有争议。这个问题与关于科学写作中的幽默和美感的更广泛的讨论有关，我会在第 30 章中谈到。

9.2 署 名

题目后面是署名，即作者名单，包括他们的学术机构和可通讯地址。署名有三个功能：第一，它可以使你的论文在数据库中以你的名字建立索引，如 Web of Science™ 和 Google Scholar；第二，它允许有兴趣了解更多信息的读者直接与你联系；第三，它有助于显示工作的权威性，表明你作为科学界一员的身份（你的合作者、你与一个受尊敬的机构的关系，等等）。

撰写署名主要是遵循期刊的指示，但有两个问题可能需要考虑一下。如果一篇论文有多个作者，你必须确定他们的排列顺序。这个复杂的问题将在第 27 章详细讨论。你还必须决定如何列出你的名字：就我而言，我可能是史蒂夫·赫德（Steve Heard）、斯蒂芬·赫德（Stephen Heard）、斯蒂芬·B. 赫德（Stephen B. Heard），或其他一些名字。这一点很重要，因为名字的变化会让搜索你的出版物的人很难找到所有的出版物。我通常以斯蒂芬·B.赫德的名义发表文章，但只有一次我以斯蒂芬·赫德的名义出现，许多搜索我发表的文章的人都错过了那篇论文。如果搜索者为了聘用或提拔我而评估我，想把我的实验室作为研究生工作的地方，或者只是想阅读和引用我的论文，那么名字的混乱就会让我付出代价。因此，你可能想选择一个"发表名"，并持续使用它。如果这个名字尽可能有特色，对搜索会有帮助。作为一项规则，如果你有中间名的首字母，你应该包括中间名的首字母，如果你没有，也可以"发明"一些。

如果你在开始发表文章后改变了你的名字（通过结婚、离婚等），那么你有这样三个选择。首先，你可以继续用旧名出版，但同时在其他领域采用新名，这种做法并不罕见，尽管有些作者会对此感到不舒服。其次，你可以在新的出版物上使用新名字，但要承担人们不会将你的全部作品与你联系起来的风险。最后，你可以向期刊申请在你的旧论文上更改你的名字（当然是在网上，而不是在印刷版本上）。发表后改名最近才成为一种选择，而且还不是一种普遍的选择，但作为支持一些有需求的科学家的一种方式，它们是一种受人欢迎的进展。

解决作者追踪问题的另一个办法是 ORCID（Open Researcher and Contributor ID; www.orcid.org）标识符，这是一个与研究人员个人相关的独特的 16 位数字标识符。如果你有一个 ORCID，别人就可以跨平台追踪你的所有文稿（不仅是发表的论文），不管你的名字以哪种称呼出现，也不管有多少其他研究人员与你同名。然而，ORCID 尚未得到普遍使用，所以保持一个独特的、一致的"发表名"仍然很重要。

9.3　摘　要

在 20 世纪 20 年代以前，期刊论文很少有摘要，摘要直到 20 世纪 50 年代才成为惯例（Harmon and Gross, 2007）。与标题一样，摘要也是一种广告：被标题吸引的潜在读者通常会翻到摘要，以了解论文内容的概要。摘要可以在网上广泛获取和搜索，所以即使你的论文发表在订阅期刊上，你的摘要通常也是开放访问的。因此，摘要在帮助你的论文找到你的目标读者方面起着重要作用。

摘要是对整篇论文的总结，包括研究问题及其重要性、方法、结果、结论和影响。因此，大多数好的摘要都采用了一个小型的 IMRaD 结构。有些甚至明确地采用了这种结构，其子标题要么非常接近 IMRaD（导言、方法、结果、结论），要么经过修改但仍可以识别（背景、目的、方法、结果、影响），这些被称为结构化摘要。它们的使用始于 20 世纪 80 年代的医学期刊，但现在已很普遍。结构化摘要往往更容易阅读、搜索，也更容易被同行反复浏览，而且它们比非结构化摘要包含更多的信息（更少的遗漏）（Hartley, 2004）。

你为论文撰写的摘要是否以结构化摘要的形式公开，几乎总是与期刊风格有关：你要么被要求使用子标题，要么被要求禁止使用。但并不妨碍你以这种方式写摘要。结构化的摘要更容易写，因为你只需充实子标题提供的模板。如果你选择的期刊不允许使用子标题，你可以在最后一刻将其删除。

摘要很短，许多期刊都有严格的字数限制（通常为 200 字左右，甚至更少）。因此，它们不能包含许多技术细节或许多细微的讨论（故在结构化摘要中通常用结论代替讨论）。但是，它们不应仅仅是对研究问题及其答案的总结。如果你想吸引读者通过摘要进入论文的正文（你确实需要如此），你还必须告诉他们为什么这个答案很重要。

摘要应该是自成一体的，因为通常有人会阅读这一部分，而不是整个论文。事实上，他们甚至可能只根据他们对摘要的阅读来引用你的论文，虽然这样做是不合适的。因此，摘要应尽可能多地包括你使用的最重要的信息，并准确地表达出来。摘要的完备性也有一些技术上的影响。它很少包括文献引证。当引证绝对重要时，例如论文是对另一篇论文的回应时，它通常会将整个引证都包括在附录中。摘要不提及论文正文中的图或表，最好不要使用首字母缩写或其他缩写（尽管这个建议很少被采纳）。

许多作者不愿意在摘要中包括他们的结果，而是以"并讨论了实验的结果"这样的模糊说法来结束。也许这些作者是想避免破坏留给读者的悬念，但摘要不是电影预告片，不需要避免情节的剧透。读者希望从科学文献中有效地获取信息，而他们在摘要中发现的信息越多越好。

最后，摘要（像标题一样）可以被加工，以增加在线搜索中被发现的可能性。如果你的读者在搜索时可能会使用一些关键词，就在摘要中加入这些关键词，即使这些关键词已经被列在摘要下面，它们在摘要部分的重复可能也会增加发现率，从而增加论文的引用率（Sohrabi and Iraj, 2017）。具有更长摘要的论文引用率较高（Weinberger et al., 2015），这可能反映了搜索引擎在抓取数据方面的类似改进。

如果你觉得写摘要特别有挑战性，斯威尔斯和菲克（Swales and Feak，2009）提供了一个更详细的指南。

9.4　其他文前内容

其他文前内容会因期刊而异。你可能被要求提供关键词以方便将你的稿件分配给审稿人（曾经这些关键词对索引很重要，但随着全文检索的广泛开展，这一作用已逐渐消失）。你可能被要求提供字数、图和表的清单或其他信息。这类文前内容有助于编辑工作，但与讲述你的故事无关。幸运的是，期刊通常会提供详细的说明。

本章小结

- 一篇文章的标题是一个广告，应该表明文章的故事。它应该简短、清晰、有信息量。

- 虽然有很多关于标题结构如何影响读者的讨论，但大多数影响似乎很弱。然而，让论文看起来内容过于狭隘的标题可能会减少读者群和引用量。

- 你在论文署名中列出的名字应该尽可能一致。如果你的名字有变化，就要考虑如何确保你的作者身份在变化前和变化后都能被轻易地追踪到。

- 摘要是论文的简短摘要，包括问题、重要性、方法、主要结果和结论。结构化摘要会标明这些内容，但所有摘要都要有这些内容。

- 摘要是可开放访问的，会比你的论文得到更广泛的阅读，所以它应该传达你工作中最重要的信息。

练 习 ⧗

1. 检查最近一期你所在领域的期刊目录。你认为哪 3 篇论文的标题最有效？为什么？你认为哪 3 篇最无效？选择一个标题，阅读该论文，并写出一个改进的标题。

2. 选择其他期刊最近一两期的论文（足以包括 40~50 篇论文）。

   a. 如果是断言性句子的标题，在每个标题旁边标上 "A"（assertive）；如果是使用冒号的标题，标上 "C"（colon）；如果是问题式的标题，标上 "Q"（question）；如果都不是这些，标上 "N"（none）（有些标题可能有一个以上的标签）。哪种结构最常见？

   b. 从每个类别中抽取一篇论文，阅读摘要，将其置于不同的类别中，然后写一个新的标题。你的新标题是更好还是更糟糕？

3. 从同一期中选择另一篇论文。不要阅读摘要，但要阅读论文的其他部分。现在写一篇摘要。你的版本与实际摘要有什么不同？哪一个更好，为什么？

4. 在你所从事的领域中选择一篇具有传统（而不是结构化）摘要的论文。使用 4 种颜色，突出表明背景、方法、结果和结论或影响的文字。这个摘要有多接近结构化摘要（按顺序用 4 种颜色表示）？修改摘要，使其完全结构化。新的摘要是否更好？

第10章

导言部分

　　导言作为一篇科学论文的独立部分，直到20世纪50年代IMRaD结构成为标准之后才变得普遍，但"介绍性材料"（Introductory Material）的功能几千年来人们已经充分地了解了。西塞罗（Cicero）已于公元前55年明确了导言的作用，即"立刻吸引听众"并提供"要么是一份对即将提出的全部事项的陈述，要么是一个对案件的处理方法以及一份准备工作"（Volume I, 441）。也就是说，导言集**宣传**（advertising）、**总结**（summarizing）、**背景设定**（context-setting）3种功能于一体。现在，导言在宣传和总结功能方面的重要性已经减少了，因为在标准结构中增加了摘要。这就使得背景设定成为现代导言最重要的内容。

　　导言是很难写的。虽然它的功能可以很好地被人们所理解，但至少在表面上，没有完成它的标准模板。没有标准的分节标题（通常来说根本没有），期刊很少提供导言所需要素的列表，而且在不同的期刊中，即使是非常相似的论文，导言也会显得非常不同。幸运的是，这一切都是一种幻觉。导言并不像乍看的那样少，实际上有更多的标准框架，而且有很多方法可以使构建这个框架变得更容易。

第一，虽然开头是开始阅读论文的好地方，但不是开始写论文的好地方。以导言的第一行为开头是让自己受挫的好方法。我最后写我的导言部分，原因很简单：我不确定自己要介绍什么，直到我写完整篇文章（或至少相当详细地概述它）。这个策略是"倒写"（见第 7 章）的一部分。你需要通过论述部分来了解如何加工导言部分，你需要用结果部分写出论述部分，结果部分又和方法部分密不可分。这将导言部分推至你写作队列的末尾。

第二，考虑一下你写作导言的对象。他们是谁，他们关心什么，他们已经知道什么？你怎样才能把他们引向你想要告诉他们的事情呢？你采用何种方式来介绍自己的工作取决于你是面向那些对你的研究系统和问题了如指掌的亲密同事，还是面对还不知道你的工作与科学中亟待解决的问题有何关系的更广泛的听众？不同期刊的导言差异很大，尤其是像《自然》这样的普适性期刊和像《海洋和石油地质学》（*Marine and Petroleum Geology*）这样的小范围期刊之间的导言差异，这可以解释为它们的读者不同。

第三，认为导言缺乏标准模板只是一种错觉。事实上，大多数导言都遵循一套常见的修辞语步（语步是一种修辞模式或结构，经常出现在辩论中）。斯韦尔斯（Swales，1990）将典型的导言分解为 3 个主要的修辞语步，这 3 个动作被称为"创造一个研究空间"的模型。这 3 个动作对应于导言的 3 个组成部分（见图 10.1）。按照顺序，这些步骤将导言从一个广泛的开头带到论文"沙漏"的腰部。

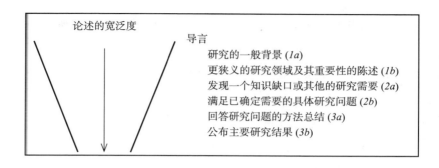

图 10.1　典型的导言部分的结构及组成

注：斜体数字指的是斯韦尔斯（1990）的三个部分：（1）界定研究领域；（2）在该领域内建立利基；（3）占领利基。图 8.1 呈现了导言部分在整个论文结构背景下是怎样的。

- **组成部分 1：界定研究领域。**这里你可以从"沙漏"结构最宽处开始：用几句话为所从事的研究列出尽可能最广泛的背景，以建立它对大量潜在读者的重要性。例如，我们的恒星形成论文（见第 7 章）可能以一两句话开头，讲述宇宙中的生命如何依赖于恒星和行星的存在，因此依赖于扩散气体和尘埃凝聚形成星体的物理机制。

追求的广度取决于目标期刊。一篇《自然》或《科学》的论文需要非常广泛的背景，以证明其出现在涵盖所有科学领域的期刊上是合理的，而高度专业化的期刊上的论文只需要吸引阅读该期刊的一小部分科学家。举个例子，看看最近两篇粒子物理学论文的头几句话。

» 《自然》杂志上一篇关于奇异 B 介子衰变的论文（CMS Collaboration and LHCb Collaboration, 2015）："粒子物理

的标准模型描述了基本粒子及其通过强力、电磁力和弱
力的相互作用。"

» 来自《物理学期刊 G：原子核和粒子物理》[*Journal of
Physics G: Nuclear and Particle Physics*，以下简称《物理
学期刊 G》] 关于质子-质子碰撞碎片的探测的论文（Aaij
et al., 2014）："强子碰撞中唯一的 J/ψ 和 ψ（2S）介子
产生是衍射过程，可以在微扰量子色动力学中计算。"

《自然》杂志的导言首先定义了粒子物理学的"标准模型"，对于
像我这样的读者来说，这是对这篇论文很好的定位，但对于《物理学
期刊 G》的任何读者来说，这可能是不必要的（而且是显而易见的）。
相比之下，《物理学期刊 G》导言直接跳到对质子-质子碰撞中介子产
生的量子色动力学的预测。这对那些专业期刊的读者来说是不错的，
但它不会吸引许多科学家在餐厅翻阅《自然》杂志。

并不是每一篇论文都需要对每个人重要，即使是《物理学期刊 G》
的论文也把它的工作置于眼前的主题之外，它解释了为什么粒子探测
物质的技术细节可以用来测试粒子物理学中一个重要的理论模型。也
就是说，它的作者不仅描述了他们做了什么，还解释了他们所做的事
情如何重要。

在设定好的背景下，通过确定更具体的研究领域，你的导言开始
缩小"沙漏"结构。例如，在你的天文学论文以一般恒星形成的重要
性作为起点后，你现在可以指出你的重点是大质量恒星的形成。你可
能会指出，大质量恒星至关重要，因为它们的超新星爆炸孕育了新的
恒星和重元素行星。导言的这一部分通常包括一些文献综述，以确定
研究领域的现状。

- 组成部分 2：在研究领域内建立利基（niche）。"沙漏"进一步缩小了范围，你的导言通过确定一个研究利基——研究领域内的一个具体的开放问题，朝着你的核心研究问题展开。这可能意味着指出我们在某个主题上的知识缺口，或是注意到文献中明显的矛盾点或容易被新信息推翻的已发表的主张，或是一个可以通过新数据区分的竞争理论模型。这就是我们的上述天文学论文可以指出的地方，有多种大质量恒星形成的模型，可以对大质量原恒星的外观和空间分布做出不同的预测。最后，你的导言将清晰而具体地阐述你的中心研究问题（大质量的原恒星是否总是在原恒星的局部星团中出现，就像星团辅助模型预测的那样）。

- 组成部分 3：占领利基。导言的第三部分向读者表明你的工作如何占据了你刚刚确定的利基。在这样做的过程中，它通过概述你为回答中心问题所采取的方法，来进一步缩小"沙漏"，并展示你的答案如何帮助解决你所确定的开放式问题。

　　当然，概述方法并不意味着提供详细的方法。它意味着指出你的基本方法（你做的实验、观察、理论）、数据的一般形式（你测量了哪些重要的量，大概是如何测量的），以及对这些数据的分析如何回答你的中心研究问题。在我们的天文学例子中，你可能会说你使用了一个无线电望远镜通过从半径和旋转速度之间的关系推断出质量，以此来识别大质量原恒星，并且你还根据周年视差计算了原恒星之间的距离。然后你会指出，这对星团辅助模型提出了考验，因为如果大质量原恒星经常单独出现，这个模型就是错误的。

　　在导言中包含这三部分的想法是毫无争议的，但关于如何以最好的方式结束一个部分，存在相当大的分歧。一些写作指南建议以陈述中心问题和方法作为导言的结尾（例如，Davis, 2005; Katz, 2006）。其他人建议继续简要总结你的结果（例如，Montgomery, 2003; Day and Gastel, 2006）。我更喜欢把主要的结果写进去，因为这样可以让你的读者知道你要写的是什么，并有助于他们阐述阅读你的论文所取得的收获。不要担心泄露你故事的结局：你在写一篇科学论文，而不是悬疑小说，而且不管怎样你的摘要已经破坏了悬念。如果你能够陈述一个有趣且重要的结论，与你研究领域最密切的读者会继续阅读，以找出你是如何支持该结论的。如果其他读者对关于你的中心研究问题的快速回答感到满意，那就更好了。

本章小结

- 导言用于界定研究领域（背景），在该领域内建立利基（知识缺口），并占领利基（概述了填补知识缺口的方法）。
- 设立背景意味着一个广泛的焦点出现，具体有多广取决于目标期刊。
- 简短陈述你的主要结果是结束导言的有力方法。

练 习

1. 选择一篇最近在你所在的领域内发表的论文，阅读它的导言。

   a. 高亮导言包括的三个主要组成部分（界定研究领域、建立利基、占领利基的文字内容）。

   b. 如果要在范围更窄的期刊上发表，你会如何修改那篇论文的导言？如果是范围更广泛的期刊呢？

2. 选择你所在的领域的期刊的最近一期，检查前 10 篇论文的导言中的最后两句话。

   a. 这些句子包含什么，是中心问题的重述，方法的总结，主要发现的总结，还是别的什么？

   b. 选择一个结尾没有总结主要发现的导言。再草拟两句话来给它一个结尾（不要担心这些结论是否准确）。你是更喜欢这个新导言，还是更不喜欢？

第 11 章

方法部分

方法部分的写作相对简单。它概述了你所使用的材料和你为获得和分析数据所遵循的程序。通常情况下，你可以仿照早先你汇报类似研究时的论文的大部分内容，或对资助申请的文本进行改写，从而写出大多数内容。大部分（如果不是全部）方法部分可以在你计划或进行研究时写，那时你对这些程序步骤仍记忆犹新。尽管这一部分相对容易，但有三个问题可能会给你造成一些麻烦：组织架构、详细程度和避免自我剽窃。

11.1 整理方法部分

按时间顺序组织方法部分，按照顺序记录你所做的事情是很诱人的。这可能是写游记或自传的正确方法，但这样写科学论文是错误的！你做研究的经历并不重要，重要的是你的读者需要了解你的研究方法。

在组织整理方法使其易于被理解方面，是没有一个放之四海而皆准的建议的。一种可能是由背景、实验或观测、分析三部分组成的介绍。这种组织方式从设定阶段的材料开始，如描述你的材料和设备、现场场地、选择受试者的方法，以及校准或控制程序，证明你的程序如预期般运作。下一个小节描述你的实验和你收集的数据。最后一个小节概述你如何分析数据以回答你的研究问题。这可能包括从原始数据中计算出的数量，你所做的比较或你所寻求的变量之间的关系，以及用来评估你发现的任何规律的统计程序。

不过，在更复杂的论文中，背景—实验—分析的组织方式会显得很是烦琐。如果回答你的研究问题需要结合几条不同的实验路线（也许是理论和实验工作，或者是几组不同的观察结果），通常最好把工作中每个程序上不同的部分分开来做。例如，我们的恒星形成论文（见第 7 章）的故事大纲中包括对观察方法的三部分总结。再加上第四个部分以整合前三个部分的数据，我们就有了如下四部分。

- 确定原恒星的旋转速度
- 确定原恒星的质量
- 确定最近的邻近星体的距离
- 测试大质量原恒星是否总是有近邻

一个有效的方法部分可以使用四个小节来遵循这个大纲，也许是放在总结整体方法的几句话之后。每个小节都可以分别遵循上述背景—观测—分析的组织方式。例如，第一个小节将说明所观测的星云，描述用于测量 ^{13}C 发射线红 / 蓝移位的仪器，并概述如何通过移位计算旋转速度。这种组织方式之所以有效，是因为这四个小节在逻辑上是分开的，但每个小节都建立在前面的小节之上（例如，质量测定取决于旋转速度的测量结果）。另一种安排是介绍所有部件的仪器，然后描述所有的观测结果，最后处理数据分析，这将迫使读者反复地把注意力从速度转移到质量，再转移到距离，然后再转移回来。这需要读者付出你没办法要求的大量的智力投入。

　　无论哪个组织方式最适合你，都最好用子标题清楚地表示出来（上面的四个小标题对我们的恒星形成论文很有效）。子标题为读者在大的论点方面指明方向，并确立可以相对独立地分析和消化的部分。将方法部分中的子标题与结果中相同的子标题相匹配是特别有效的，这样读者就可以轻松地往返浏览。

11.2　适当的细节

　　在撰写方法部分时，你必须决定为每个步骤提供多少细节。要做到这一点是很困难的。有些细节显然必须包括在内，例如，期刊几乎总是要求涉及人类的研究提供伦理委员会的批准。其他细节显然应该省略，你是用 2H 铅笔还是 HB 铅笔做的笔记完全不重要（信不信由你，我见过有的稿件会注明这点）。在这两个极端之间是一个漫长的连续过程，有大量的灰色区域。

　　你如何决定是否包括或省略某个细节？专家对这个问题给出了不同的答案，因为他们对方法部分、对读者的作用有着不同的看法。在过去的 350 年里，这个部分有了很大的发展（见框 11.1）。大多数写作书籍（例如，Katz, 2006; Day and Gastel, 2006）都建议向读者提供足够的细节，以便他们可以重复你的工作，自己验证结果。然而，对科学家实际写作方式的研究发现，很少有发表的论文能接近这种详细程度（例如，Swales, 1990; Gross et al., 2002）（方法学类论文是个例外，因为对这些论文来说，提供新的方法供他人重复是全部意义所在）。这些研究表明，你的方法部分最好被看作是建立你的方法的可信度，从而给读者一个相信你的发现的理由。换句话说，"如果让挑剔的读者来评判的话……'方法'是解决导言中所述问题的合理策略，那么他们就有可能将文章视为真实的科学"（Harmon and Gross, 2007: 193）。此外，方法部分告诉读者，如果要理解结果，他们需要知道哪些程序。

框 11.1 重复、见证和权威：方法的演变

在过去的 350 年里，方法的交流方式发生了很大的变化，这也反映了交流方法的缘由的基本演变。这种演变说明了现代人对方法部分应包括的详细程度存在很大分歧。

17 世纪，就在现代科学交流诞生时，科学家们属于欧洲文艺复兴时期的知识传统。他们认为学习应该来自经验观察，而不是对早期文本的研究（中世纪的"学者"传统）。但随着科学的发展，如果不建立在他人报告的结果上，取得进展显然变得越来越不可能。那么，这些报告如何才能获得权威人士的认可？

这是 17 世纪 60 年代现代科学论文的先驱罗伯特·波义耳（见第 1 章）关注的主要问题。波义耳的答案有三个方面（Shapin, 1984）。第一，他赞成详尽地说明实验设备和程序，以便读者可以自己重复他的实验。第二，他主张"共同见证"，指出如果有其他科学家见证，人们就可以信赖这些结

果。因此，他的许多关键实验都是公开进行的，波义耳将他的证人的姓名、资格与他的结果一起公布。第三，波义耳不仅详尽地描述了他的方法，还描述了他的实验环境和设置、他的错误开始和失败，以及其他许多方面。他的实验仪器的插图是细节和真实的描述，而不是简化的线条图。例如，在报告他著名的使用真空泵的实验时（Boyle, 1660），他提供了一张他所使用的专用泵的插图，图中画出了泵上面有不平整的地方，以及凹陷和凹痕。所有这些描述的重点是让读者身临其境，让他们成为"虚拟证人"（Shapin, 1984）。这种方法被广泛采用。一个突出的例子是皮埃尔·路易·德·莫佩尔蒂斯（Pierre-Louis de Maupertuis）（1737）关于测量地球形状的北极探险的描述。莫佩尔蒂斯花了很多篇幅讲述他旅行中的兴奋和艰辛。除其他事项外，他还描述了午夜的太阳、苍蝇叮咬的难受、防御驯鹿踢踏的技术，以及只有白兰地没被冻住可以饮用的寒冷天气。

　　波义耳对权威性问题的 3 个答案没有一个被证明是完全令人满意的。很少有人试图重复他的实验。公同见证很麻烦，而且效率很低。虚拟见证更多与修辞有关，而不是与逻辑有关，而且它使出版物变得冗长而不方便。它逐渐被放弃了。

　　到 19 世纪中叶，科学的专业化导致了一种新的权威。一份报告开始被认为是可靠的，不是因为它是可重复的、有目共睹的或详尽的，而是因为它的作者属于一个科学家群体，有专业证书或所属机构。随之而来的是强调写作中的超然和客观性，这意味着对方法的非个人化和简化（Daston and Gallison, 2007）。权威也来自同行对科学家所使用的标准或恰当方法的认可。在 20 世纪初，同行评议成为标准，它赋予报告更多的权威性，因为它们已经通过了专家的审核，专家考虑了方法的恰当性，但几乎从未尝试过重复它。

　　在现代科学中，重复性和见证性都存在，但它们的作用主要在于考察非同寻常的主张，如冷核聚变（Fleischmann and Pons, 1989）。现在，专业性是大多数已发表作品权威性的主要依据，这就解释了为什么科学欺诈的案例总是令人震惊，而且往往迟迟不会被发现。例如，在心理学家迪德里克·斯塔佩尔（Diederick Stape）的不当行为被发现之前，他至少为 55 份出版物伪造了数据（Levelt et al., 2012）。幸运的是，欺诈似乎相对不常见，估计很难见到，但 0.001% 到 5%的科学家似乎至少伪造过一次数据（Fanelli, 2009），而且它很少会长期扭曲公认的理解。这表明，不强调可重复性并不是科学进步的一个主要障碍。

如果建立你的可信度是方法部分的一个重要功能，那么你可以决定加入一个细节，该细节必须能满足三个略有不同的功能之一：第一，它可以确立你作为一个研究者的资格（你以恰当的方式使用标准方法）；第二，它可以确立你处理问题的方法的合理性（你正在收集相关数据，并以阐明你的研究问题的方式对其进行分析）；第三，它可能有助于确定你的实验步骤的顺序，从而为你的结果和论述中的主张提供逻辑基础。一个更简单的表达方式是，当且仅当一个细节可能影响读者对你结果的解释时，它才应该被加入其中。

举一个真实的例子。[1] 我的一个学生克里斯·科拉克赞（Chris Kolaczan）研究了一种寄生蜂的基因变异，这种寄生蜂攻击一种生活在一枝黄花的草茎虫瘿中的毛虫。克里斯发表的方法部分（Kolaczan et al., 2009）涵盖了黄蜂的野外采集和保存、DNA 扩增和片段化、实验室中的片段长度测定以及对所得数据的分析。他的文章中包括这些语句：

> 在每个收集点，我们收集并打开……虫瘿，取出［毛虫］并检查它们是否存在……［寄生虫］。被寄生的［毛虫］立即被保存在 95% 的乙醇中。

在这里，克里斯描述了打开虫瘿和识别寄生的幼虫。这有助于提高该方法的可信度，并使读者对一系列的实验步骤有足够的了解，从而理解其结果。不过，对于想要重复这项工作的人来说，有很多地方是错误的。采集点的位置（通过附录）只在大约 1.5 千米范围内，而且克里斯没有说明如何识别虫瘿植物，如何打开虫瘿，以及如何区分

---

[1] 虽然我一直很喜欢我的恒星形成的例子，但过于密切地参与这项假设性研究的细节，有可能暴露我实际上对这个主题了解不多的事实。我们并不希望如此。

被寄生的毛虫和未被寄生的毛虫。他确实提到，他将毛虫立即保存在95%的乙醇中，确定他使用了标准的实验方案来充分保存组织以进行DNA 分析。也就是说，克里斯证明读者不需要担心一些可能影响结果解读的明显问题（例如，进行分析工作之前，DNA 降解产生的人为影响）。这些保存上的细节，对于重复这项工作的人来说并不是必需的（因为其他方法，如在液氮中冷冻，也同样适用），但这些细节有助于提高可信度。克里斯没有提到保存幼虫的容器（实际上是 4 毫升的聚丙烯小瓶），因为很难想象读者对这项研究的反应取决于幼虫是保存在塑料小瓶还是玻璃小瓶中（或者咖啡杯中，都是如此）。总的来说，这个方法部分没有提供足够的细节让人能完全重复这项工作，但它确实树立了克里斯作为科学家的权威，证明了这种方法的合理性以及实验步骤的顺序。因此，读者应该认为这些结果是可信且可以理解的。

　　纳入细节的可信度标准不如可重复性标准那么简单，但只要仔细思考并熟悉文献，就可以应用它。阅读你所在领域发表的论文是非常有帮助的，因为每个领域都有关于方法部分中期望的详细程度的惯常要求。例如，在生态学中，标准的做法是确定用于统计分析的软件包，但在细胞生物学中，这一细节很少被报告。虽然这些约定可能看起来很随意，但遵循这些约定有助于你满足读者的期望并建立可信度。

　　那么，那些确实想重复你的实验的读者呢？这样的读者非常稀少：在已发表的研究中，只有极少一部分被另一位科学家完全复制（Casadevall and Fang, 2010; Loscalzo, 2012）。[1] 请让我们极其慷慨地想

---

[1] 如果科学成果没有经过常规的重复验证，那么它们是如何被验证的？许多结果从来没有被验证过，而科学界也通过集体满不在乎的态度来表明对这些结果重要性的看法。其余被验证的成果是因为它们的结果被证明与其他结果一致，并且因为其他科学家能够在它们的基础上获得进一步的理解。

象一下，只有 1% 的读者想用你的实验方法来重复你的实验，其余的人只是想确定一下你的实验结果的可信度。为这 1% 的人提供其渴望的丰富的细节，会降低文章清晰度，增加绝大多数人的阅读难度。幸运的是，如果想满足那些可能想要复制你实验的读者，你可以在在线补充（online supplement）这一章节中提供详细的实验步骤（见第 14章），或者表示愿意为联系你的读者提供这些实验步骤。

你可以从另一个角度来考虑你的方法的内容。有些论文的方法部分是非常简短的，只列出了步骤（或引用了另一篇采用了该步骤的论文），而没有其他内容。还有一些论文则提供了额外的解释材料，如背景信息，选择其中一种实验步骤而不是另一种的理由，或者认为该实验步骤是会产生恰当数据的理由。斯韦尔斯和菲克（Swales and Feak，2012）将这些方法分别称为浓缩法和扩展法，并认为当阅读论文的读者是多学科背景、使用了新颖的方法，或者方法本身（不仅仅是结果）就是一个重要贡献的时候，使用扩展法是最合适的。扩展法可以被认为是先发制人的，你预见到读者会有疑问，并通过对方法选择的解释或证明来立即化解这些疑问。

11.3　避免自我剽窃

撰写多篇使用相同方法或研究系统的论文是很常见的。大多数科学家很容易认识到，在多篇论文中重复使用相同的数据或分析是不合适的，但重复使用自己的方法描述又会怎样呢？写作者有时会惊讶地发现，重复使用旧的方法文本（除短语外）是一种剽窃行为。如果你持怀疑态度，可以参考魏等人（Wei et al., 2010）的文章，在一位读者注意到文章中大量重复先前论文中的方法（以及结果）（Katsnelson,

2015）后，该杂志撤回了该文章。

　　剽窃自己是一个棘手的概念。你不能偷自己的银器，那么你怎么能偷你自己的话呢？好吧，你可能拥有你的银器，但你通常不拥有你发表的文字。相反，版权往往会被授权给期刊的出版商。因此，从法律上讲，你在未经许可的情况下重复使用自己的文字，并不比重复使用我的文字更自由（相比之下，重复使用资助申请中的文字是完全合法的，因为资助申请不被认为是已发表的）。

　　当需要再次描述一个实验步骤，而又不能重复以前的描述时，你可以使用两种技巧。有时，你可以在后写的论文只包括方法的基本内容，引用你的旧作以获得更多细节。例如，情况可能是这样的，第一篇论文描述了一种新技术，而第二篇论文只需要向读者保证一种技术是可用的。但更常见的情况是，你想重复一些细节，因为你不能指望读者挖掘出你以前的论文，从而去理解你的最新论文。那么，你就必须为自己以前的方法换一种表述。幸运的是，英语是一种足够丰富的语言，永远不会只有一种好的方式来表达某件事。举个例子，这些短文来自两篇论文的方法部分，它们需要向读者介绍同一个研究系统（一对一枝黄花属植物物种和以其为食的昆虫）：

　　　　一枝黄花属植物高大一枝黄花（*Solidago altissima*）和巨大一枝黄花（*S. gigantea*）是多年生克隆植物，共同分布在北美洲东部和中部的大部分地区。这两个物种的混合群落在开放的栖息地中很常见，如草原、旧田地、路边和森林边缘。单个的无性系分株在春天从地下根茎中生长出来，在夏末和秋季开花，并在冬季来临之前枯萎，落到地面……高大一枝黄花和巨大一枝黄花受到不同的昆虫和食草动物的攻击，这些昆虫和食草动物的饮食特性各不相同（Heard，2012）（为清楚起见，删除了引用和一些细节）。

一枝黄花属高大一枝黄花和巨大一枝黄花……有一个相同的食草动物群。在北美洲大部分温带地区的大草原、古老的田野和受干扰的栖息地中，高大一枝黄花和巨大一枝黄花生长丰盛且经常共生。它们是长寿的地下根茎多年生植物，每年春天从越冬根茎中生长出新的分株，在夏末到秋季开花，并在秋末枯落至地面（Heard and Kitts, 2012）。

对比这两段文字，注意到有三点有助于我们避免自我抄袭。第一，每篇文章都包括了关于该系统的一组略微不同的细节。原因之一是不同的细节对这两篇论文很重要（食草动物在饮食专门化方面的变化是第一篇论文的核心，但不是第二篇的）。此外，这也有助于保持写作的新鲜感。第二，信息的排序是不同的，这在较长的段落中会更加明显。第三，即使是相同的信息，其用词和表述也是相当不同的。

本章小结

- 方法部分有许多组织方案，但按时间顺序的叙述很少有效。
- 科学家对方法中的必要细节有不同意见，因为他们对该部分的功能有不同的看法。
- 大多数读者不会试图重复你的工作。因此，提供必要的细节，让别人完全重复你的实验，是没有必要的（或明智的）。如果你愿意，这些细节可以在在线补充资料中提出。
- 一个细节必须包括在方法里，如果它：（a）要么能证明你作为研究者的资格；（b）要么能证明你处理问题的方法是合理的；（c）要么有助于确定研究步骤，使读者能理解你对问题的解决方案。

● 你可能必须在不同的论文中重写方法文本，因为你不能在没有版权的情况下重复你自己发表的措辞。

练习 ⧖

1. 以你计划或最近完成的一个实验（或观察）为例，写两个版本的方法文本来描述它。在第一个版本中，包括足够多的细节，使另一位科学家可以完全复制你的工作。在第二个版本中，足以让读者理解你的工作并认为它是可信的即可。哪一个版本更接近你在你所在领域文献中看到的情况？

2. 找一本你所在的领域的大学一年级课程的实验手册，选择一个星期的实验室练习。想象一下，你要把这个练习写成一篇科学论文。找出 3 个你不会写在你的方法部分的细节。对于这 3 个细节，为什么可以省略？

3. 选择你所在的领域内最近发表的一篇论文，并从方法中选择一个简短的段落。假设你是该论文的作者，要在新的稿件中重新使用该方法，以此写出第二个版本。你的新版本应该传达相同的方法，但措辞要足够不同，以避免自我剽窃（你可以想象自己在写一篇新的论文，用同样的方法去解决不同的问题）。

第12章

结果部分

撰写结果部分似乎应该很容易。它的内容当然也很显而易见：你的实验（或观察，或理论工作）的结果。虽然这是事实，但这并不是一种非常有效的思维方式，因为它强调的是作者的经验，而不是读者的经验。它诱使作者在稿件中写满初步结果、多页的表格、十几张复杂的图，以及他们所做的每个实验的每个数据点。极少的能坚持读下去的读者会在困惑和怨恨之间徘徊，这不是你希望你的读者所处的状态。因此，请记住找到你的故事的重要性（见第7章），并将你的结果剥离出来，只给出读者需要了解和接受的核心研究问题答案的数据。如此一来，你的结果部分将是一个简短的部分，其中每个词、图和数据点都直接且明显地帮助讲述你论文的故事。

内容确定后，剩下的就是表述。结果部分必须与前面的方法和后面的论述部分清晰明了地联系起来。它必须被组织起来，使其最重要的内容容易被读者理解。最后，它需要传达复杂和大量的定量信息，同时保持易读性。

12.1 方法、结果和论述

将方法、结果和论述严格分开似乎是强制性的。这样写似乎更自然:"我做了这个,结果是这样的,这意味着这个。然后我做了那个,得到了这些数据,我这样解释这些数据。最后我做了这个,有了这个结果,这意味着以下情况。"实际上,这对作为作者的你来说是比较容易,但会使你的读者更难接受,原因有二。第一,很少有读者会以同样的兴趣阅读方法、结果和论述。有些人略过方法,有些人阅读结果但忽略论述,有些人阅读论述但只略过结果。其他人为了借用技术,可能只需要方法部分;或者为了将你的数据加入元分析中,只需要结果部分。第二,即使整合所有的部分(方法、结果、论述)在原则上很有效,经典的组织方式仍然是优越的,这仅仅是因为你的读者已经习惯了它。当你运用它时,你满足了他们的期望,并把信息放在他们要找的地方。

将结果与论述分开,并不意味着完全不加评论地展示数据。结果部分可以在处理条件之间、实验之间或实验、观察和理论之间进行比较。对这些比较的解读一般应保留在论述部分,与文献结果的比较也是如此。一个好的结果部分会引起读者对数据特征的注意,至于这些数据特征,你将在后面进行解释。如果你写"施肥植物的平均质量为 14.2 ± 1.1 克,未施肥植物的平均质量为 9.4 ± 2.3 克",你就是在要求读者找出可能存在的规律;而写"施肥植物的生长速度比未施肥植物快 50% 以上(平均质量为 14.2 ± 1.1 克,未施肥植物为 9.4 ± 2.3 克)"就突出了对比,读者可以把它与你的故事联系起来。你可以注意图表上两条曲线的相似性或差异性（以推动你的论文的故事为准）。你可以引导读者如何对一个数字做出回应或解释，考虑这两个句子的区别："用施肥只解释了植物质量变化的 16%"与"用施肥解释了植物质量变化的 16% 之多"。人们常说"数据自己会说话"，但事实并非如此，或者至少，它们常常说不清楚。

尽管我主张将结果和论述分开，但最常见的偏离 IMRaD 规则的做法是将它们合并为一个章节。有些期刊允许这样做，有些则不允许，还有一些期刊（特别是《科学》和《自然》）鼓励这样做。如果你的目标期刊允许选择，请问自己一个现在已经很熟悉的问题：哪种排布有利于与读者进行最清晰明了的沟通？有时，在一篇有多组结果的长篇论文中，合并可以减少重复，而且可以让你对读者记忆犹新的结果进行讨论。不过，如果你被这样的合并所诱惑，要确定两件事：第一，论文的篇幅不会表明你没有找到自己的故事；第二，整合结果和论述的好处大于影响读者的查找系统的坏处。

方法和结果之间的分离更接近于一道防火墙。你的结果部分可能会提到方法，但绝不应该介绍这些方法。提醒结果的来源可能是有用的。例如，"用缓释微量营养素施肥的植物比未施肥的植物生长得好 50%，比用微量营养素水溶液施肥的植物好 22%"。但是这样的提醒应该是简短的。另一种方式是，你可以在方法部分偶尔提到一个结果，但只有在需要让读者理解或接受所使用的方法，并且不需要进一步讨论时才可以。例如，你的方法可以是："我们使用参数方差分析来检验处理组之间的差异。这种方法是合理的，因为我们的数据显示没有明显偏离残差的正态性或同方差性。"

仔细地将结果、方法、论述分开，可能会使结果部分短得惊人，也许只有几段甚至几句话（当然，还有表格和数字）。这并不意味着你的工作是微不足道的，或者你的写作是简单的。这意味着你对一个定义明确的研究问题采取了一种优雅的方法，并向你感激的读者清楚地展示了它。

12.2 整理结果部分

即使是很短的结果部分也能从精心整理中受益，而较长的部分则更需要这样做。当你的数据和分析相当简单时，你最好把主要结果（最直接回答你的核心研究问题的结果）放在第一段。这是一个"权力位置"，即读者倾向于着重在这里找到内容。随后的段落可以包括支持或补充你的主要结果的数据和分析。

然而，这种主要结果优先的组织方式对于提出较为复杂的论点的论文来说是不可行的。通常情况下，你的主要结果是几条证据线的协同论证，或者涉及在早期分析结果的基础上建立后期分析。例如，在我们的恒星形成论文中，主要结果（具有近邻的大质量原恒星的比例）取决于两个中间结果（原恒星质量和近邻距离），而原恒星质量又取决于对旋转速度的测量。在这里，更有效的做法是将结果按照从最不复杂到最复杂的顺序进行处理，按照方法部分同样的顺序，最好是与你的方法部分有同样的子标题。这样的组织方式可以使读者顺着你的逻辑走向最后的主要结果（一个新的权力位置）。你的读者会喜欢一个表明他们已经获得了主要结果的信号，比如，"最后……"或"结合到目前为止的结果，我们完成了对主要假设的验证……"

也许，最强大的复杂结果的组织架构混合了主要结果优先和主要结果后置的技巧。在这里，你的研究从基本发展到复杂，但必须是在简要介绍了最重要的结果之后。对于我们的大质量恒星形成的论文，在我们回过头来介绍建立这一结论的综合结果之前，我们可以用"我们的分析结果综合起来，表明只有不多的一部分大质量原恒星出现在紧密的星团中……"来展开结果。在结果的一开始就进行提示的好处是，读者能提前知道每个结果适合的完整论点。

12.3　在文本、表格和图中交流定量信息

结果部分几乎无一例外都有大量的数字，但如果没有熟练的处理方法，数字会使文字变得密集，难以阅读。如果处理得好，表格和图（我把它们统称为图表）可以有效地、易读地展示数字，因此对你写的几乎每一个结果部分都很重要。图表不一定是定量的，可以出现在论文的任何地方，但大多数图表是用来展示结果中的数字的，所以我在这里讨论它们。

不是每个数字都要做成图表。当你只用两个或三个数字来说明问题时，请将它们直接放在文本中不会干扰你的稿件的流畅性。使用图表会给读者带来浏览成本，他们必须把注意力从文本中转移出来，找到并检查图表，然后再在文本中找到自己刚才读到的位置，继续阅读你的论点。就几个数字而言，放在文本中也比需要图例、标签和周围留白的图形紧凑得多。然而，如果你需要展示不止几个数字，把它们放在文本中会使你的文章难以消化，而且规律模糊不清。在这里，图表的易读性将弥补浏览它的导航成本。框 12.1 说明了这种权衡。

框 12.1　文本中的数字与图表中的数字

对于显示两个或三个数字来说，使用图表浪费了页面空

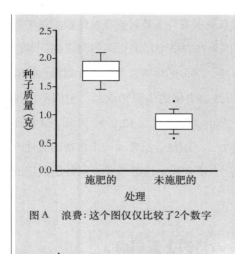

图 A　浪费：这个图仅仅比较了2个数字

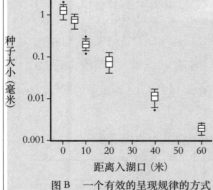

图 B　一个有效的呈现规律的方式

间，并要求你的读者从文本到图表，再到文本。"施肥的种子比未施肥的种子大（见图 A）"可以用文字更有效地表述为"施肥的种子比未施肥的种子大（1.8±0.3 克到 0.9±0.2 克）"。

不过，对于较大的数字集来说，图表是有好处的，因为它们对看清规律的帮助超过了图表导航的成本。想象一下，你被要求浏览这些资料："对于在流入地收集的湖底沉积物，平均颗粒大小为 1.3 毫米（±0.4 毫米标准偏差）。较小的颗粒在更远的地方占多数。在距离入湖口 5 米处，平均为 0.8 毫米（±0.2 毫米），10 米处为 0.2 毫米（±0.05 毫米），20 米处为 0.08 毫米（±0.03 毫米），40 米处为 0.012 毫米（±0.004 毫米），60 米处为 0.002 毫米（±0.0005 毫米）。"唉！这个规律很容易以图来表示："湖底沉积物的粒径在远离入湖口的地方减少（见图 B）。"

在各种图表中，表格最擅长展示有许多条目或变量的数据集（假设你的故事需要它们）。这是因为在表格中添加更多的行或列，对已经存在的内容的可读性影响很小。当你的读者需要提取个别的、精确的数字时，表格也是首选的方法。表格的主要缺点是，它们不能很好地展示数据的趋势或变量之间的关系（见框 12.2）。因此，表格往往用于展示单独的数字集（例如，一组统计结果或一个矿物的属性列表，包括成分、硬度、裂隙等），或者展示读者想要查询特定数字的数据集（例如，分子量列表）。

框 12.2　表格的主要弱点

当数据以表格形式呈现时，读者很难看到变量之间的规律或关系。这个可怕的例子可能是我作为一个写作者所犯的最严重的罪行（Heard and Remer, 1997），这都是我的责任。

表 2　平等竞争者的共存时间和窝巢大小

窝巢大小 ——物种 1	窝巢大小——物种 2				
	1	2	4	8	16
1	134（14）	82.3（4.6）	49.5（2.2）	27.3（1.3）	16.9（0.8）
2	80.6（5.5）	145（13）	60.2（2.6）	31.5（1.4）	17.4（0.7）
4	48.4（2.5）	59.6（3.0）	182（16）	41.0（1.9）	19.4（0.9）
8	28.5（1.5）	31.5（1.5）	43.3（2.4）	520（53）	26.6（1.2）
16	16.6（0.6）	17.4（0.7）	20.3（1.0）	26.0（1.4）	2442（213）

注：在表 1 中所有参数为基本参数，除了 $\alpha_{12}=\alpha_{21}=1$。

共存时间如下：黑体，随机排除任一物种；下画线，物种1排除物种2；普通字体，物种2排除物种1；括号内数字为标准误差的两倍。

　　我想表明，对于相等的（主对角线）和较大的（右下角）"窝巢大小"来说，"共存时间"更长。我想，如果你真的努力去做的话，你可以弄清楚，但谁会去做呢？我用了太多的、太精确数字，以及下画线和粗体字，它们没有像我想象中的那样，给予我那么多帮助。一张图会更清楚地显示出趋势。

　　图擅长传达数据的趋势和变量之间的关系。这对于非线性关系来说尤其如此，读者几乎不可能从表格中看出这些关系，但在图中却很容易看出。然而，图并不能很好地显示精确的数字。它们也不能很好地同时显示几个以上的变量：在你的图形上增加更多的变量，很快就会产生难以分辨的混乱线条或条形森林。

　　总而言之，如果只想展示几个数字，就把它们嵌入你的文本中；如果想展示更多的数字，就使用图表。在图表中，用表格来表达准确的数值，而用图来说明趋势和关系。不过，对于任何一组数字，只需选择一个选项。在文本、表格和图形中重复相同的信息会浪费读者的注意力。

12.4　处理数字

　　因为阅读数字对于你的读者来说要求很高，你应该尽一切努力将这些要求降到最低。这里有一些方法可以做到这一点。

- **筛选数据以进行展示。**作为一个作者，你的工作不是用数字龙卷风把读者吹走，而是展示足够的数据，令人信服地讲述你的故事。如果几个变量都有很强的相互关联性，就展示最相关的那一个，或者使用数据缩减工具，如主要成分分析。如果有几个指标可以量化某些东西，或者有几种统计分析可以测试某种模式，那就只展示最合适的那一种。如果读者质疑你的结果对这种筛选是否可靠，你可以在在线补充材料中放置替代指标或分析（见第 14 章），或者简单地说："使用替代指标，如这个和那个，产生了相似的结果。"

- **省略多余的数字。**读者不需要几个从根本上说是同一个数字的不同形式。例如，假设我写道："在大质量原恒星中，25 颗中有 13 颗（52%）有近邻，而对于小原恒星，25 颗中只有 6 颗（24%）有近邻。"在这里，计数和百分比是重复的，因为分母是相同的，两者都可以很容易地进行比较。同样，重新进行方差分析的作者经常提供自由度、平方和与均方。但这三个中的任何一个都可以很容易地从其他两个中计算出来（MS=SS/df），所以提出两种方法就足够了。

- **强调最重要的数字。**当你为一个结果报告多组数字时，让你的读者知道哪些是关键的，哪些是起辅助作用的。例如，想象一下，你正在比较两个分母不同的分数，所以提供百分比是有帮助的。有两种方法可以这样表述。25/46 对 23/67（54% 对 34%），或 54% 对 34%（25/46 对 23/67）。如果你想让读者了解计数和样本量，请使用第一种；如果你想让读者比较百分比，请使用第二种。

- **只报告有意义的和必要的精度。** 当你展示一个数字时，你应该提供多高的精度，例如"1.68234119478""1.6823""1.7"或"约 2"？答案部分取决于数字的"有效位数"，部分取决于读者将如何使用它。

有效位数是指你有把握知道数字中的位数。它们由以下两个因素决定：（1）你的测量精度；（2）计算过程中不确定性的扩展（当一个数字是由多个测量得出的，每个测量都有自己的不确定性）。如果你的天平只精确到最接近的 0.1 克，那么展示一粒种子的质量为 1.6823克是很愚蠢的，应该是 1.7 克。同样，如果标准误差为 0.01 克，就不要展示种子的平均质量为 1.6823 克，而应展示为 1.68。有一些技术指南可以确定有效位数（例如，Robinson et al., 2005, 第 1 章），但作为一条经验法则，如果你希望通过对同一数量的多次测量或计算使其保持一致，那么这个位数就是有效的。报告更多的位数会使你的稿件更难读，而且不会增加任何补偿信息。

有效位数设定了你应该报告的最大精度。但是，读者可能不需要那么高的精度来理解你所讲的故事。如果你的天平可以称到最接近的 0.0001 克，你是否应该报告施肥植物和未施肥植物的种子质量为1.6823 克和 0.7714 克？这比 1.7 克和 0.8 克能告诉你的读者更多吗？在大多数情况下，它不会，四舍五入的数字更好。

统计学似乎给许多作者带来了精确性方面的麻烦，可能是因为软件在报告测试统计数字和 P 值时，经常会有许多（不必要的）小数位。我经常看到一些稿件，如"种子质量在各种实验处理之间没有明显差异（F=0.92238674，P=0.7826）"。这些位数中很少有对读者有意义的，而"F=0.9，P=0.8"会更清楚地说明同样的事情。对于 P 值来说，两个有效位数通常是足够的，对于大多数测试统计来说，两个或三个有效位数是足够的。

12.5　报告统计数字

在分析结果时使用统计方法会带来一些写作上的挑战。几乎任何分析都会产生大量的数字，即使是一个简单的 t 检验，也可能让你得出 $\bar{x}_1$=84.2、$\bar{x}_2$=63.3、s_1=10.2、s_2=15.4、n_1=6、n_2=6、t=2.77、df=9 和 P=0.022。如何展示这些（或不展示，以及如何展示）与一些决定有关。

第一，你应该展示哪些数字，以及在哪里展示？幸运的是，大多数常见的统计程序都有一致的做法，你可以从其他论文中发现它们。例如，t 检验可以表述为"与对照组相比，刈割过的田地中入侵的玫瑰花减少了 23%〔图 1，$t_{(9)}$=2.77，P=0.022〕"，图中显示了平均值（$\bar{x}_2$ 和 $\bar{x}_1$）和变异性（s_1 和 s_2），而样本量则出现在方法中。你的一些统计结果可能会出现在正文中，一些出现在表格中，一些出现在图形中，还有一些出现在在线补充材料中。像往常一样，问问自己什么样的决定能让读者最容易理解。

第二，如果你使用假设检验的统计方法，你应该展示"P = 0.022"还是仅仅展示"P < 0.05"？后者并不罕见（当然，如果是这样的话，也可以说 P>0.05），但我建议改为展示数值。那些只展示 P 大于或小于 0.05 的人采用的是一种"划清界限"的测试哲学，即我们在做任何分析之前设定一个显著性标准，并且只关心每个测试是否符合该标准。这是一种合理的统计分析方法，但不是唯一的方法。很多读者会认为 P=0.00000022 能比 P=0.022 构成更强的反对"无效"的证据，这样做，他们采用的是"证据强度"方法，对假设的评估没有"拒绝"或"未拒绝"那么粗暴。划清界限法和证据强度法都有支持者和反对者[①]，所以你可能会有属于两个阵营的读者。幸运的是，要满足他们的要求很容易。如果你展示 P=0.022，一个支持"划清界限"的读者可以很容易地避免进一步解释它，只说"它比显著性标准小"，但一个支持证据强度的读者只得到 P<0.05，就不能做相反的事情。数字 P 值对寻求进行元分析的读者也很有用。这两个理由应该足以让你喜欢数字 P 值而非"P < 0.05"之类的说法。

最后，请记住，统计数据支持你所讲述的故事，它们不应该引导故事。以下有一些展示 t 检验例子的替代方法。

▶ **糟糕的：**

韦尔奇的 t 检验产生了显著的结果 $[t_{(9)} = 2.77, P = 0.022]$，见图 1。

▶ **差的：**

韦尔奇的 t 检验产生了显著的结果 $[t_{(9)} = 2.77, P = 0.022]$，刈割过的田地和对照组之间的玫瑰丰盛度存在差异。

▶ **较好的：**

刈割过的田地和对照组之间的玫瑰丰盛度有显著差异（见图 1）$[$韦尔奇的 t 测试，$t_{(9)}=2.77$，$P = 0.022]$。

▶ **最佳的：**

刈割过的田地的玫瑰花丛比对照组少 23% $[$见图 1；$t_{(9)}=2.77$, P=0.022$]$。

[①] 假设检验的两种方法与其说是写作问题，不如说是哲学问题，但如果你有兴趣，我在赫德（2015b）的研究中进行了深入的挖掘。美国统计学会对P值的使用和报告的立场在沃瑟斯坦和拉扎尔（Wasserstein and Lazar, 2016）的研究中有所概述。

第一种表述犯了一个常见的错误，即以测试的名称和与之相关的数字作为引导，除了提到图外，甚至没有提到任何规律。在改进后的表述中，数据中的规律变得更加明显，而对统计分析的提及变得更加紧凑，并被移到了辅助位置。

12.6　设计表格

在表格的行和列中，有许多种信息安排的选择。没有经过精心设计的表格会让人无法理解。对表格的全面设计超出了本书的范围，但注意一些基本原则可以大大改善与读者的沟通（关于进一步的指导，请参考文献 Tufte, 2001, Council of Science Editors, 2006）。

- **以自然的阅读模式安排表格**。因为英语文本是从左到右阅读的，你的读者在查看表格时也会倾向于遵循同样的模式。因此，把熟悉的或设定背景的信息放在最左边一栏，而把新的或附属信息放在右边。你可以把变量名称放在左边，把它们的值放在右边；把自变量放在左边，把因变量放在右边；把处理前的条件放在左边，把处理后的测量结果放在右边。使用类似的逻辑将行从上到下排序。
- **用垂直而非水平显示的方式展示规律**。如果读者能够比较垂直排列的条目，他们会更容易看清规律。我们的位置记号系统对数字来说尤其如此。

1359

1359, 11280 和 104600 或　　11280

104600

出于类似原因，高而窄的表格比宽而浅的表格更容易阅读。

- **格式化的表格便于阅读**。使用设计工具，如线条、留白和缩进，通过表格组织来吸引读者。将行和列很好地分开（大多数期刊允许行与行之间用线，但不允许列与列之间用线，而是用空白区域代替竖线）。清楚地标记行和列，尽量少用隐晦的缩写，如果你想让读者比较某两行或两列，就把它们放在邻近位置上。

- **尽可能地减少表格的数量和规模**。列、行，甚至整个表格都很容易创建，以至于当你不注意的时候，它们似乎会成倍增加。然而，即使是设计良好的表格，也需要你的读者浏览它们并在其中找到材料（后者随着表格的增加而变得更加困难），你应该只保留必要的部分。需要以横向格式复制的表格或跨越多页的表格对读者来说读起来特别困难。最后，不要试图通过使用较小的字体或删除空白区域来压缩表格；如果你的表格不适合放在一页纸上，压缩它只会使它无法阅读。相反，你可能需要做两个更简单的表格，或者把不太重要的行或列放到网上的补充材料中。

12.7　设计图

图有一系列令人困惑的类型：地图、照片、线条图、散点图、箱形图、饼状图、三元图，以及其他几十种甚至几百种。软件可以很容易地创建其中的任何一种，但在如何选择它们或有效地设计图形方面却没有提供什么帮助。设计图的首要原则是为你的读者"在最短的时间内用最少的笔墨在最小的空间内表达最多的想法"（Tufte, 2001: 51）。和表格一样，关于图的完整处理方法超出了本书的范围，但一些基本原则是值得强调的。

- **使用直截了当和熟悉的图类型**。图形软件的制造商吹嘘他们的软件包能够以更多令人炫目的方式描述数据。柱状图可以分组、堆叠、用颜色编码或用图标构建，饼状图可以爆炸，三维图可以被克里格化、旋转或热图编码。但是，你能做什么并不意味着你应该做什么：华丽而新颖的图形设计方法更有可能阻碍交流，而不是促进交流。只要有可能，就选择强调你的数据，而不是你的图软件的巧妙图形类型。这些类型通常是结构简单、读者熟悉的类型。

  图类型分为三类（有一些重叠）。数据复制品（data reproduction）是对实际观测数据（照片、仪器追踪等）的最小化处理。示意图（schematic）是简化或抽象化的材料，如地图、流程图和线条图。它们可能是数据的抽象、概念模型、仪器或其他抽象图形，但它们并不是特定物体或测量的精确代表。数据绘制展示和总结了数字数据（散点图、柱状图等）。

  在写作中，应尽量少用数据复制品（尽管它们在说明谈话时相当有用）。照片或仪器描摹图通常只是一个单一的材料，从中很难（单独）推断出什么。此外，它们往往包括一些吸引读者注意力的细节，但对讲述故事没有帮助。数据复制品可以作为例证，让读者感受到研究系统或数据的性质。此外，在某些领域，适度使用数据复制品是常规做法。例如，细胞生物学的论文经常复制凝胶或染色组织，生物系统学的论文经常使用照片来说明典型标本的特征。

示意图通常用来从视觉上辅助文本解释。它们可以出现在论文的任何部分。例如，仪器的绘图或总结算法的流程图经常出现在方法部分中。在结果部分，示意图可能包括像描述化石特征的线条图或地质构造的地图等。示意图与数据复制品相比，其最大优势在于它们的抽象性。它们可以去除细节以强调相关的特征，或从干扰性观察中提取概括。当然，这意味着它们是解释而非数据，反映了示意图制作者的决定，即根据所讲的故事来定制它们。

数据复制品和示意图之间的界限可能是模糊的，比如当照片通过增强或修图后出版时就是如此。这种增强如果被清楚地呈现，可以为读者提供很大的帮助。例如，增加照片的对比度可以使相关的特征（如望远镜中暗淡的星星或 DNA 碎片凝胶上的条带）容易被看到。如果不这样呈现，同样的操作，最好的结果是误导，最坏是伪造。

数据绘制占了我们使用的图形的绝大部分。它们有许多不同的类型，适合突出不同类型的规律。例如（见框 12.3），带有拟合线的散点图适合显示两个变量之间的非线性关系，箱形图适合显示平均测量值之间的比较，条形图适合准确地描绘整体的一部分。因此，选择一个有效的数据绘制类型，意味着决定你想向读者强调数据的哪种规律、对比或其他特征。如果在决定了这一点之后，你仍然不确定应该使用哪种类型，那么可以参考图表制作的技术指南（Tufte, 2001; Kosslyn, 2006），或者阅读文献，寻找能够有效传达你希望展示的规律的图形。

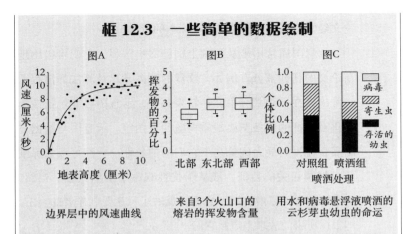

框 12.3　一些简单的数据绘制

图A　边界层中的风速曲线

图B　来自3个火山口的熔岩的挥发物含量

图C　用水和病毒悬浮液喷洒的云杉芽虫幼虫的命运

这三张图说明了简单而有效的数据绘制方式。在每个案例中，我都选择了一种图形类型，它能很好地突出我希望读者看到的情况。图 A 显示了通过固体表面以上的边界层的风速，散点图传达了变化性，而拟合线强调了曲线的渐近性质。图 B 比较了一个火山的 3 个喷口的熔岩的挥发物含量（水蒸气、二氧化碳等），箱形图使人很容易看到平均值和分布的差异。图 C 比较了云杉芽虫幼虫在两种病毒暴露处理中的命运；划分的条形图使我们很容易看到，被病毒杀死的幼虫无论如何都会被寄生虫杀死。还有许多图形类型可供选择，每一种都有自己的优势。

- **让图变得简单**。软件不只是让制作图变得容易，而且能让其变得复杂，有多个小图和许多数据轨迹（包括不同实验处理、观测集或变量的图）。我曾经审阅过一篇稿件，其中包括 7 张图，图上有惊人的 43 个小图和 84 个数据轨迹，而且为了满足读者的需求，还在在线补充材料中提供了另外 8 张图，54

个小图和 68 个数据轨迹。另一份稿件包括一个有 20 个小图和 10 个不同的数据点符号放在 4 个图例里（见框 12.4）。这些数图的始作俑者不明白，从数据中提取特征并将其与所讲述的故事联系起来是作者的工作，而不是读者的工作。如果你很想在文章中加入一个超过 4 个小图，或一个超过 4 条数据轨迹的小图，请认真考虑把它们分开或删除一些元素（或至少把它们移到在线补充材料中，让读者可以选择忽略它们）。

框 12.4　用图虐待你的读者

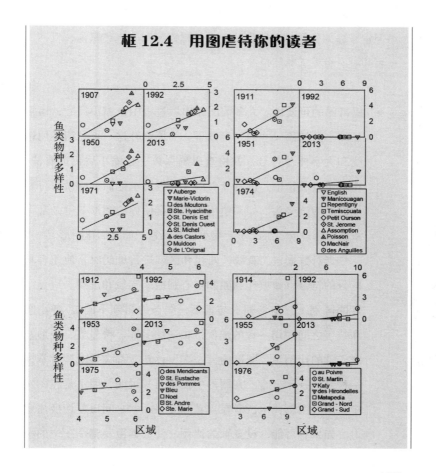

该图显示了鱼类物种多样性与湖泊面积的关系，包括几组暴露于污染物的湖泊和 100 多年来的历史调查。或者至少，该图尝试呈现所有内容。它的设计者要求读者检查 20 个小图的规律，包括 4 组湖泊，每组各 5 个。整体情况（大多数小图呈现增长趋势），各组内小图之间的比较（斜率大多随着时间的推移而下降），以及各组之间对应小图的比较是否重要，均是不明显的。此外，使用不同的符号将数据点与相应的湖泊联系起来，表明这也许要求读者对每个湖泊进行单独思考，但没有告知其原因（虽然我不会透露这幅图的真正来源，但我并没有夸大它的复杂性）。

- **保持图的可读性**。大多数图在出版过程中被缩小尺寸，通常是缩小到初稿尺寸的一半以下。为了弥补这一点，请使用粗线和大字体及符号，并检查以确保数字在缩小后仍能看清。在电子出版物中，读者可以放大，但要求他们这样做会打断他们的阅读势头。如果使用大字体会使你的图形变得杂乱无章或密密麻麻，那么不要缩小这些元素，而是简化图形。

  当对数据点、直线、曲线和区域进行编码时，使用容易区分的符号，如填充圆圈和空心圆圈或实线和虚线。避免微妙的区别（三角形朝上与朝下，线条的粗细不同）。各小图和数字之间使用一致的惯例：相同的字体、符号集、条形宽度、轴的比例等。图形的每一次设计转变都在要求读者掌握一种新的视觉方言。在图形中提供符号说明，而不是在图例中，因为图例要求读者在视觉和文字元素之间反复切换注意力。如果有可能，设置轴的比例，使数据覆盖整个图中的小图（除非你为符号说明保留了空白区域，或者除非空白区域是为了在小图或图之间保持一致的轴的比例）。

- **尽量减少色彩**。一直以来，彩色图的制作成本都很高，因此很罕见。在线出版使彩色图变得便宜且容易出版，但这并不意味着制作彩色图是一个好主意。虽然彩色在某些情况下是有用的（例如，三维信息的热图，或显示生物组织的多重染色），但它有明显的劣势，而这些劣势往往被忽视了。第一，约有 3% 的人口有色觉缺陷，其中红绿色盲最为常见。这些读者可能无法感知你想要传达信息的颜色对比。第二，颜色和颜色对比会因环境光线和显示设备的特性而发生改变。第三，在网上发表的彩色图并不总是在那里被阅读，在可预见的未来，你应该想到一些读者在阅读你的论文之前会先把它打印成黑白的。这些问题使得彩色图只有在没有其他方式来传达必要的信息时才是可取的。

- **不要让图误导读者**。图设计总是涉及影响读者对图案感知的选择。即使是一张未经润色的照片，也要经过构图和剪裁，从而囊括或排除可能改变其信息的细节。设计良好的图形强调了读者应该看到的规律，但它们不会夸大规律或在没有规律的地方暗示它们。这是一种平衡的行为。要想做到这一点，需要对那些容易误导读者的图形设计特点有一定的认识。

　　很多误导性的设计都源于比例。只要有可能，纵轴应该从零开始，当两个小图或图形要进行对比时，它们应该持相同的比例（见框 12.5）。任何偏离这种做法的行为都应该向读者给出明确的提示。

框 12.5　误导性的图比例

　　当你要求读者比较一个图中的各小图时，这些小图几乎都应该有相同的比例。为了说明这一点，想象一下，你对生长在阳光下和阴暗处的植物，以及使用和不使用肥料的植物的生物量进行了测量。箱形图可以很容易地展示这种对比。

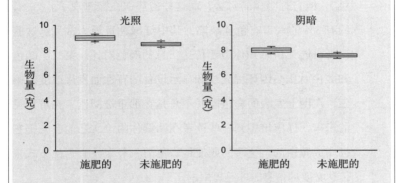

　　请注意，小图的 Y 轴都从零开始，并且有相同的比例。

　　很容易看出，植物在施肥和晒太阳的情况下只长得稍微大一点。这很容易让人认为该图的大部分空间是浪费的——为什么不放大？下图的 Y 轴从 7 克到 9.5 克。

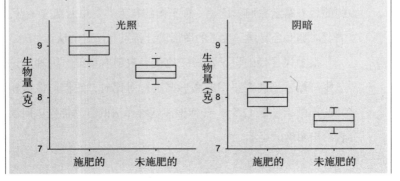

但是，光照组仍有浪费的空间。你可以让阴暗组对应的箱形图从 7 克开始，光照组的箱形图从 8 克开始。

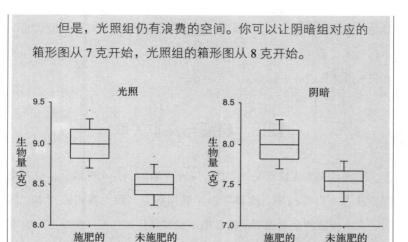

问题来了：每对图都显示了完全相同的数据，但它们给人的实验结果的印象却非常不同。第二个版本极大地夸大了实验处理之间的差异，而第三个版本则掩盖了光照与阴凉的差异，放大了施肥效应。在最好的情况下，这需要读者付出太多的努力：只有在头脑中重建第一个版本，读者才能准确评估数据的模式。在最坏的情况下，它们会产生误导。图形设计的许多其他特征也同样会扭曲模式。

拟合线是另一种容易产生误导的方式：在散点图中出现一条线，会表明存在某种关系，无论这种关系是否存在。如果拟合不具有统计学意义（所以根本没有理由怀疑有关系），就不要显示拟合线，也不要将拟合线超出数据的范围。在使用线条连接数据点之前要仔细考虑，特别是当数据点很少的时候，这会给人以规律的确定性比实际程度大得多的印象。

图形设计中还潜藏着许多其他问题。部分原因是利用图设计来误导是广告业的一个主要支柱，我们对人类的感知以及对视觉模式的误解有很多了解（例如，Ware，2012）。你可以（而且应该）利用同样的知识来讲述你的故事但不要产生误导。

12.8 将图与文本关联

图表与文本应该既是独立的，又是矛盾的，并无缝结合。也就是说，读者一旦指向图，读者应该能够理解它，而无需回顾文本。同时，文本应该清楚地表明读者在图中要找寻什么，当从图返回到文本时，读者应该很容易看到图表的内容是如何推动论证的。

要想让图表单独存在，它们既需要良好的设计，也需要有辅助说明的图例（不言而喻，表格上方应有"表题"，而图下应有"图例"。图的名称和位置是唯一的区别）。一个图例应该以一个简短的短语开始，该短语确定了图的关键点。例如，框 12.5 中的图，可能有"光照和阴影下施肥和未施肥植物的生物量"。图例的其余部分提供了进一步的解释。它应定义图中或表格脚注中未显示的任何符号、缩写或其他信息编码。在复合图中，它应该解释小图，并提醒注意它们之间的关系。它应该解释图中使用的统计方法（例如，指定误差条形图是否指示一个或两个标准误差，或者拟合线背后的统计方法）。它可能包括对数据背后的方法的简要回顾，刚好让读者能够无须回顾方法部分即可理解数据，所有这些都不应该超过两三句话。

不要指望读者在没有帮助的情况下解读图表。文本应该指出他们应该寻找什么规律，如果图形很复杂，还要指出如何寻找该规律以及该规律如何与所论证的观点相关。模糊的参考，如"见表 1，不同催化剂存在下的反应活化能"是没有帮助的。相反，你应该确定感兴趣的范式，并将你的读者引导到显示它的图表那里："钯催化剂的反应活化能最低（见表 1 ）。"当图形复杂时，引导读者了解相关特点，如"见图 1，比较图上最左边的条形图"。最后，避免提及多个图形来表达一个观点。我曾经读过一份稿件，里面有句子是这样的："2004 年至 2009 年，6 个对照组中 4 个物种之间的饮食重叠增加，即带状蛇—青蛇、泥蛇—奶蛇、奶蛇—带状蛇和奶蛇—青蛇（见图 2A-F、图 3-6、表 3 ）。"这就要求读者做大量的数据分析工作，而这本是作者应做的。

12.9　质性研究

本章的大部分内容都假设你所报告的是"定量研究"。大致上说，是可以用数字来表达和分析的资料。这也是我们在科学领域的主要研究方法。然而，对跨学科研究的高度重视意味着科学家们越来越经常地进行质性研究（或与那些进行质性研究的人合作）。"质性研究"这个术语是社会科学中常见的各种学术方法的总称，包括历史学、人类学、现象学以及其他思考自然的方式。质性研究写作涉及一些不同的考虑，特别是在结果的呈现方面。对质性研究写作的全面讨论超出了本书的范围。幸运的是，布思等（Booth et al., 2016）和贝尔彻（Belcher, 2019）等书中提供了宝贵的指导。

本章小结

- 结果通常是独立于方法和论述提出的。然而，它们可能包括对所使用的方法的简短提示，只是强调结果或比较，以便以后讨论。
- 阅读数字对读者来说过于苛刻。通过筛选数据，避免冗余，强调最重要的数字，只显示有意义的和必要的精确度，并保持统计分析的支持作用，可以使其影响最小化。
- 表格最适合于展示有许多条目或变量的数据集，或者展示读者需要的精确数值。它们对于显示趋势或变量之间的关系是无效的。使用图是突出趋势和关系的好办法，但不能很好地显示精确的数字或几个以上的变量。
- 图可以是数据复制品、示意图或数据绘制。
- 表和图的设计应该让读者"在最短的时间内，用最少的笔墨，在最小的空间内获得最多的信息"（Tufte, 2001: 51）。
- 文本应该向读者指出表格和图中的重要规律，但是表格和图还应该能够单独解读。

练 习

1. 下面这个小数据集显示了在 4 种培育方式下，生长的作物的收获干重（以克计）。通过手工或使用你选择的软件，构建结果部分的各元素，以下列方式展示这些数据。对于每一个元素，请写下关于图设计所做选择的清单，以及你做每一个选择的原因。
a. 只使用文本，不使用图形。

b. 使用一个表格（汇总值，不只是重复原始数据）。至少要做
两个不同的设计。

c. 使用一个图（数据绘制）。至少做出两个不同的设计。

哪种展示数据的方式最无效？哪种最有效？为什么？

每日通过让水流过的方式浇水		干旱	
施肥的	未施肥的	施肥的	未施肥的
22	21	15	19
25	21	17	11
24	19	16	14
32	24	12	17
23	25	19	16

2. 选择你所在的领域最近发表的一篇论文，并检查其结果部分
（避免选择将结果和论述合并在一起的论文以及将方法放在最
后的论文）。

a. 用绿色标记（在结果中）提到了方法部分的材料。如果把它
去掉，会不会更难理解结果的表述？其中是否有新的内容
（在方法中没有介绍的）？

b. 用蓝色标记（在结果中）对结果进行比较或解释的材料，而
不是简单地介绍数据的材料。这些材料是否适合放在结果部
分，还是放在论述部分更好？

3. 选择另一篇最近发表的论文，这次重点关注其图和表格。

a. 该论文在表格设计上做了哪些选择以使其关键的结果容易被看到？你可能会做出哪些不同的选择？

b. 为了使其关键的结果容易看到，该论文在图设计上做了哪些选择？你可能会做出哪些不同的选择？

c. 当文中提到一个图或表时，是以什么方式提及的？文中是否指导你在图或表中看到其规律，以及在哪里寻找它？如果没有，请写出你认为更有帮助的句子对其进行修订。

d. 如果有呈现数字的表格，显示的是多少个有效位数？如果显示的数字较少，论文的实用性是否会降低？

第 13 章

论述部分

论述部分在写作实践方面的差异最大，这种差异不仅存在于不同的学科之间，甚至存在于不同的论文之间。因此，论述部分在内容和结构上有着很大的自由。对一些作者来说，这种自由令人振奋；对另一些人来说，这很可怕。对我来说，两者都有。

论述部分的作用是将数据转化为知识，这意味着利用原始结果来回答你论文的中心研究问题，并将你的答案与更广泛的学科联系起来。论述部分会涉及你的结果部分，使你得到可以合理论证的最强有力的解释及其最广泛的重要性。所有部分的最后一句话都是很重要的。"自吹自擂"完全是合适的（也是必要的），指出你的研究结果如何提供了新颖的理解，解决了长期存在的争议，或者挑战了之前的共识。当然，假设它们确实如此。通常用我们称之为"助推词"的信号词或短语，如"清晰的""事关重大的"或者"全新的"来体现你研究的重要性。在确定的推断上更进一步，并推测你的结果可能意味着什么，也是合适的。与此同时，审稿人和读者会留意到并憎恶那些试图夸大结果、掩盖数据的局限性，或将推测误述为推断结果的企图。有经验的写作者会使用"限制语"来避免越界（Hyland, 1998），这些词或短语会限制或微调下结论的强度。常见的限制语包括："很可能……""另一种解释是……""这些数据表明……""如果正确，我们的模型解释了……"等。当然，为了规避风险，你要意识到你数据的局限性以及你论点中的不确定性，这意味着，将自己当作一个批判性的审稿人来看待你的工作。这可能会很困难（见第21章），所以攻克论述部分之前，在实验室例会或会议上展示你的工作是很有帮助的，在那里你可以希望有人提出批判性的问题。

你的论述应该与你的导言紧密相连，这两者是相辅相成的。导言中提出的每一个问题都应在论述中加以回答，并且论述中涉及的每一个重大问题都应在导言中有所提示。

13.1　论述部分的要素

虽然构建论述部分没有通用的诀窍，但我们可以确认有四个共同的组成部分：对结果的解释、对局限性的考虑、更广泛的影响和未来的前景。它们通常大致是按照下图（见图13.1）这个顺序出现的，下图代表文章的焦点从"沙漏"的腰部逐渐扩大到底部。鉴于各组成部分的不同，每部分强调的重点和完成它们的修辞手法都有很多的变化（Swales, 1990, 2004; Peacock, 2002; Basturkmen, 2012）。让我们依次来看这四个组成部分，再回到恒星形成的例子，我们可以探讨一些常见的材料和一些好的做法。

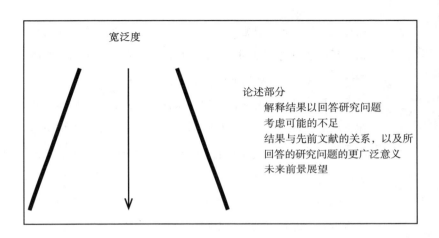

图 13.1　典型的论述部分的结构和组成

注：论述部分在图 8.1 整个论文结构背景下。

● **解释结果以回答你的研究问题**。因为大多数读者会重视论述部分的第一段，这是为你的研究问题提供一个简明答案的完美位置。例如，我们简短的开头一段的第一句话或最后一句话可能是："我们的研究结果意味着星团的辅助机制对于解释大质量恒星的形成是不必要的。"

你的论述部分通常会重述一些研究结果，但这并不意味着需要详细的重复，而应是简短的提示和总结，如"孤立的大质量原恒星在所有 3 个被研究的星云中都很常见"。这样做是为了将读者的注意力转移到在结果部分中指出的规律上，同时考虑这些规律的意义以及它们如何回答研究问题。可以用具体的例子来补充这个粗略的结果总结，这样做是很有效的，如"此外，观测到的最大原恒星（V3416）是我们巡天观测工作中最孤立的天体之一"。然而要记住，具体的例子只是数据点，过度举例就意味着从逸闻趣事中进行讨论，而不是从分析中进行论证。回答研究问题时，也可以将你当前的研究结果与文献中的结果进行对比或综合。

一个常见的修辞手法可以用来评论你的结果是预期内的还是出乎意料的："令人惊讶的是，在有近邻的大质量原恒星中，一般而言，最大质量的原恒星并没有比中等质量的原恒星有更近的近邻。"但是要记住，除非你也能提供一些解释，否则你的惊喜可能会让读者不满意。你的解释能得到的支持越多越好，但它不需要是明确的，有时你能做的最好的事情就是让它看起来可信。我们可以接着"你的原恒星惊喜"的句子阐述："这表明，如果星团辅助确实发生，它可能只需要一个引力辅助的阈值水平，就可以触发一个与相邻质量无关的过程。之前的理论模型还没有考虑到这种可能性。"

- **考虑可能的局限性**。虽然在整个论述过程中可能会有一些模棱两可的内容，但许多写作者会使用一段或一小节来明确地说明结论的局限性。也有人在解释其结果时，结合"解释"和"局限性"段落阐述了其局限性。当需要多个步骤来解释数据，并且一个单独的"局限性"段落，意味着要回到读者可能认为已经结束的结论时，这种方法尤其有效。局限性几乎可以是任何降低结论强度或缩小结论范围的内容。你可以考虑统计功效（它决定了读者应该如何解释所寻找模式的缺失），逻辑链中较弱的步骤，数据中的空白，或者你对结果的首选解释的替代方案。例如，我们可以指出，我们的 3 个星云并不能完全代表所有恒星形成区域："我们的数据表明，星团辅助机制在气体密度更高的星云中更为重要，目前的仪器无法对这样的星云做足够分辨率的成像。"

　　处于职业生涯早期的写作者有时会过度使用论述部分，可能是因为我们在教本科生写实验报告时强调了它。结果可能存在一长串错误，而我们没有给出太多关于解释如何被影响的指导。你的工作是诚实地面对研究中的真正局限性，但这样做不削弱你在其他方面去说服读者它是有价值的。尽管你的方法或数据有局限性，但是你必须相信你的结果是有用的和重要的，否则你不会写这篇论文。所以不要只解释一个问题，请解释在这个问题面前，为什么你仍然可以做出推论。也许有些结论是不确定的，有些则有更坚实的基础。也许你可以确定影响的方向或大致程度，即使你不能精确地估计它。也许可以通过其他分析或引用其他文献证明一个明显的问题是不重要的。一个有效的陈述会承认研究的局限性，但会以（合理的）积极的语气继续讨论。例如，"我们对一些原恒星质量的估计是不确定的，因为探测器的噪声影响了 ^{13}C 辐射线。然而，我们对自己的解释仍有信心，因为 IRAM 毫米波射电望远镜（Institut de Radio Astronomie Millimetrique, IRAM）对 7 颗质量最大的原恒星的质量估计与我们自己的估计相当（†Shah and Diaz, 2016）"[①]。不要掩盖你工作的局限性，但也不要掩盖你工作的价值。

- **将你的结果与以前的文献联系起来，并考虑更广泛的影响。**
  虽然你可能被要求从文献中获取数据来帮助回答你确切的研究问题（见第一部分），但在这里，你可以进一步将答案融入

[①]　这个参考是一个虚构的例子。在本书中，我用匕首（†）前缀来表示这种例子。

到更广泛的文献背景中。你的研究问题的答案是支持你所在领域当前的假设，还是对它们提出疑问？它是否带来了新的问题？是把你的工作与文献结合起来，建立共识，引起人们对矛盾之处的注意，还是以单独某一篇论文无法实现的方式，来增进我们的理解？例如，我们的恒星形成研究结果可以这样扩展："孤立大质量原恒星出现的相对高频率补充了†纳斯鲁拉等（†Nasrallah et al., 2011）的成果，他们发现冷凝原恒星的辐射喷流出现率高。综上所述，这些证据链表明星团辅助模型对于解释大质量原恒星的形成是不必要的。他们倾向于另一种模式，在这种模式中，当气体云密度不均匀时，大质量原恒星就会形成，导致不对称坍塌和局部喷流中的辐射逃逸。"你的目标是展示你的工作如何融入前人文献中，并尽可能对广泛的读者群体产生影响。

- **展望未来的发展**。你的研究结果几乎总是会为未来的工作指明方向。例如，也许你已经研究了一个特定的案例，并且你的研究结果为更普遍的理解提供了一条路径："虽然猎户座、鹰状星云和卡里纳星云中的大质量恒星的形成似乎并不依赖于星团的辅助机制，但未来的工作应该考虑这一结论是否可以推广到气体密度和形态不同的星云中。"请注意，你不应该只是简单地提出需要更多研究的陈词滥调，相反，你应该指出这类研究的具体方向。你也许认为承认自己的工作并不能回答所有的问题似乎是在贬低自己的作品。事实上，一点也不！如果你的工作能为未来的研究指明有利的方向，那么它就更重要。

13.2　你需要一个结论部分吗

还有最后一个问题困扰着撰写论述部分的写作者。你们的论述应该有结论吗？当然，你应该有一个"**结论**"（conclusion，小写的 c）：你研究问题的答案。但是，问题在于你是否应该有一个"**结论部分**"（Conclusion，大写的 C）：要么在论述部分的结尾有一个带标题的小节，要么在论述部分的后面有一个单独的部分。无论是各学科之间还是各学科内部，对此都没有共识。

我个人的感觉是，我们很少需要单独的结论部分。结论部分通常包括三件事：重申研究问题及其答案；说明这个答案的意义；并为未来的研究指明方向。但是，这些已经是典型的论述部分的要素了，所以除非你的论述很长、很复杂，否则这些要点对读者来说在结尾的时候应该仍记忆犹新。如果你的论文确实需要一个单独的结论部分，那么在写作之前，想想这是不是一个表明你的论述部分应该简化或重组的迹象。如果你的论文足够复杂，你的读者可以从一个单独的结论部分中获益，那结论就保持简短（也许 4 句到 6 句话），避免简单地重复论述部分。否则的话，就仅以一个关于你最重要的发现和其重要性的简短提示来结束全文。

本章小结

- 论述部分是论文主要部分中最不公式化的部分。

- 论述部分考虑研究结果，并将其放在先前的文献背景中，强调最强有力的解释和最广泛的重要性，你可以合理地争辩。

- 论述部分是对导言的补充，涉及导言中所有提出的主要问题，但只是那些问题。

● 大多数的论述部分包含四方面问题：(1) 解释研究结果来回答研究问题；（2）考虑研究可能存在的局限性；（3）将结果与以前的文献联系起来，提出广泛的意义；（4）考虑未来的前景。

● 无论论述是否以明确标记的结论结束，它都应该以一个简短的提示来结束，提醒你最重要的发现及其重要性。

练　习

1. 选择一篇最近在你所在的领域内发表的论文，阅读其论述部分。

　　a. 用亮色标记包含 4 个主要论述部分（解释结果，考虑局限性，与以前文献相关的结果，考虑未来的进展）的文本。

　　b. 思考一下你用亮色标记的讨论局限性的文本。明确哪些是提出局限性的措辞或结构，哪些是尽量使局限性最小化的措辞或结构，哪些是减轻局限性的措辞和结构（也就是说，即使给定了局限性，也要为研究结果的重要性或解释能力辩护）。这些修辞技巧是否有效？是否起作用？

2. 选择另一篇最近发表的论文，阅读其论述部分。

　　a. 标出论述部分中作为限制语的词语。它们是均匀地分布在论述中，还是更多（更少）地出现在论述段落的开头和结尾？

　　b. 在你选择的论述部分的结尾，什么占据了重要位置？作者还可能在这里放什么，这个选择会如何改变论文？

3. 想象一下，你想用限制语或助推词来表达"吸烟致癌"这一主

张的力度。将下列内容从最强到最弱进行排序，并在已排序的
列表中再添加 3 个选项：一个靠近顶部，一个靠近底部，一个
占据中间。根据你对吸烟与癌症的联系的理解，你认为哪些是
合适的限制语或助推词？

- 吸烟很可能导致癌症（Smoking is a likely cause of cancer）
- 吸烟显然会导致癌症（Smoking clearly causes cancer）
- 吸烟可能带来癌症（Smoking may contribute to cancer）
- 吸烟大概会导致癌症（Smoking probably causes cancer）
- 吸烟是引发一些癌症的可能原因（Smoking is a possible cause of some cancers）
- 吸烟是引发癌症的重要原因（Smoking is an important cause of cancer）
- 吸烟似乎会引发癌症（Smoking appears to cause cancer）
- 吸烟可能引发癌症（Smoking may cause cancer）
- 吸烟可能是引发癌症的一个因素（Smoking may be a factor in causing cancer）
- 吸烟是引发癌症的一个可能性因素（Smoking is a possible cause of cancer）
- 吸烟是患癌的一个重要危险因素（Smoking is a significant risk factor in cancer）

第14章

文后内容部分

虽然你的故事在论述部分结束时已经收尾，但仍有一些辅助性的元素在后面：致谢、参考文献，也许还有一些附录、补充资料或档案。

14.1 致　谢

致谢部分是为了让你履行科学界的一个社会契约：承认那些人或团体对我们工作有贡献。你可以提到在实验、观察或分析方面提供帮助的人，为你的工作提供建议或对你的稿件提出意见的人，分享试剂或设备的人，或为你的工作提供资助或许可的机构。此外，还可以为家人或朋友在精神上的支持而致谢。

有些读者喜欢这一部分（我喜欢），有些人则忽略它。但是，由于致谢没有真正参与讲述你的故事，它们不需要遵循任何特定的风格或内容的惯例。因此，期刊倾向于在这一部分给你自由发挥的空间。

14.2　参考文献

第 15 章讨论了在论文正文中使用参考文献或引文的问题。参考文献部分只是你的文章中提到的作品的一个列表。它的作用有两个方面：第一，它允许感兴趣的读者找到你所引用的作品；第二，它是对庞大的引文数据库输入信息，如 Web of Science™ 和 Google Scholar。通过将引用和被引用文献联系起来，这些数据库越来越多地被用来衡量论文、作者、期刊、学术单位等对科学进步的影响。虽然基于引文影响力的衡量方法显然是不完善的（例如 Ramsden, 2009; Lozano et al., 2012），但它们不会很快被取代。

这一部分的读者指导功能得益于参考文献列表表述的严格一致性，而数据库功能则需要这种一致性。不幸的是，不同的期刊在所要求的参考文献格式方面有很大的不同；但幸运的是，软件使遵照执行格式要求变得简单明了。在撰写本书时，常用的替代软件包括 Mendeley（www.mendeley.com）、Zotero（www.zotero.org）、EndNote（www.endnote.com）和 JabRef（www.jabref.org）。

顺便说一下，你还可以用这些软件来记录你读过的或由在线搜索得到的论文。它们（大部分）让你从在线数据库导入参考文献变得很容易，而且你之后还可以搜索你不断扩大的数据库，找到你知道、你读过但记不清的论文。从长远来看，建立这样一个数据库将节省大量的时间。

14.3　附录和在线补充资料

科学论文一直都包括附录，其通常由支持论文故事的材料组成（见第 7 章）。但对大多数读者来说，这并不是理解论文的必要条件。当期刊只有印刷版时，附录并不常见，而且通常很短，因为它们消耗了有限的期刊空间和编辑的注意力。现在，印刷版论文的附录几乎完全被在线访问的补充材料所取代。由于这些附录的发表成本极低，因此在线阅读极大地改变了写作实践。期刊愿意发表更多、篇幅更长的补充材料（尤其是在缩短论文正文的情况下），而作者似乎也喜欢提供补充材料。事实上，在线补充资料对写作者来说就像糖果一样：不需要做艰难的决定，因为什么都可以包括在内！请抵制这种诱惑！补充材料很便宜，但它们不是免费的。制作和润色它们所花费的时间，也许可以更好地用于改进稿件的主体部分（或开始写另一篇稿件）。轻易使用补充材料也会削弱你对讲述一个明确的故事的承诺。在发表过程中，过多的补充材料会加重对审稿人和编辑的负担。对于读者来说，补充资料带来了一些浏览成本，因为他们要离开正文，找到补充资料，然后再回来。此外，读者面对一长串的补充材料，很可能会耸耸肩并全然不顾。如果所有的东西都很重要，那就没有什么是重要的了。鉴于以上这些原因，请仔细考虑哪些补充材料是真正必要的。

你如何决定某条信息是属于你的论文主体，还是属于补充材料，或者根本就不应该发表？一般来说，有以下三个考虑因素。

- 如果读者需要这条信息来理解你所讲述的故事，它就属于你的论文正文。

- 如果读者不需要这些信息来理解你的故事，但有些人会因为其他原因而发现这些信息是有用的，那么这些信息就适合放在补充材料上。

- 如果没有任何能合理想象得到的读者会使用这些信息，那么它就不应该在正文或补充材料中发表。我说"能合理想象得到"，因为你看不到未来，但你也不能把一切都包括进去以防万一。因此，如果你无法解释什么样的读者可能会使用这些信息以及为什么，请将其删除。

除了你的想象力之外，几乎没有什么能限制可以出现在补充材料中的种类。常见的补充材料包括如何内容。

- 数学推导或证明（例如 Heard, 1992）。当然，证明本身可能是一篇论文的故事，特别是在数学中。但如果证明的存在对故事很重要，但其本身并不重要，那么它就属于补充材料。

- 方法学细节，可以描述程序（例如 Soutullo et al., 2005）、计算（例如 Halverson et al., 2008b）、现场地点（例如 Kolaczan et al., 2009）或类似内容。一个合成化学家可能收录详细的实验条件，一个粒子物理学家可能收录一个探测器的原理图。对于那些想使用相同方法的读者来说，补充资料是非常有用的，但对于那些只想了解当前结果的读者来说，补充资料就不适用了。

- 额外的图或分析（例如 Woods et al., 2012）。这些图或分析一般会支持你论文中的一个观点，但这个观点不是主要故事的核心，并且有了这些图和分析大多数读者愿意相信你的话。这样的补充越来越多地取代了用"资料未显示"来支持一个观点的陈旧的、相当不令人满意的习惯。

- 不易在印刷品中复制的数据类型的样本，如高分辨率图片、声音或视频（例如 Carter and Wilkinson, 2013）。请注意，这里的意图不是提供所有的原始数据，而是说明数据本身，以便读者能够了解工作是如何完成的。

- 详细的数据集（例如 Nason et al., 2002）。当数据具有超越论文故事的价值时，补充数据是有意义的。在论文的主体部分展示所有的数据会妨碍故事的讲述，但在补充部分这样做，可以让感兴趣的读者为自己的目的重新分析数据。例如，在有机化学中，为所有新合成的化合物提供核磁共振光谱是常规做法，这样以后使用该合成方法的人就可以通过比较光谱来检查他们产物的纯度和性质。这种类型的补充正迅速被数据档案所取代（见下一节）。

- 为你的分析工作所编写的软件。这可能包括简短的代码，如 Excel 宏或 R 脚本（例如 Oke et al., 2014），或写成独立的、可执行文件的且较长的程序（例如 Heard and Cox, 2007）。虽然有些期刊坚持把提交定制软件作为审稿过程的一部分，但审稿人不太可能检查它是否如其所说的那样工作。提供软件的真正目的是让读者可以使用它。关于软件是提交给期刊的网站作为补充，还是发布到 Github（www.github.com）这样的软件发布网站上，因期刊而异。前者可以提供最稳定的档案，并保证读者能准确地检索到你使用的软件。后者允许你更新发布的软件，并鼓励其他人进一步开发，但目前还不清楚这些网站会存在多长时间。也许最好的办法是用两种方法同时发布软件。

补充材料的格式要求通常没有论文正文那么严格，而且受到审稿人和编辑的严格关注也少得多。但这并不意味着你应该减少对它们的关注，或者把它们看作是使说服力较弱的推论通过审稿人审查的一种途径。这意味着你应该更认真地对待补充材料，因为你不应该指望同行评议人在找出其中的弱点或错误方面提供那么多帮助。如果你对补充材料中出现的问题不以为然，那么问问你自己是否真的需要它。

14.4　数据档案

在线数据存储和检索的便利性和低成本导致了一些政策推广迅速，这些政策鼓励，甚至要求科学出版物中的所有数据都在网上公开存档。档案的珍贵有很多原因。最明显的是它们确保了数据的可用性，可以用于未来的元分析，用于原作者没有想到的目的的再分析，或者用于检查科学欺诈（Whitlock et al., 2010）。归档的数据不与发表的论文一起出现，并且通常也不是提交的稿件的一部分，相反，论文中包括一个指向数据档案实际链接的指针（通常是一个 URL）。

某些类型的数据有自己的专用档案。例如，DNA 序列数据通常存放在 GenBank（www.ncbi .nlm.nih.gov/genbank/），化学晶体结构数据存放在坎布里奇结构数据库（www.ccdc.cam.ac.uk），而地球磁场的测量数据存放在 SuperMAG（supermag.jhuapl.edu），其他类型的数据可以存放在 Dryad（www.datadryad.org）等通用档案中。在许多情况下，交存的数据可能会被"禁运"，暂时阻止公众访问，让科学家在一段时期内独占自己的数据。

归档政策因领域、期刊和档案馆而异，要归档的"主要数据"的定义和控制其访问和使用的政策也是如此。在写作过程中，尽早调查目标期刊的归档政策是明智的，因为在数据分析过程中准备数据档案，比在几个月或几年后重建数据集要容易得多。

本章小结

- 篇后部分包括致谢、参考文献、附录和在线补充资料及数据档案。

- 致谢履行了一个社会契约，即我们承认他人对我们工作的贡献。

- 参考文献列表遵循严格的格式，因期刊而异。软件使这种格式化变得简单明了。

- 附录和在线补充资料包括支持你的论文所讲述的故事的材料，但并不是每个读者都需要了解这个故事。补充材料中经常包含的内容包括推导或证明、方法学细节、额外的图片或分析、数据样本和详细的数据集。

- 现在，原始数据的归档被广泛要求作为出版的条件之一。

练 习

1. 选择一篇最近在你所在的领域内发表的包括在线补充材料的论文。每份补充材料中出现了什么材料？每份补充材料的内容有什么价值，对什么样的读者有价值？对于每一份补充材料，为什么没有在论文的主体中包含这些内容？应该如此吗？

2. 如果你还没有使用参考文献管理软件，请下载并试用一个或多个（大多数是免费的，或有免费试用选项）。从 Google Scholar 或其他数据库中导入一些参考文献，并使用不同的参考文献格式为两个期刊撰写参考文献。

第 15 章

引用部分

科学是累积性的。新的研究建立在早期工作的基础上，是对其进行的扩展、重新解释或纠正。因此，每篇现代科学论文都充满对文献的引用。好的文章使用引文来强化故事的讲述，但决定引用哪些来源和引用多少来源，取决于对个别引文和更普遍的引文功能的一些理解。

15.1　引文作为一项四方交易

每一次引用都是涉及写作者、读者、出版商和信息来源（被引用的作者）的交易。理解引文实践需要对引文的功能、好处和成本进行一些思考。

在最简单的层面上，引文将信息从写作者传递给读者。引文可以确定已知的东西，帮助界定你的研究领域；也可以确定未知的东西，帮助你在这个领域中确立自己的位置。它可以提供方法上的细节（使你的方法部分简洁易读）。它可以支持你对结果的解释或确立其重要性（例如，你可以引用类似的发现或你的结果所检验的理论）。综上所述，你的引文可以向读者展示你认为你的工作在这个领域中的合适位置，从而找到该领域中你工作的定位。

更广泛地说，引文有助于交流，因为它们有助于树立你的权威。读者相信有适当引文支持的说法，而作者通过引文表明他们了解自己研究的背景，知道其他作者对它的评价。

如果引用的实践只需要满足写作者和读者，那就相当简单了。写作者会使用足够的引文来支持自己的主张和树立权威，但不会有更多东西。然而，如果考虑到出版商和信息来源的利益，就会增加一些复杂性，因为这些方面对引用的看法与写作者和读者不同。

对出版商来说，引用有编辑、排版和印刷的成本，并且好处不多。有些出版商鼓励写作者引用他们自己期刊上的最新论文（这可以增加这些期刊的影响因素，帮助他们向投稿人和订阅用户推销自己）。否则，出版商往往迫使作者减少引用。他们可能会设定一个最大的引用次数（如《自然》），或者规定使用"合理的最小值"［如《内分泌学》（*Endocrinology*）］，再或者干脆将参考文献计入稿件长度限制［如《地质学》（*Geology*）］。许多期刊特别关注导言中的引用，抵制提供全面的文献综述。

相比之下，信息来源则喜欢引用。引用你作品的学者承认你对科学进步的贡献，以及你在科学界的地位。引文率数据对招聘、晋升、任期和拨款评估的重要性，使得信息来源的利益成为我们考虑引用时不可避免的一部分。这也是科学家之间存在着某种社会契约：我引用你的文章，部分原因是我非常希望你也能引用我的文章。

15.2　使用多少引文

　　将引文视为四方交易，有助于解释为什么写作者有时不知道该用多少引文。写作者和读者就使论点具有说服力所需的最低限度达成一致意见，会因为出版商要求减少引文和社会契约要求增加引文的压力而变得模糊不清。正确的引文数量意味着要平衡所有这些力量。

　　什么时候应该用引文来支持一个说法或主张？一个被广泛接受的说法根本不需要引用。例如，恒星存在于引力和辐射压力的平衡之中（见框 7.1）。一个事实性的、容易核实的说法（如"乳草是一种多年生植物"）也不需要。同样，提到某个领域的标准方法时可以不加引证（如"有机化学中的核磁共振光谱"）。对于读者可能有疑问的说法，对于读者来说不熟悉的方法，或者对于有兴趣的读者有潜在价值的信息，都应该提供引文。这些都是主观判断，不同的领域有不同的惯例，幸运的是，查阅你所在领域的最新文献可以为你提供指导。

　　当需要引用文献来支持某项主张时，有些作者就想过头了，认为如果一个引用是好的，几个引用会更好。要抵制这种诱惑（除了综述性论文，全面覆盖文献可能是其重点）！读者会欣赏你为选择最相关和最有用的引文做出努力。几乎所有的情况下，一个到三个引文可以支持一个观点，更多的引文没有什么额外的好处，反而会使你的文章难以阅读。你可以用"例如（e.g.[①]）"来明确表示你只提供有代表性的引文（e.g., †Xi, 2007; †Jones, 2009）。或者你可以通过引用最近的一篇综述来总结文献（review: †Schmidt, 2012）。

[①] e.g. 的意思是"比如说（for example）"。它是拉丁文 exempli gratia 的简称，不应与另一个常见的拉丁文缩写"i.e.（就是）"混淆。i.e. 在进一步解释状态前使用。

一份稿件总共应该包括多少引文？由于不同领域对引文的要求不同，可能你期望引文列表的长度也会不同。不过，令人惊讶的是，大家有一个显著的共识，大多数领域（如生态学、细胞生物学、有机化学、天文学、地球科学、凝聚态物理学和粒子物理学）的主要研究文章都有 25~60 次的引用。纯粹的数学论文是主要的异类，常见的是 6~20 次引用。简短的说明和评论所引用的文章较少，而综述性论文的引用文章则更多（通常达到数百次）。如果你的稿件不在这些典型范围内，问问自己为什么。

15.3　哪些资料可以引用

你会发现，你可以通过引用十几个不同来源的资料来支持一个特定的主张，这并不罕见。在选择这些资料时，最重要的问题是：哪种引文对想了解更多信息的读者来说是最有用的？

引用最相关的资料，避免间接支持你的观点的资料，或需要将几篇论文一起考虑时才支持你观点的资料。虽然注意到你的工作和明显不相关的文献之间的微妙联系可能很聪明，但除非这种联系是理解你的文章的唯一途径，否则你应该避免让你的读者感到困惑。

如果有几个相似的选项，那么出版日期和可访问性是另外的考虑因素。如果你想通过引用来证明一个想法、方法等，那么你应该引用最早的资料；如果你引用的目的是建立当前的理解，那么你应该引用最近的资料。你还应该选择读者可以轻松阅览的资料。这意味着在可能的情况下，引用期刊论文，而不是引用书籍章节、学位论文、会议摘要或技术报告。许多科学家喜欢引用开放的期刊而不是订阅的期刊，喜欢引用著名的、发行量大的期刊而不是晦涩难懂的或地区性的期刊，但这些因素只有在同等意义的可能的引用中才会起决定性作用。

　　值得注意的是，选择引用哪些论文有不可避免的社会政治因素（Ahmed, 2013, 2017; Kotiaho, 2002）。不幸的是，有相当多的证据表明存在各种引用差距：某些性别身份、语言群体、种族或地理来源的科学家的文章引用不足。例如，在生态学中，欧洲和北美的科学家各自引用自己大陆的论文多于其他大陆的论文，这种模式被王和库科（Wong and Kokko, 2005）称为"狭隘的引用"。来自北半球以外的科学家和非英语国家的论文，往往被引用的次数较少（Walz, 2010; Smith et al., 2014）。在某些领域，女性科学家的作品被引用次数一直不足，如社会科学领域（例如 Maliniak et al., 2013；Dion et al., 2018）和自然科学领域（例如 Huang et al., 2020）。所有这些模式都清楚地表明，偏见可以而且确实悄悄地进入了引文实践中。作为一个写作者，你可以慎重地选择检查你的引文列表，它们是否代表了你的领域的多样性？如果你没有引用有色人种科学家、女性科学家或来自南半球[1]的科学家的大量工作成果，那么你是否可能忽略了一些重要的成果？引用这些成果可能会改善你的论文，也有助于更公平地认可所有从事科学工作的人。你甚至可以选择将引用的焦点放在一个科学家身上，因为他的工作需要得到更广泛的认可。

　　最后一点：有原始资料可引用，就尽可能不引用二手资料（总结主要文献的综述文章或书籍）。这是一个好的做法。引用一篇综述中提到的结果，意味着把其中查找原始文献的工作转移到读者身上，并剥夺了原作者的引用权。在罕见的情况下——这应该是非常罕见

---

[1] "南半球"是一种价值中立的说法，以替代人们更熟悉的"第三世界"和"发展中世界"。

的——你无法查找到原始文献，但还是要引用它，但要承认你没有看到它（†Smith, 1907, as cited in †Singh, 2006）。引用一篇综述是因为它可以汇总各种研究成果，比如只有通过对许多出版物的阅览才能发现的模式。

15.4　自我引用

你是否应该引用自己的工作成果，如果是的话，你应该少引用还是多引用？自我引用在科学界非常普遍，占所有引用的 8% 到 15%（Szomszor et al., 2020）。这很容易让人怀疑是出于自私的动机。你引用自己的论文，可能是试图提高你的工作成果的引用率，也可能是为了引起人们对你希望得到更广泛阅读的早期作品的关注，或者是传达或夸大你在该领域的权威。但是，也有很多恰当的理由来引用你自己的成果，而且你不应该在新旧论文有联系的时候回避这样的做法。而且几乎可以肯定的是，它们必将是有所联系的，你的新论文必然建立在你的旧论文之上。但是要注意，不要落入引用自己工作而忽视同事工作的陷阱中。

15.5　奇怪的引文种类

虽然大多数引用都是指正式出版的作品，但你可能偶尔会用到一只奇异的怪兽——未出版作品的引用，具体包括如下四类。

- **个人通信**（personal communication，简称 "pers. comm."），意思是"某个知情人告诉我的信息"。信息来源应尽可能明确，用首字母或全名，如果可能的话，还应注明所属单位（例如

"†A. N. Mbala, Springfield University, pers. comm."）。编辑经常要求提供证据证明这样的引用是恰当的，比如被引用人的一封有批准措辞的信。

- **个人观察**（personal observation，简称 "pers. obs."），意思是"我注意到了这一点，但没有任何正式数据"。这样的引用不应该用于对论文论点具有核心意义或可能有争议的主张，但有时也会用于辅助或背景信息。例如，赫德和基茨（Heard and Kitts，2012）写道："高大一枝黄花和粗糙一枝黄花［植物］……以克隆方式传播，带有［遗传个体］……通常包括非常多的［茎］（Maddox et al. 1989; S. Heard, pers. obs.）。"马多克斯（Maddox）的论文只涉及粗糙一枝黄花，所以只引用该论文会有误导性；没有关于高大一枝黄花的引用资料。我们决定加上"个人观察"的引文就可以了，因为读者不太可能怀疑这种描述。你可以以同样的理由争辩说，我们根本不需要引用。

- **未发表的稿件**（unpublished manuscript，简称 "unpubl. MS"），是指尚未被接收出版的稿件。当它被接收后，就成为"在编"，可以正常引用。许多期刊不允许这样的引用，理由是在稿件通过同行评议之前，它不比"个人观察"或"个人通信"更具有权威性。我不同意这种看法，因为这样的引用可以让有兴趣的读者与你联系，询问这份稿件，或者搜索这份稿件是否在你引用后发表过。不过，这只适用于足够完整的稿件，它们很可能会以引用的形式发表。一个有用的经验法则是，只引用已经送审的稿件。预印本（见第 25 章）可以很好地取代"未发表的稿件"。

- **未发表的数据**（unpubl. data）或**结果未显示**（results not shown），这表明你可以用你没有包括在稿件中的数据或分析来支持你的主张。这样做是为将来的论文保存数据，因为这些数据是不可或缺的；或者是为了删除不那么重要的材料以减少读者的负担。这些引文也可以用来说明多种方法产生了一致的结果。例如，你可以写"我们用参数方差分析比较了不同火山类型的喷出物体积，然而，非参数检验支持相同的解释（结果未显示）"。由于包括多种分析会增加论文的内容，而不会对论证有很大的改善，这种引用正在被在线补充资料（见第14章）所取代，因为在线补充资料成为辅助数据和结果的便宜、便捷载体。

这些奇怪的引用并不常见也是有原因的。它们只能为一项主张提供微弱的支持，充其量，它们是作者的附加语"不，是真的！"，只有在没有更好的选择时才使用这些引文类型。

本章小结

- 引用涉及四个主体：写作者、出版商、读者和信息来源。
- 引文具有功能性作用（支持你的论点），但也有助于建立你的权威，奖励信息来源的贡献。
- 在涉及可能受到质疑的主张、不常见的方法或读者可能需要更多的信息时，都需要引用。常识性的事实和标准方法不需要引用。
- 个人通信（pers. comm.）、个人观察（pers. obs.）、未发表的稿件（unpubl. MS）和未发表的数据（unpubl. data）的引文应尽

量减少，但偶尔也会有用处。

练　习

　　在你所在的领域中选择一篇最近发表的论文，并阅读导言。找出 3 个有引文支持的主张或陈述。这些引文对作者和读者起到了什么作用？找出 3 个没有引文支持的主张或陈述。为什么没有？

第16章

超越传统 IMRaD 写作架构

我们在典型的 IMRaD 结构上花了很多时间，它在我们的文献中占主导地位，因为它已经发展到对写作者和读者都非常有效的程度。然而，它并不是完全通用的，部分原因是它并不适合每篇科学论文。在你的职业生涯中，你会遇到（并可能写出）使用各种非规范结构的论文（写作形式不同于科学论文的将在第 26 章被讨论）。一些替代性的结构只是稍微变化了的 IMRaD 规范，比如将方法部分放在论文的最后；还有一些似乎完全抛弃了这种规范，如综述论文。

你有偏离规范结构的自由，但经典的存在是有充分理由的（见第8 章）。因此，只有当你确信那会使论文更容易被阅读的时候，你才应该偏离 IMRaD，而不是当它似乎会使论文更容易写的时候。如果你不得不偏离（如注释，见下文），那么就尽可能温和地偏离，并考虑提供额外的元话语（标志文本组织的单词和短语）来弥补 IMRaD 组织系统的缺失。

16.1　方法部分后置的论文

这是另一种变得越来越普遍的替代结构。例如,《自然》和《细胞》(*Cell*)就要求这样做,将方法部分放在论文的最后。从表面上看,这似乎很奇怪:首先报告你的结果,然后才描述产生结果的实验,这怎么可能有意义?但仔细研究一下,方法部分后置的论文其实并不那么奇特。虽然标有"方法"的部分被放在了论文的最后,但关于方法的大量信息大致上是在常规位置提供的。导言的最后一段或两段通常说明了总体方法,而结果部分往往有很多说明方法的句子,如"为了比较这些〔细胞〕亚群的相对致瘤潜力,我们通过荧光激活细胞分选器纯化了〔细胞〕……。〔这些细胞〕被立即注射到非肥胖糖尿病(NOD)/重症联合免疫缺陷(SCID)的小鼠的乳腺脂肪垫中"(Chaffer et al., 2013)。在一篇 IMRaD 论文中,这些句子不属于结果部分;但在一篇方法部分后置的论文中是需要这些句子的,否则读者就无法理解肿瘤生长数据。

如果你为一份方法部分后置的期刊撰稿,可将这种结构视为意识到存在以下这两类读者。大多数人只需要充足的有关方法的信息,从而理解你报告的结果。对于这些人,你可以把方法的总结放在导言和结果中。少数读者需要更多的细节(也许他们会借用你的技术),只有这些读者才会去看你论文最后的方法部分。因此,方法部分后置的论文实际上只是近乎传统的 IMRaD 论文,这种论文将"方法"这一标签保留在附录中,以补充方法方面的细节。

16.2 综述论文

综述论文是作者（和读者）最常接触的非 IMRaD 形式。综述论文通过查阅和评估某一主题的文献来回答一个研究问题。综述论文通常没有有主要研究结果的论文那么详细和有技术性，因为它们是为更广泛的读者群体准备的，包括非专家，以及对该领域感到好奇或打算进入该领域的研究人员。最后，综述论文提出的研究问题范围更广。例如，我的一个学生发表了一篇有主要研究结果的论文，提出了一个具体的问题："（模拟）昆虫的食草性是如何影响罕见的圣劳伦斯湾紫苑的死亡率和种子产量的（Ancheta et al., 2010）？"然后是一篇综述，提出了一个更普遍的问题："昆虫的食草性如何影响稀有植物的种群生物学（Ancheta and Heard, 2011）？"

综述论文保留了 IMRaD 结构的两个特点：以确定研究问题的总导言开篇；以某种总结其答案的结论结尾。除此以外，综述没有标准的组织结构。主体几乎总是被分为几个部分，但这些部分往往更类似于论述部分中的分节，而不是 IMRaD 的主要部分。综述论文架构的常见选择包括时间性、方法性或主题性。时间上的架构可以追溯有关该主题知识的历史发展，这只有在研究问题直接涉及历史时才有效。当一篇综述论文综合了理论和经验知识时，方法学上的架构很常见。例如，一篇关于大质量恒星形成的综述可能从涵盖气体云坍缩的理论模型的部分开始，然后继续以总结不同仪器的望远镜数据来测试这些模型。主题性架构是最灵活和最常见的。在这里，各部分按逻辑顺序排列，从而吸引读者阅读评论，同时保持对研究问题的关注。

我学生的以珍稀植物为食的食草动物综述（Ancheta and Heard, 2011）在 IMRaD 骨架中使用了一个主题性架构。

1. 导言

2. 方法

3. 结果和论述

   3.1 食草动物对珍稀植物种群的影响：数据的数量和质量

   3.2 记录的食草动物对珍稀植物种群的影响

   3.3 密度自变量

   3.4 食草动物的生物防治

   3.5 更深入地理解稀有植物上的草食性昆虫

4. 结论

    在导言中，我们提出了我们的研究问题："昆虫的食草性如何影响珍稀植物的种群生物学？"并将其置于文献背景中。我们的方法部分说明了我们如何找到相关的研究并从中提取食草动物影响的数据。许多综述省略了方法部分，但对于分析从多个出版物中提取数据的定量综述和元分析（Borenstein et al., 2009; Cooper et al., 2019）来说，这些是很重要的。

    我们的主要部分（结果部分和论述部分）有 5 个小标题。首先 3.1 节概述了与研究问题直接相关的高质量数据的稀缺情况。由于这种稀缺性，接下来的 3.2 节将有助于回答最简化版的研究问题：昆虫的食草性能否降低珍稀植物的存活率或繁殖率？在回答了这个问题之后，我们转向 3.3 节，提出一个更棘手的问题：植物种群密度在某种程度上能够稳定种群，昆虫的攻击是否取决于植物种群密度？ 3.4 节确定了一个重要的狭义问题：为控制杂草而引入的昆虫是否会对稀有的本地植物产生意外的影响？然后我们在 3.5 节提出了一些对未来研究的建议。最后，我们的简短结论重申了我们的研究问题、研究问题的意义以及我们能提供的最佳答案。

我们还有许多其他的方法来组织我们的综述论文，在写作过程中我们也尝试了其中的几种。因为综述论文比其他类型的论文提供了更多的组织选择，所以提纲和寻找故事的相关技巧（见第 7 章）是特别有价值的工具。

结构并不是写综述文章的唯一挑战，写一篇对读者有价值的综述论文也同样重要。你有时会听到有人说，一个子领域或一个问题"已经成熟，可以进行综述了"，因为已经有一段时间（5 年？ 10 年？ 20 年？）没有人发表过总结相关文献的综述论文了。下面是写综述论文的两种情况中较弱的一种：总结文献可以为工作者提供一个快速了解研究问题及其答案的途径，但它不可能推进这种了解。如果你能对一个开放性的问题提供一些新的见解，这些见解不是通过一次阅读一篇以文献为主的论文就能得到的，那么写综述的理由就更强有力。这就是人们常说的综合评论（synthetic review）。如果你对某一主题的文献的熟悉程度让你看到了某种模式、矛盾或空白，而每篇论文的作者似乎都没有注意到这一点，你就会知道有一篇综合评论要写。上面列出的以珍稀植物为食的食草动物综述就是这种情况：我们对文献中的矛盾感到疑惑。一方面，植物种群生物学的一般处理方法大多忽略了草食性昆虫，或是断言草食性昆虫损害个别植物，但很少影响种群大小；另一方面，由于通过草食性昆虫控制植物种群有时非常有效，试图防治入侵植物种群的机构花费数百万美元研究和释放草食性昆虫。我们的综合评论表明，生态学家很少提出正确的问题，但当他们提出问题时，他们会发现昆虫确实可以对植物种群产生强烈的影响。

知道何时开始写一篇综述文章是一个挑战，知道何时停笔可能是一个更大的挑战。文献是如此之多，以至于搜索与某一特定问题相关的论文可能会发现数百篇，有时是数千篇。你不可能全部引用它们，事实上，你几乎不可能全部阅读它们。为了成功地写好一篇综述论文，你需要运用两种技能。第一是坚定地专注于寻找相关论文，然后讲述你的综述文章的故事（见第 7 章）。你的综述将回答什么是关键问题，以及需要什么信息来获得这个答案。对这个答案没有贡献的论文可以放在一边，而你可能会发现有很多这样的论文。这为我们引出了第二项技能：高效的搜索和阅读。你需要能够找到更多相关论文的文献搜索技术，而不仅仅是找到更多的论文；你还需要调查阅读和深度阅读的技巧，前者可以快速识别值得应用于后者的论文。关于阅读，我们将在第 28 章说得更多。

16.3　数学和理论论文

数学论文，或在其他学科中使用数学的理论论文，有时被视为与观察或实验论文有很大不同。有些确实如此。也许差异最大的是纯数学的论文，其中许多论文几乎完全没有介绍性材料和讨论。这类论文以定理的陈述开始，以完成证明结束，因此似乎完全由结果组成。海厄姆（Higham，1998）提供了大量关于数学写作的细节。即使在数学之外，许多理论论文的作者也认为 IMRaD 结构不适用。但也有人或多或少地采用了 IMRaD 结构的可辨识版本，即使他们没有使用完全相同的名称。我属于这个阵营：在我自己的理论生物学论文中，我和罗默（Heard and Remer, 2008）使用了完全规范的 IMRaD 结构，我（1995）在导言部分和方法部分之间增加了"模型"这一节，我和罗默（1997）用"模型和结果"代替了"方法"和"结果"两节，但除此之外都是 IMRaD。

IMRaD 结构通常可以容纳数学或理论，这并不令人惊讶。理论论文应该定义要解决的问题并概述其背景和重要性，这就是导论部分；应该建立用于构建和解决方程或模型的数学技术（分析的、数值的或模拟的），这是方法部分；必须报告模型的解决方案（或模拟的数据），这是结果部分；最后，理论论文应该让读者体会到研究结果是如何促进我们对该领域的认识的，这是论述部分。所有的 IMRaD 部分都在那里。问题是，偏离规范是否可以改善与读者的交流？如果可以，这些偏离应该是温和的还是更明显的？例如，整合一个模型的方法（方法部分）和解决方案（结果部分）可能会使流程更加顺畅，重新命名各部分（例如，"模型"而不是"方法"）可以为读者提供一个更清晰的查阅系统。由于 IMRaD 为读者提供了如此多的内容，我相信你不应该偏离它，除非你确信这样做对读者大有好处。

16.4　描述性论文

在现代科学期刊的早期，许多论文仅仅是对新奇标本或不寻常事件的描述。[①] 这样的论文现在比较少了，但它们在一些学科中仍然很重要，如生物分类学（如对新发现物种的描述）、地球科学（如对地层的描述或断层的绘制）和天文学（如对太阳系外行星或其他天文物体的描述）。当然，这些现代描述性论文比它们的祖先要复杂得多，但它们

---

① 有时非常不寻常，如罗伯特·波义耳的《对一只非常奇怪的畸形小牛的描述》（"An Account of a Very Odd Monstrous Calf"）（1665a）。这头小牛的腿是畸形的，舌头是分裂的，但这些都没有明显的科学意义。波义耳紧接着又写了一篇题为《畸形头的观察》（"Observables upon a Monstrous Head"）的文章（Boyle, 1665b），是关于畸形小马的描述。如今，波义耳因其对物理学和化学的贡献而受到赞誉，但不是生物学。

保留了描述自然的功能，而不一定是检验关于自然功能或起源的假设。

描述性论文可以偏离 IMRaD，尽管与理论性论文一样，但这种偏离应该尽可能地小。描述性工作仍然有导言（背景）、方法（通过收集样本或进行观察）、结果（描述本身）和论述（影响或意义）。大多数描述性论文基本上都采用了典型的结构，但对一两个部分进行了重新命名。例如，李和钱（Li and Qian, 2013）对球状星团半人马座 ω 中的双星的描述，将"方法"改为"两个双星的光曲线分析"，而古里克等人（Gulick et al., 2013）对阿拉斯加断层系统的地震成像，将"结果"改为"观察和解释"。这两篇论文在其他方面都是 IMRaD。其他论文，如欣德和桑德（Hind and Saunders, 2013），在常规标题的 IMRaD 各部分中也包含有描述成分。

16.5　说　明

非常短的论文（通常少于 5 页）通常被期刊作为说明（或报告、短报告等）单独处理。也许只是为了节省空间，许多期刊禁止将说明分解为带有标题的各部分。这种最短的文章［例如，桑德和克莱登（Saunders and Clayden, 2010）对一篇早期论文的半页更正］缺乏很多介绍性材料或讨论，因此不需要什么结构。不过，不允许使用 IMRaD 标题的事实不应阻止你利用 IMRaD 结构引导读者了解你的说明文的逻辑。

16.6　评　论

评论性论文批评或试图反驳最近发表的有主要结果的论文。与其他类型的论文相比，这些论文更经常、更极端地偏离 IMRaD 的结构。

因为评论不是为了独立于它们所评论的论文而阅读，所以它们通常没有什么介绍性材料，最多是几句话，总结一下原论文，解释一下为什么关于原论文解释的争论很重要。大多数评论没有可报告的方法或结果，相反，它们提供了对原论文的方法和结果的看法，于是就只剩下论述部分了。事实上，评论性论文也许最好被理解为原论文的论述部分或论述部分的补充。因此，与组织整篇论文相比，组织一篇评论文章更像在组织论文的论述部分。

实际上，结构和组织对于撰写评论文章来说是简单的。更难的是写一篇在不攻击原论文作者的情况下对其进行科学批评的评论文章。在选择措辞、平衡批评与尊重方面均需非常谨慎［比较一下詹森（Janssen, 2013）和比扎罗（Bizarro, 2013），前者在这方面做得很好，后者则不然］。蒙哥马利（Montgomery, 2003: 109ff）在这方面提供了有用的指导。

本章小结

- 不是每篇论文都采用 IMRaD 结构。
- "方法部分后置"的论文应该在导言和结果中包括一些关于方法的信息。
- 综述论文保留了一些 IMRaD 元素，包括导言和一般性讨论，但除此之外可以有许多组织方式。
- 数学和理论论文、描述性论文有时会严重偏离 IMRaD，但它们不必如此偏离；所有这些都包括可辨识出的导言、方法、结果和论述等要素。
- 简短的说明很少使用 IMRaD 的标题，但应保留 IMRaD 的结构。

- 评论性论文最好被理解为原论文的论述部分或论述部分的补充。

练　习

1. 在你所在的领域内选择一篇最近发表的论文，该论文没有使用 IMRaD 的各部分标题。你要做的是，用亮色标记你认为符合 IMRaD 各部分功能的材料。整个组织结构与 IMRaD 有什么不同？你认为作者为什么选择这种组织形式？

2. 从"方法部分后置"的期刊（如《科学》或《细胞》）中选择一篇最近发表的论文。在导言和结果中，标记出介绍或解释方法的材料。

3. 选择你所在的领域内最近发表的一篇综述文章，并检查其结构。

   a. 它是否有标题和子标题？它们是什么？它们是否严格遵守、不严格遵守，或根本不符合 IMRaD 结构？

   b. 你如何描述这篇论文的组织结构？时间上的、方法上的、主题上的，还是其他方面的？

   c. 为此论文写一个小型摘要（见第 7 章）。它的组织架构如何帮助读者清楚地回答论文的中心问题？

第四部分

风　格

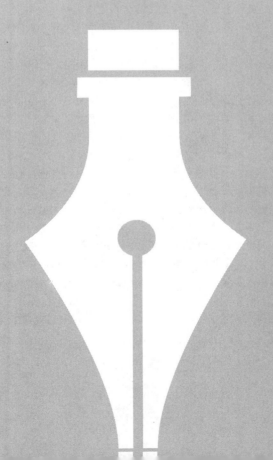

正如一篇科学论文是由本书第三部分的重点部分组成一样，论文各部分是由小单元组合成大单元的。单词组合成句子，句子组合成段落。清晰的段落和使用恰当词汇、合语法的句子是你用来与读者实现清晰明了交流的工具。

不过，各部分层面的结构和组成与词汇与段落层面的结构和组成是有区别的（我把词汇和段落层面称为"风格"）。科学论文的各部分划分涉及科学领域写作的特定惯例，但段落结构、句子结构和词语选择的许多（不是全部）问题是普遍性的。这意味着你在写好句子和任何类型的段落方面所掌握的技能，只需稍作调整（我将提到几个），就可以转移到科学写作中。这也意味着，有关英语写作和风格的一般指南完全适合科学写作者参考。我自己对风格的介绍并不是详尽的［更全面的介绍见威廉姆斯（Williams, 1990）、福勒和阿龙（Fowler and Aaron, 2011）、索德（Sword, 2012）、西尔维亚（Silvia, 2015, 第2章）］。在这部分，我强调了一些特别重要的原则，探讨了构成科学写作自身挑战的几个领域，并涵盖了一些对科学写作者来说似乎特别有困难的风格要点。我将从剖析段落开始，再考虑句子，然后是单词，最后讨论重要的简洁性问题。

科学写作不是艺术，但它也不需要是丑陋的（见第30章）。虽然没有人期望读者为你的文章的抒情性所倾倒，但写自己的文章时也没有必要模仿许多文献中的冗长、苍白和乏味。初出茅庐的科学写作者常常采用他们所读过的论文的风格，因为这对他们来说听起来"很科学"，但由此产生的论文中充斥着不必要的缩略语，被动语态使其黯淡无光，而且对潜在的读者也不尊重。与其模仿典型的科学论文，不如让你的论文以跻身最好的论文为目标，用清晰活泼的散文和风格润色来表达你是在乎读者的。

第 17 章

段 落

每部分中最明显的组织单位是段落。因为我们用缩进和 / 或空行来强调段落之间的间隔（至少我们应该这样做），所以这种结构非常明显。这种排版上的提醒表明，将材料组织成段落的形式一定是非常重要的。这也确实是事实，好的段落结构可以使你与读者的交流更加清晰，对于科学写作来说，尤其是如此。诚然，科学写作中段落的形式和功能与其他写作类型的段落一样，但由于我们所写的材料本质上是复杂且技术性高的，因此可以辩称，科学写作的段落比其他类型写作的段落重要性要更高。在这一章中，我们将探讨如何使用段落结构，尽可能让你的读者不费吹灰之力就能理解那些复杂的材料。

在寻找故事的阶段（见第 7 章），你可能已经决定了将材料组织成段落后的大致顺序。那么接下来要做的就是实际写出这些段落，并把它们连接起来，让它们相互配合。

17.1　段落的本质

段落是一个用来介绍和阐释单个想法的逻辑组织单位。因此，每个段落的结束都标志着你的论证中即将出现一个新的想法（在本章的例子中，我会插入段落符号"¶"来分割段落）。不过，判断什么构成了值得写一个新段落的"新观点"可能比较微妙。一个段落可以引入一个全新的观点，也可以从一个新的角度来继续探讨已经在讨论的问题（例如从一个步骤的优点转向缺点，或者从支持一个假设的证据转向反对这个假设的证据）。段落也可以标志一系列相关观点的推进，例如：

　　¶数据的 3 个特点表明……第一，……。

　　¶第二，……。

　　¶第三，……。

偶尔，你甚至可以故意设计一个额外的转折性观点，这样你就可以在原本过长的段落中加入一个停顿，给你的读者一个段落加以休息。那么多长才算过长呢？除了说"长到无法让读者毫不费力地、清晰地理解"外，这个问题并没有一个简单的答案。你还需要依靠经验和审稿人的反馈来判断。

17.2　一个好段落的三个特性

好的段落有三个重要的特性：统一、连贯和独特。在一个统一的段落中，所有句子都应为同一个想法服务。在一个连贯的段落中，所有的句子都应有效地配合，来展开本段落的观点。一个独特的段落是自成一体的，在主题上应与上文和下文的段落有所区别，并且在传达想法时无需太过依赖其他段落。

让段落统一起来。如果你的段落要围绕一个想法统一起来，那么你需要知道并告诉你的读者这个想法是什么。主题句的任务就是明确指明该段的中心思想［实际上，一个段落的主题句有时可以是多个，比如用两个或三个句子（但不会更多）来声明主题］。

主题句几乎总是段落中的第一句话。这也是一个段落中的两个权力位置之一，读者一般会希望能在这里找到重要信息（另一个位置是结尾句，它是可以简洁地说明本段关键信息的重要位置）。你用指明主题开头，指明你的目的，能引导读者更顺利到达预期的终点。

主题句要指明该段的中心思想，但不需要完全解释它。这是一件好事，因为在科学写作中，一个段落的想法往往复杂到如果没有一些逻辑性的推进，你的读者是不太能完全理解它的。这种情况下，主题句可以这样表达："¶我们可以通过考虑我们原恒星质量和分布数据的三个特征来评估星团辅助模型。"这就为该段提供了一个主旨，虽然不包括所有细节，但给出主要思路就可以避免后面出现较大的偏离。

随着主题句的结束，段落的主体部分将致力于展开中心思想，用逻辑、细节、例子等内容来支持主题句的观点。你段落中的每一句话都应该有助于推进主题句所表达的观点。偏离了主题的内容会扰乱你的读者的思路，使他们怀疑自己是否错过了其中某些部分的联系，或者误解了该段的主旨。例如，想象你读到了这样一段话：

> ¶①当原恒星从尘埃云和气体云中吸积物质时，有两个
> 主要的力在起作用：引力和辐射压力。②引力驱动吸积，并

随着更多物质的吸积而增强。③辐射压力对抗吸积，并随着引力坍缩增加原恒星的温度而增强。④随着吸积的继续，辐射压力相对于引力来说会增强，当这两种力量达到平衡时，吸积就会停止。⑤电磁力驱动恒星风。⑥这个最简单的模型意味着，"引力-辐射"平衡应该在原恒星达到大约 10 个太阳质量之前发生。⑦因此，更大恒星的存在表明这些模型是不完备的。⑧超大质量的恒星是我们宇宙中比铁更重的元素的来源。

读完这一段你很可能感到不满意。第 1 句（主题句）宣称本段是关于控制原恒星质量增加的两种力量的。在确定了这两种力量后，第 2—4 句解释了它们的作用，一切似乎都很正常。但是，第 5 句突然提到了第三种力，这是主题句中没有涉及的。你不免会想，电磁力是否与原恒星的吸积有某种你没有觉察到的关系？难道"控制吸积的力"根本不是本段的主题？还是这句话其实不属于这一段？第 6—7 句回到了主题，但第 8 句又偏离了。作者（我）[①]应该认识到第 5 句是与该段主题无关的想法，并将其删除。第 8 句最好放在前面一段中，来说明为什么对大质量恒星感兴趣。在去掉这些句子后，重新读一下这段，请注意其中的差别。

¶当原恒星从尘埃云和气体云中吸积物质时，有两个主

---

① 你可能认为写出这种看起来不错，但实际有缺陷的段落来作为例子对我来说很困难。如果是这样，你就把我和大仲马或芭芭拉·卡特兰（见第 2 章）搞混了。相信我，让内容看上去没毛病可能很难，但有缺陷却是非常容易的。

要的力在起作用：引力和辐射压力。引力驱动吸积，并随着更多物质的吸积而增强。辐射压力对抗吸积，并随着引力坍缩增加原恒星的温度而增强。随着吸积的继续，辐射压力相对于引力来说会增强，当这两种力量达到平衡时，吸积就会停止。这个最简单的模型意味着，"引力-辐射"平衡应该在原恒星达到大约 10 个太阳质量之前发生。因此，更大恒星的存在表明这些模型是不完备的。

现在，每个句子都与主题句中指明的想法有明确的联系，这个版本就通过了统一性测试。

让段落连贯起来。如果构成一个内容统一的段落的句子要一起配合来展开段落的观点，它们就需要按照逻辑顺序来呈现材料，并将观点展开过程中的每一步与下一步联系起来。这些功能是通过段落的组织和其中指明关系的方法来完成的。

在一个组织良好的段落中，材料的安排应该给读者一个心理上的框架，并在这个框架上安排该段落的所有信息，这样读者所需要理解的任何特定句子的内容就会出现在前面的句子中。主要有两个技巧可以帮助实现这些目标：在主题句中给出信号，以及采用一些标准的组织方式。

在主题句中给出信号可以提醒你的读者接下来的材料是以何种方式组织的，段落的剩余部分会印证读者的预想。

碳氧双键出现在酮类、羧酸类和酯类中，但这些单位与羧基碳结合的基团有所不同。在酮类中……在羧酸类中……在酯类中……

或者，你可以利用读者的预想，采用一个标准的组织方式。这就有许多种可能的方法，分别匹配着每种读者倾向的思维组织方式。这些方式在写作中非常普遍，读者已经习惯于遵循它们，你可能用得到的组织方式如下所示。

- **按空间或时间顺序**。这种组织方法对描述类段落特别有效。例如，从底部到顶部介绍一个地层剖面，或从开始到结束描述一个实验过程。

- **从一般到具体**。这种方法会先介绍一个一般的主题，然后将其范围缩小到越来越细的细节，在导言中特别有效。

- **从具体到一般**。这种方法与前一种相反，从细节开始，逐渐得到更广泛的结论，在论述部分特别有效。

- **按重要性顺序**。这种方法强调从不重要的论据逐渐发展到最重要的论点，最重要的论点正处于段落末尾的权力位置上。

- **按熟悉程度**。该方法迎合了读者的喜好，从舒适区开始，然后延伸到陌生的地方。

- **从简单到复杂**。按照类似的思路，读者更喜欢先处理简单的信息，再处理较复杂的。例如，先讲规则再说例外，先介绍简单的特殊情况再讨论复杂的模型。

- **从确定到不确定**。有争议的主张如果建立在比较确定的材料的基础上，就更容易被理解，也更容易得到公平的评价。你可以利用这一点，在探讨知识的局限性或给出一个有竞争力的新模型之前，先指明人们普遍的看法。上文关于原恒星形成中各种力的段落就是这样组织的。

为了追求连贯性，良好的组织结构要辅以指明关系的方法，也就是能表明句子之间关系的词语或结构（我们将在后文看到用类似的方法来连接段落的内容）。常见的指明关系的方法包括：

- **对应结构和词语选择**。当一连串的材料在语法上、语言上或结构上的表达都较为相似时，读者的阅读体验会比较舒畅。最明显的例子就是给列表中的观点编号：第一……，第二……，第三……。不那么明显的做法是，一连串的句子在断句、句子结构和选词方面是对应的。

> ¶ **我们**用体外检测法**测量**了有抑制剂时的**酶活性**。**我们**首先用蔗糖梯度纯化了该酶。然后**我们**在 96 孔板的每个孔中**加入** 0.1 μmol **的纯化酶**，并在一半的孔中**加入** 0.1 μmol **的抑制剂**。**我们**将平板在 37 ℃下温育 30 分钟，然后在每个孔中**加入** 0.1 μmol 或 1 μmol **的底物**。最后，**我们**采用分光光度法**测定**了**酶活性**。

注意（粗体字）每个句子如何采取相同的基本结构。此外，发挥类似功能的词语如何采取相同的词性、时态、编号等，从而达到了对应的效果。

- **重复**。重复关键词或短语可以将句子联系在一起，并提醒读者注意该段的主题。

> ¶ **我们**用体外**检测法**测量了有**抑制剂**时的**酶活性**。我

们首先用蔗糖梯度**纯化**了该酶。**然后我们**在 96 孔板的每个**孔中加入** 0.1 μmol 的**纯化酶**，并在一半的孔中加入 0.1 μmol 的**抑制剂**。**我们**将平板在 37 ℃下温育 30 分钟，**然后在每个孔中加入** 0.1 μmol 或 1 μmol 的底物。最后，我们用分光光度法测定了**酶活性**。

我在酶测定的例子中，同时使用了对应性和重复性这两种互补的方法。

恰当使用对应性和重复性方法可能会有些困难。没有经验的写作者常常会过度使用这两种技巧，从而使段落变得不流畅且呆板。然而，当被指出这种情况时，许多写作者又会过度纠正，想要确保每个句子都使用了不同的结构和词汇。少量的变化能使读者保持清醒，过多的变化反而会破坏段落的连贯性。它要求读者在阅读每一个句子时不仅要理解新的材料，还要掌握语言上的新的表述方法。与写作手艺的许多方面一样，你可以通过注意你所欣赏的他人作品中的段落，来逐步培养对合适的重复性（或多样性）的敏感度（见第 3 章）。

- **过渡性表达**。过渡性表达是指明确表示一个句子与先前句子之间关系的词或短语。可以是形容词、副词、连接词、介词或短语，例如，also（也是）、although（虽然）、as an example（作为一个例子）、because（因为）、hence（因此）、however（然而）、in conclusion（总之）、next（接下来）、on the other hand（另一方面）、similarly（类似）、specifically（特别是）、that is（也就是说）、then（然后）、until then（直到那时）等［福和阿龙（Fowler and Aaron, 2011）提供有一个更长的列表］。

比较下面这个段落的两个版本。

没有过渡性表达：¶1998 年喷发的熔岩比 1983 年或 1977 年喷发的熔岩含有更多的金属。1998 年的熔岩密度更大，二氧化碳含量更少。喷出物的体积非常相似。我们不能否认这样的假设，即喷发是由单一岩浆室的定期填充所驱动的。

有过渡性的表达：¶1998 年喷发的熔岩比 1983 年或 1977 年喷发的熔岩含有更多的金属。**此外**，1998 年的熔岩密度更大，二氧化碳含量更少。**尽管有这些差异**，喷出物的体积**却**非常相似。**因此**，我们不能否认这样的假设，即喷发是由单一岩浆室的定期填充所驱动的。

这两个版本包含完全相同的信息，但第二个版本更容易理解，因为过渡性表达在不同的信息之间建立了强有力的联系。

让每个段落清晰地独立起来。段落在逻辑上应该是独立的。每个段落都应有自己的主题，并且对该主题进行了完整和自成一体的处理。不过，"完整和自成一体"的意思有点微妙。它并不意味着段落像人们经常声称的那样是完全独立的。因为但凡你写的东西有一点点复杂，你的读者对每个段落的理解都将依赖于他们对前面段落内容的吸收。不仅如此，各个段落之间还需要相互配合，共同构建稿件中更大的论点。因此，一个新的段落既不应该代表一个完全新的思路，也不应该只是延续前一个段落的思路。它应该把火车带到一个新的轨道上，但这个新的轨道仍是这整个旅程的一部分。

为了使各段相互配合——尽管各段有所差异，读者需要了解每个段落与前一段的关系。连接段落的技巧与连接段落中的句子的技巧基本是相同的：按逻辑顺序安排各部分间的段落，使用对应性结构和措辞、重复性以及过渡性表达。但棘手的是，一方面，这些联系应该足够有力，以方便读者顺畅地理解论证过程；另一方面，这种联系又不能太强，不然会影响到段落的独特性。过强的段落连接是很常见的问题，通常是下面三种形式之一。

- **多余的分段。**有时，作者会觉得一个段落太长，于是试图通过分段来解决这个问题，但实际上并没有在主题上进行转变。这种错误很容易识别，因为第二段的内容仍属于第一段所指明的主题。如果你想分段，你需要明确划分其主题。

- **过强的依赖关系。**一个段落可能以一个代词或过渡性表达开始，这不仅仅是为了将它与前面的段落联系起来，还是为了使其意义完全依赖于上文。例如，一个段落可能会以"¶**尽管如此**，它仍然清楚地表明……"或"¶**例如**，泥盆纪三叶虫……"为开头。这两种结构在段落中都可以很好地连接句子，但如果放在段落的开头就需要参考该段中没有的信息。

  解决过强的依赖关系的方法是说明联系的内容。你可以用重复前面的内容来代替代词。如"¶尽管重复实验之间存在差异，它仍然清楚地表明……"，或者加入对前一段内容的简短提醒以补充过渡性表达："¶泥盆纪三叶虫提供了一个衰落的世系的好例子……"

- **冗余的段落**。一个部分可能包括两个（相邻或不相邻的）论述基本相同主题的段落，这就增加了不必要的篇幅（见第 21 章），也会引起读者的困惑。期待每个段落都有与众不同内容的读者将怀疑他们是否错过了什么。

17.3　将段落组织成各部分

有了将句子组织成段落的经验，我们可以稍微往更大的结构上看看。所有将句子组成连贯段落的技巧都可以用于将段落组成连贯的各部分。如果按空间或时间，从不重要到最重要，或者从最简单到最复杂等顺序来安排段落，各部分也会变得很流畅。段落之间在结构上的对应性或措辞上的重复性也有利于各部分整体的连贯性。

科学写作中一个特别重要的对应形式是各部分中段落顺序的一致性。通常，你会在"方法和结果""结果和论述""导言和论述"中使用相似的段落组。在每一部分中以相同的顺序安排段落，会使读者在前面段落中建立起习惯，从而帮助他们理解后面的段落内容。

17.4　利用主题句的优势

主题句是写作（和修改）中一个非常强大的工具。它既提供了诊断结构问题的方法，也提供了解决这些问题的方法。如果你对自己所写的某段内容不满意（或者审稿人对它不满意），你可以试着只标出每段的主题句，然后问自己两个问题。第一，每次只看一段，每个主题句是否揭示了你所要表达的主题，该段中剩余的其他句子是否成功展开了这个主题？第二，把所有段落放在一起，这些主题句是否按照逻辑顺序组成了一个连贯的大纲，并且每一个段落都与其他段落的不同？如果你对以上任何一个问题的回答是"不"，那么就要做相应的调整。令人惊讶的是，对一段话的不满意往往可以通过仔细思考主题句来解决。

本章小结

- 一个段落只需要介绍并处理一个想法。
- 好的段落是统一的、连贯的和独特的。
- 当所有的内容都与主题句指明的想法有关时，段落就是统一的。
- 当段落按照逻辑顺序展开一个想法，每个句子都与下一个句子相关时，这个段落就是连贯的。
- 当一个段落对一个想法的处理是完整的、自成一体的时候，它就是一个独特的段落。
- 就像句子组合成段落一样，同样的准则也适用于将段落组织成各部分。

练习

1. 选择你所在领域最近发表的一篇论文，并从其导言或论述部分中选择 4 个连续的段落。

   a. 每个段落的中心思想是什么？你在哪里发现的中心思想？

b. 这四个段落有区别吗？它们是如何独立的？

c. 标出指出关系的方法。指出关系的内容是否过少？

d. 段落末尾的权力位置有哪些信息？

2. 现在把重点放在一个至少有 8 个句子的段落上。

　　a. 该段中的材料是如何组织的（例如，按照空间、时间、一般到具体、最不重要到最重要）？

　　b. 用同样的内容，采用不同的组织方法重写该段。哪个版本最有效？为什么？

第18章

句　子

　　我在讨论段落时（见第17章），假定了读者对句子构成要素是基本熟悉的。这并不是一次过分的冒进，因为大多数的孩子在两三岁的时候都已经能写出虽然简单但结构可辨的句子了。不过，精通句子结构又是另一回事。英语有各种让人眼花缭乱的方法来构建越来越复杂的句子，这就是为什么一本标准的写作书（Fowler and Aaron, 2011）要用长达259页的篇幅来介绍句子的构造。大多数科学写作者偶尔也会遇到相同的困难。

18.1　语　法

　　解决句子的结构问题意味着要让许多科学写作者面对一个他们感到厌烦或厌恶的东西——语法。

　　以英语为第一语言的人常常记得在高中时被无情地灌输过的一些

英语语法规则，例如："永远不要用介词来结束一个句子，永远不要用'And'来开始一个句子。"非英语为母语的写作者（见第 29 章）也会在英语课程、书籍和网络指南中发现类似的建议。问题是，虽然这个（以及很多类似的）语法建议几乎是通用的，但在细节问题上，它也有可能不对。有时"And"确实是开始一个句子的正确方式。但更重要的是，这样的语法规则在观念上是错误的。如果你把语法看作是区分"正确"和"不正确"句子的一长串规则，你就有可能忽视语法的真正目的。语法实际上是在帮助你写出清晰明了的句子，使你与读者建立心灵感应。语法是一套约定俗成的惯例，通过这些惯例，你的读者可以很容易地从一连串的单词中理解你的意思。优秀的写作者尊重这些惯例，因为读者很容易理解遵循这些惯例的句子。[①] 这是你需要认真对待语法的唯一理由，也是最好的理由。

　　了解语法规则并不意味着无条件地遵从它们。事实上，偶尔违反正式的语法规则可以使你的写作更加有效。不过，只有熟知规则的写作者才能区分三类违反规则的行为：造成歧义的语法问题、听起来不专业的违反规则的语法、提高写作效果的违反规则的写法。

- **造成歧义的语法问题**。最严重的语法错误会让读者推断出与作者意图不同的内容。例如，想象一下，你在方法部分中读

---

① 举一个例子。英语读者习惯句子是主语—动词—宾语的顺序。这是主观的，其他语言会使用另外的一些顺序，但对英语读者来说，其他的顺序使用起来很不熟，甚至会误导他们。要想知道违反语法惯例会产出怎样尴尬的作品，你可以把收音机调到一个经典的摇滚电台，等待10分钟左右，就能听到罗德·斯图尔特（Rod Stewart）的《玛吉·梅》(Maggie May)。这个蹩脚的对句就违反句序的惯例："I laughed at all of your jokes/My love you didn't need to coax."（"你讲的笑话我都觉得好笑/我没必要哄你，我亲爱的。"）（主语—动词—宾语/宾语—主语—动词）这样很押韵，但读起来有点笨拙。

到这样的内容：

在用消除酶彻底清洗后，从海藻上刮下附生生物，
处理后进行 DNA 扩增和测序。

假设你也对生长在海藻表面的生物（附生生物）感兴趣，去收集了海带，用消除酶彻底清洗了它和表面的附生生物后，把它们刮下来，进行 DNA 扩增和测序，结果却一无所获。经过几个月的实验却毫无结果，你联系写作者，他却惊讶地回答说，你应该用消除酶清洗刮刀，而不是海藻。你才明白消除酶可以破坏 DNA，所以用它清洗刮刀可以防止污染。而直接清洗海藻会破坏你想要测序的 DNA。

这个代价昂贵的语法错误是一个悬置修饰语。"在彻底清洗之后"是指对刮刀的处理，但在写法上它实际上是描述对附生生物的处理。你按照语法理解了句子的意思，但那不是作者的意思。

- **听起来不专业的违反规则的语法**。这是一类更常见的并不危及句子意义的语法错误，但给读者的印象是你写得很粗心，如"对图像进行后期处理来解决行星与它是星环之间的关系"（当然，这里应该是"它的星环"）。或者看下面这个悬置修饰语："一只鼠死在进行最后的血压测量之前……"这里，读者并不会认为老鼠能测量血压（语法上的意义），但他们会觉得作者无法写出一个连贯的句子。

因为像这样的错误有损于你写作的专业性，还会引起读者对你作为一个写作者，甚至作为一个科学家的权威性的怀

疑。甚至，一个因语法错误而恼羞成怒的读者可能会把你的文章放到一边，转而去读那些更优美、更易读的论文。

- **提高写作效果的违反规则的写法。** 那些最好的写作者偶尔会故意违反语法规则。但是，只有在能回答以下两个问题的时候，你才应该去打破语法规则：（1）你打破的是什么规则；（2）为什么打破这些规则能使你的意思表达得更清晰、更有说服力。

举个例子。拆分不定式，英语规则是动词（write、wash）的不定式形式（*to write*、*to wash*）不应该被修饰词打断（应该是 it is important *to wash* the scraper thoroughly，而不是 it is important *to* thoroughly *wash* the scraper）。这条规则实际上没有什么意义（Johnson, 1991），尽管如此，读者还是希望写作者能遵守它。经常违反它会使你的句子看起来有一点马虎。但有时，拆分不定式却能更清楚地表达意思，或使你的文章更有吸引力。这就是为什么柯克船长（Captain Kirk）和"企业"号的使命是"大胆地去前无古人的地方"（*to* boldly *go* where no man has gone before）。拆分不定式强调的是"boldly"，而不是"go"这个动作，不拆分的"*to go* boldly where no man has gone before"则显得平淡无奇。很不幸，针对拆分不定式的口诛笔伐比反对非包容性语言更多。大多数语法规则其实都可以容忍类似故意的破坏，只要违反行为仅偶尔发生，而且每次都有明确的理由。

18.2　简单句

最简单的句子只有两个成分：一个主语和一个动词（如"Ophelia died"）。增加第三个成分——接受动词动作的宾语（如"Ophelia stirred *the solution*"），也并不麻烦。大多数写作者都能正确而轻松地构建出这样的简单句，但<u>这些</u>基本要素仍然是值得注意的，因为即使是最复杂的句子也是由简单的主语—动词—宾语模式扩充而形成的。不仅如此，这些句子结构知识也足够用来探讨科学写作者特别感兴趣的两个问题：时态和语态。

时态。一个动词的时态表明这个动作处于过去、现在或未来。这似乎很简单，但有三个复杂的问题。第一，英语有 12 种时态，而不是只有 3 种。第二，在一篇科学论文的各个部分之间和内部转换时态时，时态的选择可能有点棘手。第三，在引用的内容中，不同时态会带有<u>一些</u>微妙的含义。

以英语为母语的人可能会惊讶地发现他们在使用的时态居然有 12 种（把英语作为辅助语言的人很可能会更明确地了解过这些时态）。每个时间（过去 / 现在 / 未来）都有四个时态：第一种用于描写发生在当下或持续时间不重要的行动，如 *I wrote*, *I write*, *I will write*（一般过去时、一般现在时和一般将来时）；第二种时态适用于正在进行的动作，如 *I was writing*, *I am writing*, *I will be writing*（过去进行时、现在进行时和将来进行时）；第三种是已完成的动作，如 *I had written*, *I have written*, *I will have written*（过去完成时、现在完成时和将来完成时）；第四种结合了"时间的推移"和"完成"的含义，如 *I had been writing, I have been writing, I will have been writing*（过去完成进行时、现在完成进行时和将来完成进行时）。

　　科学写作的主要挑战是为正确表达你的意思而选择正确的时态，同时避免频繁的时态转换（这会让读者感到不和谐）。各个部分的时态用法往往有所不同。首先最明显的是，方法部分通常会用一般过去时来描述："我们将收集到的一枝黄花属植物在 70℃ 下烘干，并测量其干重。"（We *dried* collected goldenrods at 70℃ and *measured* their dry masses.）其他的过去式似乎只为特定的作用服务。例如，你可以写"我们在植物烘干至少 48 小时后测量了其干重（we measured dry mass after plants *had dried* for at least 48 hours）（过去完成时）"，以强调干燥的完成（这很重要，因为不彻底的干燥可能会影响数据）。现在时和将来时很少出现在方法部分，但有一个例外：方法论文［提供方法供他人使用（例如 Idzik et al. 2014）］有时会使用现在时。

　　结果部分也大多使用一般过去时："受到食草动物攻击的一枝黄花属植物比未受攻击的植物有更大的干重。"（Goldenrods under herbivore attack *had* greater dry mass than unattacked plants.）然而，大多数写作者在报告统计分析或提及图和表格时使用了现在时："这种差异是显著的"（This difference *is* significant）或"图 2 比较的是造瘿动物和食叶动物的影响"（Figure 2 *compares* impacts of gallmaking and leaf-chewing herbivores）。从读者的时间角度来看，这是有道理的：在阅读的那一刻，差异仍然是显著的，图中仍然比较的是影响，尽管测量的动作是在过去进行的。

　　在导言部分和论述部分中，时态的使用将更加多样。导言中经常使用过去完成时（表示随着时间的推移进行研究）和一般现在时（表示目前的理解）："对于食草动物的偏好，科学家已经研究了几十年，但仍然不清楚植物的大小或营养质量是否对其偏好影响最大。"（Herbivore preferences *have been* studied for decades, and yet it *remains* unclear whether plant size or nutritional quality influences preference most.）用一般将来时来表明本研究的意义：“详细了解食草动物的偏好将使得对植物和食草动物共同进化的预测成为可能。”（Detailed understanding of herbivore preferences *will allow* prediction of plant-herbivore coevolution.）论述部分可能谈到这些内容，并提供对你的结果的解读，这就包括混合过去和现在的时态：“受到攻击的植物有更大的干重，这表明食草动物喜欢更有活力的宿主。”（That attacked plants *had* greater dry mass *suggests* that herbivores prefer more vigorous hosts.）数据是过去的，但解释是当下的。

最后，引文至少可以使用一般过去时、现在完成时或一般现在时。这些时态意味着对所引文章的态度略有不同。

- †“吴（2006）**报告了**（*reported*）一条毛虫对富含磷的叶子的偏好。”一般过去时强调的是过去的报告，而不是发现本身。如果这段是在回顾历史信息，或者关于磷偏好没有广泛记录，或者有理由怀疑这个报告，那么一般过去时就是合适的。

- “一些报告**记录了**（*have documented*）食草动物对富含磷的叶片的偏好（例如 †Ng, 2006; †Muñoz, 2012）。”现在完成时强调了观点的连续性，表明磷偏好有更大的普遍性或可信度。

- “食草动物**更喜欢**（*prefer*）富含磷的植物组织（例如 †Ng, 2006）。”一般现在时将磷偏好视为既定的科学知识，相关的引文则退居次要地位。

　　语态。如果说有什么语法问题能让一屋子的科学家疯狂抱怨的话，那就是主动语态与被动语态了（主动的 I *felled* ten trees 和被动的 Ten trees *were felled*）。在主动语态中，句子的主语是执行行动的科学家，而宾语是树（好吧，严格来说是名词短语"10 棵树"）。在被动语态中，主语"树"接受了动作，没有宾语，也没有提到科学家。这些会使你文章的语气有很大的不同。

　　被动：在一片"云杉-铁杉"林中有 6 个地点被选择出来，两块"50 米 × 50 米"的区域在每个地点被标出。每对区域中有一个被选择出来，最靠近其中心的 4 棵成熟的云杉树上被做了标记，并被斧头砍了 10 次造成伤口。4 个月后，所有被标记的树木被砍掉。一块块 1.5 米长的木料被从每棵被砍伐的树上切下。每块木料都被送回实验室，放在 15 ℃ 的网笼中，用于收集新出现的昆虫。

　　原文：

Six sites were selected in a spruce-hemlock forest and two 50×50 m plots were marked in each site. One plot of each pair was chosen, and the four mature spruce trees closest to its center were marked and then were wounded by being struck 10 times with a hatchet. Four months later, all marked trees were felled. A 1.5 m bolt was cut from each felled tree. Each bolt was returned to the laboratory and was held in a mesh cage at 15°C for collection of emerging insects.

　　主动：我在一片"云杉-铁杉"林中选择了 6 个地点，并在每个地点标出两个"50 米 × 50 米"的区域。我从每对区域中选择一个，在最靠近其中心的 4 棵成熟的云杉树上做了标记，并用斧头砍了 10 次造成伤口。4 个月后，我砍掉了所有带标记的树木。我从每棵被砍伐的树上砍下一块块 1.5 米长的木料，送回实验室，并把它们放在 15℃的网笼里，以收集新出现的昆虫。

　　原文：

I selected six sites in a spruce-hemlock forest and marked two 50 × 50 m plots in each site. I chose one plot of each pair, marked the four mature spruce trees closest to its center, and wounded each tree by striking it 10 times with a hatchet. Four months later, I felled all marked trees. I cut a 1.5 m bolt from each felled tree, returned the bolts to the laboratory, and held them in mesh cages at 15℃ to collect emerging insects.

　　本科生受到的教育是，科学家应该用被动语态写作（永远不要写"我"）。这个建议是错误的。被动语态在科学文献中确实是很普遍，但并不总是如此，而且潮流正在转回主动语态。

　　早期的科学写作主要是主动语态（Gross et al., 2002）。这符合当时从事科学的人均是由受人尊敬的有身份的人和权威（见框 11.1），对行动者和行动的生动描述会赋予一些修辞力度。然而，随着 19 世纪科研工作的专业化，科学家开始在文章中追求客观性表述，客观性意味着"没有认知者痕迹的知识"（Daston and Gallison, 2007）。被动语态压制了写作者对任何实际进行实验、分析数据或得出结论的人的提及。不过这样做很奇怪，因为我们都知道这只是矫饰，树是不会自己倒下的！现代科学的权威来自我们对恰当的方法和技术的采用，而不是假装我们不存在。

除了消除对权威的暗示，还有什么情况要经常使用被动语态呢？我能想到最好的理由是，被动语态将句子的语法主语与写作的逻辑主语匹配上了。也就是说，"我砍了 10 棵树"以科学家为主语，"10 棵树被砍了"以树为主语。而我们真正要写的是树，被动语态可以把它们放在前面。不过，使用主动语态的多种重要优势远远胜过这一理由。主动语态能帮助你与读者清晰沟通，它的优势至少有以下五个方面。

- **句子比较短**。上面伐树的段落用主动语态时少用了 6 个词（7%）。在不削减内容的情况下减少长度的机会是很难得的（见第 20 章）。

- **更容易阅读**。被动语态对读者来说阅读起来更吃力，一部分是因为主动语态在日常阅读中更常见，另一部分是因为使用被动语态的句子结构往往很复杂。

- **更有吸引力**。主动语态会突出人类行动者。比起物体或抽象的事物，读者会更自然地关心与他们认同的人有关的段落。

- **更生动**。被动语态使作者不得不使用模糊而沉闷的动词（尤其是无休止地重复 to be 的形式）。而主动语态则能使用有力的、充满行动力的动词（*marked*, *wounded*, *felled*）。

- **更诚实**。主动语态承认一个人（作者）做了某些工作。为什么要装作不知道呢？

支持主动语态的论点很有说服力，但我也并不建议把所有被动语态的痕迹都消灭掉。变换一下语气可以使一段话不那么单调。此外，被动语态有一些特定的功能。

- **引导注意力**。当主动语态占主导地位时，被动语态的对比使用可以通过将某一事物移到主语位置来引起人们的特别注意如"甲虫已确定为种，但其他类群只能确定为属"（Beetles were identified to species, but other taxa only to genus）。

- **隐去行为者**。当不知道或不关心谁对动词的动作负责时，我们可以用被动语态把行为者隐去。例如，"当数据违背回归假设时，非参数方法是首选"（Nonparametric methods are preferred when data violate regression assumptions.）。由于这种偏好被广泛接受，主动语态的表述"统计学家更喜欢非参数方法……"（Statisticians prefer nonparametric methods...）没有增加任何别的信息。你可以认为这个案例描述的是一般情况下被遵循的方法（看到那是被动语态了吗），而不是你所用的方法（主动语态）。

- **避免主语过于复杂**。有时主动语态要用到复杂的主语（也许是一些读者之前没有读到的复杂主语）。例如，我可能想描述攻击云杉树的昆虫："吉丁虫和天牛、树蜂以及其他一些破坏树木或传播病原真菌的类群攻击了受伤的树木。"（*Buprestid and cerambycid beetles, woodwasps, and several other taxa that damage trees or vector pathogenic fungi* attacked the wounded trees.）不过这个（楷体）对象作为主语很不方便。这时，一个使用被动语态的句子要清楚得多："受伤的树木被吉丁虫、天牛、树蜂和其他一些破坏树木或传播病原真菌的类群攻击了。"
（ *The wounded trees* were attacked by buprestid and cerambycid
beetles, woodwasps, and several other taxa that damage trees or
vector pathogenic fungi. ）这个句子给了读者一个简单的、熟悉
的主语，并迅速过渡到动词。这保证只有在句子的核心部分
被接受后，才要求读者去考虑不熟悉的内容。

　　总之，除非你确定被动语态能使某一个特定的句子可读性更好，
不然就使用主动语态。

18.3　句子是如何变得复杂的

　　科学写作中的句子很容易变得复杂。写作者会通过各种方式来增
加句子的复杂性，比如使用修饰语、短语和多个从句来详细阐明内容
（短语是一组词语，整体可以看作一个名词、形容词或其他单一词性
词语共同起作用；从句是一组包括主谓结构的词语）。例如，我可能
会写："我们用单独编号的铝盘标签在胸高直径[①]为15~20厘米的健康、
成熟的白云杉树上做标记，用尼龙绳固定在最低的能碰到的树枝上。"
（ We marked healthy, mature white spruce trees 15 to 20 cm in diameter at
breast height with individually numbered aluminum disk tags fastened to
the lowest available branch with nylon cable ties. ）名词串取代了单个名词

---

① 在林业中，"胸高直径"是一种衡量树木大小的测量标准，"胸高"定义
　为离地面1.3~1.5米。它的起源有些性别偏见。1.4米曾经是林务员的典
　型胸高，因为典型的（事实上，几乎所有）林务员是男性。现如今，令人
　高兴的是，林务人员的性别更加多元化，他们有时还会开玩笑说"胸径
　实际上是鼻径"。

[例如 "铝盘标签"（aluminum disk tags），名词 "铝"（aluminum）和 "盘"（disk）修饰了 "标签"（tags）]，有修饰语的长短语取代了名词 [例如，"胸高直径为 15~20 厘米的健康、成熟的白云杉树"（healthy, mature white spruce trees 15 to 20 cm in diameter at breast height），作为动词 "做标记"（marked）的宾语] 或形容词 [例如，"用尼龙绳固定在最低的能碰到的树枝上"（fastened to the lowest available branch with nylon cable ties），修饰了 "铝盘标签"（aluminum disk tags）]。所有这些内容都写出来了，但是这个句子仍然可以浓缩为只有一个主语、动词和宾语的单句 ["我们……给……树做了标记"（We... marked ... trees）]。如果一个句子包括多个分句，每个分句都有自己的主语—动词—宾语结构，整个句子就会变得更复杂。分句可以是独立的，也可以是附属的。独立的分句可以作为一个完整的句子存在，而附属分句不可以。例如，这个句子包括一个**附属分句**和两个独立分句："**由于我们让温度保持不变**，昆虫的出现缺乏季节性的线索，并且出现的时间可能被推迟了。"（***Because we kept temperatures constant**, insects lacked seasonal cues, and emergence may have been delayed.*）一个句子所能包含的分句数量理论上是没有限制的，但潜在的混乱是显而易见的。

虽然我们对自然界精巧知识的了解需要由一定复杂度的句子来呈现，但这并不意味着写出来的内容必须是难以阅读的，它反而要求我们应该使用一些有助于保持复杂句子可读性的策略。这里有 3 个策略：注意每个句子的核心内容；设计句子结构以配合读者的期望和认知偏误；并限制复杂程度。

18.4 每个复杂的句子都有一个简单的核心

当一个复杂的句子出现问题时，有效的做法是找到其基本核心的主语—动词—宾语，然后在头脑中把复杂的修饰语、短语和从句一个个地加回来（现在就用上一节中的云杉标记的句子试试）。这个方法之所以有效，是因为复杂的句子也必须遵循与简单句相同的基本规则。例如，主谓不一致的问题经常潜藏在复杂的句子中，如"旨在了解树木应力对木蠹虫攻击率影响的研究是非常重要的"（Research directed at understanding influences of tree stresses on attack rates by wood-boring insects are extremely important.）。将这个句子的核心部分"研究……是……重要的"（Research...are...important）剥离出来，错误就很明显了：动词应该与主语（"研究"）一致，而不是与最接近的名词（"昆虫"）一致。当你被大量的修饰语和复杂的结构分散注意力时，这样的错误就会发生。修剪掉复杂结构，修复基础骨架，然后在必要的范围内，小心地把其他附属结构放回去。

18.5 读者对句子结构的已有期望和认知偏误

如果能顺着读者的思维方式来组织，那么即使一个复杂的句子也可以是非常清晰的（Gopen and Swan, 1990）。读者往往带有认知偏误（阅读过程中处理材料的内在方式）和期望（习得了对文本将遵守共同结构惯例的预期）。利用这些偏误和期望，你就可以按照读者能自然接受的方式来呈现信息。这种观点确定了两个重要的原则：写得好的句子会让行动靠近行动者；并将材料按照自然的主题位置和强调位置来排列。

- **行动和行动者**。读者在阅读时会本能地寻找句子中的行动和行动者（动词和主语），并将它们联系起来，但当这两个元素被分离得太远时，这样做就很有挑战性。考虑一下这个句子：

  三个结果——受伤的树木被更多的昆虫攻击，这种模式在森林稀少的地方更明显，顺风处的树木上有更多的昆虫——表明雌性昆虫可能利用植物挥发物来寻找宿主。

  原文：

  Three results—that wounded trees were attacked by more insects, that this pattern was stronger at sparsely forested sites, and that more insects emerged from trees on the downwind side of the plots—suggest that females use plant volatiles to find hosts.

  这里的主语 / 动词组合是 "结果 / 表明"，但这个组合被 3 个从句（31 个词）隔断了，所以读者在看这句话的大部分时间里都被吊着。修改后，将行动者和行动结合起来，就可以解决这个问题。

  三个结果表明，雌性昆虫可能利用植物挥发物来寻找宿主：受伤的树木被更多的昆虫攻击，这种模式在森林稀少的地方更明显，顺风处的树木上有更多的昆虫。

原文：

Three results suggest that females use plant volatiles
to find hosts: wounded trees were attacked by more insects,
this pattern was stronger at sparsely forested sites, and more
insects emerged from trees on the downwind side of the plots.

- **主题位置和强调位置。** 如同段落中的第一句和最后一句一样
（见第 17 章），每个句子的开头和结尾也是权力位置。如果
你能意识到读者期望在每个位置上找到特定种类的信息，你
写出来的句子就是最清晰明了的。句子的开头几个字是主题
位置，读者会自动把这里的信息作为句子内容的导向。句子
的结尾是强调位置，读者会认为在这部分读到的东西很重要
（在复杂的句子中，读者倾向用每个分句定位主题位置和强调
位置，不过如果一个句子中有多个强调位置，那么每个强调
位置的力度都会被削弱）。一个容易阅读的句子会将读者认为
比较简单或熟悉的信息放在主题位置，使他们从舒适的领域
开始进入，然后，再在强调位置铺设新的、更复杂的信息。

  忽视读者对主题位置和强调位置的期望会阻碍与读者进
行清晰明了的沟通。比如说：

  我们用高压液相色谱法来分析反应产物。我们用
  Kinetex XB-C18 反相柱进行分离，用紫外光吸光度检测
  分离的化合物。10% 到 90% 的水 / 乙腈混合物（20 分钟
  线性梯度）为流动相。我们在每个样本中加入 10 μL 的
  0.1 mM 的苯基丁氮酮，作为运行时间的标准。

原文：

We used high-performance liquid chromatography to analyze reaction products. We used a Kinetex XB-C18 reversephase column for separation and UV absorbance to detect separated compounds. A 10% to 90% water/acetonitrile blend (20 min linear gradient) was the mobile phase. We added 10 uL of 0.1 mM phenylbutazone to each sample to serve as a run-time standard.

读者读这段话太辛苦了。因为每个句子都从新的信息开始，直到最后才揭示这些信息的用途。这迫使读者需要将信息储存在短期记忆中，直到能将它与整体逻辑联系起来（"他们添加了苯基丁氮酮——我想知道为什么——最好记住，直到我明白原因"）。此外，读者会认为处于强调位置上的信息很重要，但这里却不是真正重要的信息！例如，第一句话强调了反应产物，但该段落实际上是关于分析的；第三句话强调了流动相的存在而不是其性质，但对任何熟悉 HPLC（高压液相色谱法）的读者来说这都是显而易见的。

仔细思考**主题位置**和**强调位置**可以得到这种修订方案。

我们用**高压液相色谱法**来分析反应产物。分离是在 Kinetex XB-C18 **反相柱**上进行的，检测是通过**紫外光吸光度**进行的。流动相是水／乙腈混合物，从 10% 到 90% 的**乙腈线性梯度**为 20 分钟。为了提供一个运行时间的标准，我们在每个样品中添加了 10 μL 的 0.1 mM **苯基丁氮酮**。

原文：

We analyzed reaction products using **high-performance liquid chromatography**. *Separation* was performed on a Kinetex XB-C18 **reverse-phase column**, and *detection* was by **UV absorbance**. *The mobile phase* was a water/acetonitrile blend with a 20 min linear **gradient from 10% to 90% acetonitrile**. *To provide a run-time standard*, we spiked each sample with 10 uL of 0.1 mM **phenylbutazone**.

现在，每个句子都将熟悉的材料放在其主题位置，然后引入新的、重要的信息。有时，主题内容是熟悉的，因为它以前出现过。例如，在第二句话中，色谱分离是第一句话的重要位置提过的内容（这种从强调位置到主题位置的演变可以使你的读者顺利地从一个句子过渡到另一个句子，大多数读者认为第一个版本是不流畅的）。其他时候，主题材料提及的是读者已经知道的知识。这段话是为熟悉 HPLC 的读者写的，他们会知道这里肯定有一个流动相（流经色谱柱的溶剂），但不知道使用的是什么溶剂，因此需要告知。在每个句子的强调位置上引入的新材料，这是读者需要收获的信息：使用高压液相色谱法、反相柱、紫外光吸收、乙腈梯度和苯基丁氮酮标准。

18.6　限制复杂程度

科学写作需要一些复杂的句子，但这并不意味着你可以随心所欲地大书特书。考虑到读者有限的时间和精力，请记得保证句子是清晰明了的。使用最简单的句子来传达你需要解释的材料，将长而复杂的句子拆分为简短的句子（抑扬顿挫的句式可以让文章更生动）。短句子也可以用来吸引读者的注意力。用一个明显的短句来报告一个关键的发现，或者用一个短句来介绍一个关键的段落，可以使相关内容得到强调。在线工具（例如，www.hemingwayapp.com）可以帮助你发现一些复杂句子的问题。

我们不可能把句子变得过于复杂的所有方式都列出来，但有两个问题在科学写作中特别常见。第一个问题是使用长而复杂的修饰语，其中最糟糕的是名词串，即由连续的名词组成的短语，每个名词修饰下一个名词，并整体作为一个主语或宾语，如"我们开发了长臂猿白细胞细胞质分馏方法"（We developed *a gibbon leucocyte cytoplasm fractionation protocol*）中，5 个单词组成名词串。名词串超过两三个名词后，对读者来说就比较难理解了。即使需要加入额外的几个词，这种名词串也应该被拆开："我们开发了一种从长臂猿的白细胞中进行细胞质分馏的方法。"（We developed a protocol for fractionating cytoplasm from gibbon leucocytes.）

第二个常见的问题是长而迂回的句子。这与长句不一样，一个精心设计的句子可以很长，但仍能顺利地围绕它的观点进行阐述。但是，一个句子中出现的材料越多，就越难写，而读者也越可能感到句子在东拉西扯。我曾经在一篇论文中读到这样一句话。

基于从遗传结构分析中获得的数据，我们选择了在至少 50% 的种群中表现出多态性的分子标记，沿着环境梯度检查等位基因频率，以确定环境是否影响了遗传组成。

原文：

Using data obtained from our genetic structure analyses, we selected markers that showed polymorphism in at least 50% of the populations to examine allele frequencies along environmental gradients to determine whether environment influenced genetic composition.

这是极复杂的句子，用至少 9 大块（短语和从句）介绍了很多内容。

①基于数据；②数据是从我们的遗传结构分析中获得的；③我们选择了分子标记；④这些分子标记有多态性；⑤这些多态性见于至少 50% 的种群；⑥以检查等位基因频率；⑦沿着环境梯度；⑧以确定是否；⑨环境影响了遗传组成。

哪一块应该是主题内容，哪一块是强调内容，哪一块应该把主题内容和强调内容联系起来？我不知道。第九块（环境预测遗传组成）占据了强调位置，但我认为它其实是主题。应该强调什么内容目前还不清楚。将主题放在最后是一个常见的错误，这会形成我一般称之为"加载堆栈"的句子。要理解这个关于遗传组成的句子，你需要将 8 块内容陆续加载到短时记忆中，记住所有的内容，直到你读到最后一块，发现了背后的主题，然后逐一回忆，将其他内容并入到你理解的这个句子中。这是计算机程序在复杂的计算过程中在堆栈中加载和卸载数据的方式。但是，计算机是非常擅长处理堆栈的，人类却不擅长。读者感到困惑时有两个选择：反复地阅读这句话；不理解就继续往下看。

因此，这个关于遗传组成的句子有两个问题：内容太多，以及组织无措。下面是我们可能改写它的一种方法（表明**主题**和**强调**）。

⑧⑨如果环境影响遗传组成，⑥等位基因频率应该⑦**沿着环境梯度**变化。（＊）*我们*②**用遗传结构分析中**①获得的数据*检验了这一假设*，③选择了⑤**至少在 50% 被研究的种群中**④**显示多态性的分子标记**。

原文：

(8)(9) *If environment influences genetic composition*, (6) allele frequencies should change (7) **along environmental gradients**. (*) *We tested this hypothesis* (1) using data (2) **from our genetic structure analyses**, (3) selecting markers (4) **that showed polymorphism** (5) **in at least 50% of studied populations**.

这里有两个句子，其中第二个句子有两个强调位置，现在所有内容都出现了，再加上一块新的内容（＊），把第一个句子的强调内容引导为第二个句子的主题。这样理解这版修改后的内容时就不需要类似加载堆栈的过程了，每个句子都明确了它的主题，然后直接围绕新的、需要强调的材料展开叙述。平克（Pinker, 2014, 第 4 章）称之为采用了"合理支线"的句子，并详细讨论了句子结构。

如果你精心构建，复杂的句子仍然可以清楚地传达内容。然而，如果你误入歧途，复杂的句子可能会误导读者或让读者感到厌恶。以恰当的怀疑态度来审视复杂的句子，并在可能的时候进行简化。

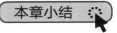

本章小结

- 英语语法规则很重要，但有时为使表达更加有效也可以适当打破一些规则。

- 一个简单句有一个主语、一个动词，通常还有一个宾语。

- 科学写作涉及各种动词时态。方法部分和结果部分主要使用一般过去时，但导言部分和论述部分可以混合时态，以区分过去的研究、当前的理解和未来的前景，并表明对所引论文的态度。

- 尽管科学文献对被动语态情有独钟，但你其实应该尽可能地用主动语态来写作。

- 复杂的句子是不可避免的，但你可以通过利用读者对句子结构的期望来减轻它们给读者造成的负担。例如，让行动靠近行动者，以及把重要材料放在主题位置和强调位置上。最好尽量减少句子的复杂度。

练　习

1. 选择你所在的领域最近发表的一篇论文，并从方法部分中选择一段话（两个到三个段落，至少 500 字）。如果这段话是用被动语态写的，就用主动语态对其进行改写，反之亦然。哪个版本更长？你觉得哪一个更容易阅读？为什么？

2. 对于同一篇论文，在导言、方法、结果和论述的第一段和最后一段中标出动词。在每个动词旁边标出它的时态。看看每一部分中使用的主要时态是什么？对于每一个与该部分主要时态不同的动词，想想作者为什么会选择这样的时态？

3. 从方法部分中选择一个至少包含 35 个词的长句。

    a. 在附属分句和独立分句下画线。

    b. 将长句改写成一系列短句，每句不超过 10 个词。结果是更清楚了还是更难懂了？为什么？

    c. 找出每一对主语和动词组。每一对之间有多少个词？对于相隔最远的一对，重写句子，把主语和动词靠近些。

    d. 句子的主题位置和强调位置上是什么内容？为什么作者要这样写？

第 19 章

用　词

英语中至少有35万个词语，实际数量可能超过100万个[①]，并且这个数字还在迅速增长（Michel et al., 2011）。异常丰富的词汇意味着你经常需要在几个甚至很多个选项中选择最佳的用词。例如，使用括号内的4个词中的任何一个都可以完成这个关于大豆中多糖含量的句子。

　　大豆品种EG7的（复合碳水化合物／多糖／淀粉／直链淀粉）含量比其他研究的品种高。

---

① 词语的总数其实是无法计算的。pencil and pencils（铅笔的单复数）算是两个不同的词吗？cow（动物）和cow（恫吓）呢？僧侣用的cowl（斗篷）和飞机发动机周围的cowl（罩子）呢？专有名词算吗？化学名称？古体词？舶来词［已经存在很久的如阿拉伯语algebra（代数）或阿尔刚克语的raccoon（浣熊），或新的舶来词如anime（日本动漫）和edamame（毛豆）］？在进行剧烈运动之前，人们应该先热身。因此在开始讨论英语词汇到底有多少之前，人们也许应该解决一些更简单的争论，比如指定打击规则的好坏或解决巴以冲突的最佳方式。

最好的词一定是最能清晰表达你意思的词。有 3 个因素相互作用来指导这个选择：词语的含义、作者想表达的内容以及读者是谁。

词语的含义。很明显，你应该知道自己使用的每个词的含义，但这并不像听起来那么简单。一个词的"含义"是一组读者对其所传达信息的约定俗成的理解。也就是说，你认为一个词是什么意思并不重要，相反，你需要知道读者会赋予它什么意思。如果英语像摩尔斯电码一样，有一个通用且固定的 1∶1 的从符号到含义的对应，那就很容易了（比如点-点-点且只有点-点-点，意味着 S，而且永远都是）。但英语比这要有趣得多，它有可能出现模糊的含义和读者之间也会对其产生分歧。英语几乎对每一个概念都有多个词可选，有些完全是同义词，有些在含义上有微妙的不同，有些含义重叠但有重要的区别。一个词语也往往有多种含义，有些比其他的更广为人知。英语中甚至有一些词本身就是自己的反义词，例如 cleave 可以表示粘在一起，也可以表示切开，还有一些词对既是反义词又是同义词，例如 best 和 worst 作为形容词时是反义词，但作为动词是同义词，例如在战斗中 best/worst（打败）某人。

让情况更复杂的是，词语的含义可能会随着时间的推移而演变，有时甚至会发生逆转。例如，counterfeit 最初是指真正的复制，但现假冒伪劣的含义已经稳固下来后，仍以原来的含义来使用这个词才会使读者感到困惑。还有些其他的词目前仍处于快速的语义漂移的状态，这类词就最好避免使用。例如，考虑一下，如果你提到 a moot point，一些读者会理解成原来的意思（这一点有待商榷），另一些人则会以新的意思解读（这一点与眼前的问题无关），还有一些人不能确定你的意思是什么。

幸运的是，对于大多数词来说，界定含义的社会惯例是相对稳定的，并且为大多数读者所认同。一本标准的词典会提供这些含义的记录。对于那些还没形成约定俗成含义的词（有多种含义的词，或者含义目前还在不断变化的词），你最好避免使用。

作者想说什么。单凭词义并不能完全决定词语的选择。这是因为选择具有不同含义的词，还需要契合你想传达的确切信息。选择时可以回顾你想讲的故事（见第 7 章）和你的读者为了理解这个故事所需要的信息。以上面讲大豆品种的例子："大豆品种 EG7 的复合碳水化合物 / 多糖 / 淀粉 / 直链淀粉含量比其他研究的品种高 。"[Soybean cultivar EG7 had higher (complex carbohydrate/polysaccharide/starch/amylose) content than the other studied cultivars] 如果 EG7 品种的复合碳水化合物、多糖、淀粉**和**直链淀粉含量确实高于其他栽培品种，那么这 4 个词中的任何一个都是准确的陈述，但哪一个最适合你的故事呢？复合碳水化合物和多糖都是指糖的聚合物。淀粉和直链淀粉都是具有 α 键葡萄糖单元的多糖，但淀粉包括直链淀粉和支链淀粉。如果你的故事是关于饮食中的热量，那么淀粉就是你的可用之词。另外 3 个词中，复合碳水化合物和多糖包括不能被消化的纤维，而直链淀粉排除了同样含热量的支链淀粉。如果你的故事是关于植物的碳量分配，你可能会选择多糖；如果是关于生物合成酶，则选择直链淀粉。每种情况都有一种选择最符合你决定讲述的故事。当然，我不是建议使用误导性的词语。如果你的实验只测量了直链淀粉，那么你就只能选择直链淀粉。你应该根据你的故事选择合适的词语，但一切都是为了引导读者清楚地了解事实，永远不要向其他方向误导读者。

读者是谁。虽然一个词的含义应是不同读者之间的共识，但不是每个读者都是每个共识的当事人。因此，正确的选词还取决于你的读者是谁，以及你应该如何与他们沟通。大多数直接阅读你的原始文献期刊论文的读者一般和你一样了解你的领域，所以你可以假设他们熟悉技术术语（直链淀粉），并且他们对词语含义的理解不会太让你感到惊讶。综述论文或资助申请的读者可能就与你的领域有一定区别，你在选词时应该认识到这一点。如果你是为非科学界的读者写作（也许是在给政府写报告或在写科普文章），你的选词就必须适应这些不熟悉技术术语或对其精确含义不感兴趣的读者。不仅是读者可能不知道一个词的含义，而且一些很常见的词对不同的读者来说也会有不同的含义。显著（Significant）是一个很好的例子：对普通读者来说，它意味着"重要"或"大"，但对科研工作者来说，它意味着"在统计学上与无效假说不一致"。这种差异导致了许多医学研究的误传，比如论文谈到一种潜在治疗方法的效果显著但其实影响很小，会在报纸上引发一个关于神奇疗法的故事。作为一个写作者，你需要记得读者不是你自己。

最后是一个关于选词的提醒。为了避免重复，许多写作者转而采用同义词（或近义词），觉得文章会因为使用了丰富的词汇而看起来不那么笨拙，但这增加了读者的负担。如果你在一个句子中提到一棵树的直径，而在下一个句子中换成一棵树的周长，读者必须停下来判断你选择的不同词汇是否反映了含义上的差异，如果是这样，这种区别又是什么。在陷入令人尴尬的重复用词时，有其他一些技巧（使用代词、调整句子结构等）可减少重复用词，从而避免造成语义混乱。

19.1　长词、短词和行话

刚开始阅读科学文献的读者必须面对的词语，在许多方面与他们以前遇到的都不同。科学写作者会使用许多长词、术语、新造的词和简写的词（缩写、首字母缩略词等），理由也都很充分：主要是长词、术语、新造的词可以很精确地传达含义，而简写的词语可以节省页面空间。但是，这种做法的代价是要求读者付出更多的脑力劳动，所以好文章会尽可能少用这样的词。

近 1000 年来，长词对写作者一直很有诱惑力。1066 年诺曼人征服英格兰后，法语成为该国政府和教会的语言，而农民则使用古英语。随着法语词汇被英语同化，这种对比导致人们认为源于法语的词汇（一般较长）更严肃、更专业，而源于古英语的词汇（较短）则更粗俗、更普通。[①] 以拉丁语作为学术语言的行为更是强化了这种思想观念。时至今日，许多作者似乎仍然相信更长的词汇表现了更深刻的思想。其实不然。

在过去的 150 年里，科学写作中长词和术语的使用情形一直在稳步增加，没有任何缓和的迹象。这不仅是因为我们需要使用新造的长词来表述新的技术知识，我们也在更多地使用非术语类的长词（如 furthermore，moreover，underlying）（Plavén-Sigray et al., 2017），这样的结果就是文章可读性的下降。除非这些复杂的词对精确传达你的故事是必要的，否则就用短词来代替长词吧：用 use 代替 utilize，thus 代替 consequently，about 代替 approximately，等等。读者会对此很感激。

技术性术语几乎是科学写作的根本。诚然，我们对自然界越来越多的了解使我们不可能在没有大量精确的技术词汇（如别构、重子、假整合、分形体、类金属等）的情况下报告新的科学研究。事实上，对熟悉术语的读者来说，技术性术语确实既能节省篇幅又能提高准确度。然而，如果简单的词就足够说明，或者面对不熟悉术语的读者，技术性术语就会变成难懂的"行话"。即使在原始文献中，如果读者

---

① 贵族有 flatulence（胀气，法语），但平民用 fart（放屁，古英语）。闻起来都是一样的。

不需要，我们就应该避免使用过分专业的术语。例如，如果你用聚丙烯酰胺凝胶电泳法分离蛋白质，那么你可以在论文的方法部分提下聚丙烯酰胺凝胶，然后在文章的其他地方只说凝胶。读者需要聚丙烯酰胺来额外精确地理解研究方法，但不需要在讨论结果或解读数据时被反复提醒这一点。当然，面对的读者群越广泛，你就越应该在写作时努力减少技术性术语。

对科学写作者来说，创造新的术语的诱惑是很难抵挡的。有时它当然是必要的。假如，你在描述一个新的物种、矿物或天体，它肯定需要一个名字（Heard, 2020）。否则的话，请记住，你创造的新词不仅是高度技术性的，而且是陌生的，它会给你的读者带来双重负担。尽管在一门语言中创造词汇并流传下去看起来很酷，但请在绝对必需的情况下再这样做。

科学写作使用大量的简写词：缩写、缩略词、首字母缩写和首字母缩写词［首字母缩写（initialism），如 DNA，按字母序列发音；首字母缩写词（acronym），如 ANOVA，按单词发音］。在 20 世纪，科学写作中简写词的使用一直在稳步增加（Gross et al., 2002; Barnett and Doubleday, 2020），像下面这样的句子现在已经很平常了。

为了评估细胞外 cAMP（环磷酸腺苷）在精子获能中的作用，将 $10 \times 10^6 \sim 15 \times 10^6$ 个 /mL 的精子在 0.3% BSA（牛血清白蛋白）的 spTALP 液中，38.5 ℃，5% CO_2 的条件下孵化 45 分钟，并在体系中加入 0.1 nM、1 nM 或 10 nM cAMP（Osycka-Salut et al, 2014）。

简写词缩短了一段话的实际长度，但只有那些读者极为熟悉的简写词（DNA、cAMP、mL）才能实质性地减轻读者的负担。其他的则有相反的效果。每当读者读到你刚发明的、看起来很聪明的首字母缩写词时，他们都必须停下来破译一下。这个过程中可能需要回顾短期记忆，翻找期刊让你提供的首字母缩写词表，或者在第一次遇到时就一边寻找你对该首字母缩写词的定义，一边开始烦躁地嘀咕。这些都是你应该尽可能少地去迫使读者去做的事情。顺便说一句，你新创造的首字母缩写词其实不太可能被其他作者接受。在巴奈特和道布尔迪（Barnett and Doubleday, 2020）抽查的 1800 万份摘要组成的语料库中，近 1/3 的首字母缩写词只在一份摘要中出现过。这表明即使是创造这些首字母缩写词的作者也不会再使用它们。不仅如此，由于可用的字母组合数量有限，即使你的首字母缩写词在后来的文献中确实再次出现，也很可能是其他作者在用它来表示别的意思。

在科学写作中频繁使用简写词，部分是由于期刊对篇幅的限制。幸运的是，目前向在线出版的持续转变会减轻这种压力，让我们的写作能稍微更自由一些。然而，对简洁的需要可能不是唯一的因素，因为科学写作者发明一个缩写词，然后只用了一两次的情况是非常常见的。这对缩短稿件没有什么帮助，那我们为什么要这样做呢？这很可能是因为我们（有意识地或下意识地）认为，使用简写词让我们的文章看起来更学术。也就是说，我们以现有的文献为蓝本进行写作，而我们在文献中看到的满是首字母缩写词和首字母缩写。不如我们以比那些在我们之前出版的人写得更好为目标，尽可能少地使用简写词，只在简写词真的能节省读者的精力时才去使用它。

对简写的热情有一个特殊的例外，那就是在科学写作中我们普遍拒绝使用常见的简写（don't, it's, we're 等）。但对于大家倾向使用更长、更难读的 do not, it is, we are，我从来没有见过一个真正令人信服的理由。常见的说法是科学写作应该避免这样的简写，因为它们听起来不专业，这种说法是一个可爱的循环论证的例子。而简写对非英语母语读者不利的说法，也被说这话的读者自己反驳了（Heard，2018）。西尔维亚（2014）提出了一个有趣的论点，即常见的简写对写作更有利，因为它有更广泛的音调范围和在语气上表示细微的强调（we're not going to do that 略微比 we are not going to do that 少了一点强调的感觉）。我决心加入西尔维亚支持简写的阵营，我会在我自己的科学写作中使用这样的简写，除非编辑告诉我不行。

19.2　名词、动词和名词化

科学写作者喜欢动词名词化，这指的是将动词转化为名词形式。正如 nominalization（名词化）这个词本身一样，名词化动词上通常带有 "-ance" 或 "-ation" 这样的后缀。如果你留意名词化，你会发现它们无处不在。

We conducted an analysis of the data… 我们对数据进行了分析……	We analyzed the data… 我们分析了数据……
The adaptive lens had superior performance… 适应性镜头有更优越的性能……	The adaptive lens performed better… 适应性镜头表现得更好……
Our intention is to… 我们的目的是……	We intend to… 我们打算……
†Liu (1995) provided a review of… †刘（1995）提供了对……的评论	†Liu (1995) reviewed… †刘（1995）评论了……

第 19 章 用 词

科学写作中其他常见的名词化还包括 agreement（同意）、
calibration（校准）、expectation（预测）、investigation（科学研究）、
preparation（剂型）、proliferation（增殖）等。

名词化会使写作变得冗长，因为被动、臃肿的名词代替了生动的
动词，掩盖了你要讲的故事中的人物和行动。在读者最能理解的故事
中，名词是对人物进行命名，而动词用于表达行动。当你使用名词化时，
你的动词只能提到行动的存在（在上面的例子中，就有 conducted，had，
is，provided），而行动的性质则隐藏在名词中（analyzed，performed，
intend，reviewed），读者要费一番功夫才能找到它。更糟糕的是，名
词化动词通常会拉长你的文本。大多数名词化动词比动词本身要长，
而且需要在句子中加入额外的词来组织和连接。

你应该尽可能地避免过度使用名词化（nominalization），但弃用
所有的名词化动词也过分了。有几个名词化动词，如 evolution（进化）
等使用得非常频繁以至于根本不会给读者的阅读带来任何停顿。名词
化动词也可以精炼地指示一些在前文详细解释过的且复杂或抽象的东
西。我在这最后一段的开头就用了"名词化"本身来指代上文中提过
的概念，它作为一种关系方法在这里起到使段落之间的过渡（见第 17
章）更平滑的作用。

19.3　易错词汇

有些词用起来有点麻烦。其中许多是成对出现的，它们（比如
affect/effect, principal/principle）在含义或功能上有明显的不同，但在
拼写上只有细微的差别。还有一些其他的棘手的词汇，它们在含义上
（如 alleviate/allay）或语法功能上（如 which/that）只有细微的差别，

让写作者不胜其烦。有些词的麻烦会不断自我增殖：其他作者频繁地误用使某种错误变得常见，并有可能让你丧失对这种问题的警惕［如作为单数的 criteria］。最后，还有一些麻烦的词，是在拼写上比较随意或棘手的（如 accommodate, necessary）。

已公开的易错词汇清单可以长达数百页，但具体困扰任何一位作者（也就是你）的清单则短得多。你应该收集、记录自己的清单，并把它贴在你写作的地方。去积极主动地浏览现有的清单，可以是网上的（搜索"易错词汇清单"），也可以是专门的书籍（Fowler and Burchfield, 1996; Bryson, 2004）。也许令人惊讶的是，这两本书都很诙谐，读起来很有趣。你越去建立和检查自己的易错词汇清单，就越少需要让朋友或正式的审稿人（见第 22 章、第 23 章）为你做这些。

19.4　谨防斟酌用词导致的写作停滞

在讨论的最后，有一个重要的忠告。写作很容易因词语选择的问题而停滞下来。如果你经过片刻的思考后没有想到一个很合适的词语，那么就先标记下这个不确定的选择，然后继续往下写，从而保持写作势头。你最终肯定需要做出决定，但回过头来可能比现在更加容易。

本章小结

- 你要写的几乎任何一个词语都要在几个备选方案中选择。最好的选择是考虑词义的深浅、你想表达的确切内容以及你的读者是谁。

- 科学写作不可避免地要使用技术性术语，但只有在确实没有更短或更熟悉的术语时，才适合使用长而不熟悉的术语。

- 缩写、缩略词、首字母缩写和首字母缩写词会让语言变得精炼，但不熟悉的人仍应尽量减少使用。

- 名词化动词在科学写作中很常见，但过度使用会使文章变得冗长。

练　习 ⌛

1. 在你所在的领域中选择一篇最近发表的论文，并从方法部分选择一段大约 250 个词的内容。

   a. 找出几个对领域以外的读者来说是行话的词。思考一下，哪些在精确度上是必须的，哪些可以用更短或更简单的词来代替？

   b. 在所有简写词下画线。思考一下，哪些词语是你所在领域的常识性缩写，哪些词语是不熟悉的？重写这段话以避免后一种情况出现。为此你增加了多少词汇？你认为这种投入是值得的吗？

   c. 在每个名词性动词下画线。重写这段话，至少删除 1/3 的名词性动词。这段话是长了还是短了？是更难读还是更容易读了？

2. 选择另一篇文章，研究导言的第二段。选择第一句中的一个名词，依次用两个同义词或近义词来代替它。看看这句话的含义受到什么影响？对第二句中的一个动词和第三句中的一个形容词做同样的处理。

3. 列出 10 个对你来说在拼写、含义或功能上容易出错的单词（你可以浏览一下网上的易错词汇列表来回忆起一些）。为每个词造一个句子，指出正确的用法并保存这份清单。如果你有一篇最近完成的论文草稿，你也可以顺便检查一下清单上每个词在其中的使用情况。

第 20 章

简　洁

要简洁，这说起来很简单，但如果这就是全部的话，我们就可以省略这一章了，而我们不能这样做。在我的职业生涯中，我正式或非正式地审过大约 1000 份稿件，除了少数几份外，大部分都应该写得更短一些。这是编辑总是要求作者压缩他们稿件的原因，也是提交意见书、会议摘要和学期论文有长度限制的原因。尽管都知道应该在写作中简洁一些，但我们大多数人还是需要一些相关的指导。

呼吁简洁的写作有三个主要原因。第一，它对出版商有好处。期刊页面制作成本很高，而且被大量的投稿淹没，缩短每篇论文的长度意味着可以发表更多的论文。第二，简洁对读者有好处。我们已经被各种争夺注意力的材料淹没了，缩短每篇论文意味着我们有可能阅读更多的内容。第三，简洁对作者有好处。简洁的文章往往更加清晰易读，所以如果你志在与读者毫不费力地沟通，那么你可以通过缩短你的文章长度来进步。

我所说的简洁到底是什么意思？稿件的长度通常以词数来衡量，谈到简洁性的时候也很容易过分强调词数。计算字符数更好，因为用较短的词来代替长词和直接删减长词一样，对读者来说也很有帮助。不过请记住，无论哪种计数方法其实都是为了具象化，即别人能多快地读懂你写的东西，这更重要但也更难衡量。

20.1 实现写作简洁的两种方法

实现写作的简洁有两种方法：减少内容，或减少用于表达内容的文字。一个好的作者这两点都要做到。

减少内容听起来像是一种牺牲，但如果你把它看作是贴合你的故事主题的行为，就会更容易接受它的优点。如果一个部分、一个句子、一个细节、一个图表或一个数据集对你所讲的故事没有必要，就把它拿掉（更好的做法是使用大纲或相关方法，从一开始就避免把不必要的内容放进来，见第 7 章），这可能会带来惊人的回报。我最近审阅了一篇稿件，它在摘要中提出了一个简单的假设和一些测试方法，却在方法、结果和论述中花了大量篇幅在两个完全不相关的实验上。只要紧紧地围绕主题故事来考虑，写作者就可以至少删减稿件中 40% 的内容，并使他们自己的作品对更多的读者产生更大的影响。不要错过这种容易办到的机会。

削减长度不一定必须削减内容。在不删除任何信息的情况下，大多数草稿中可以削减内容的量是很惊人的。如果你写了一个 200 个词的段落，问问自己是否可以用 190 个词、180 个词或 150 个词来传达同样的内容。仔细地思考每个句子、短语和词语，把没有必要的内容直接删掉。如果有更短且更清晰的写法，就用这个写法来写。下手要干脆利落，你文本中的每一个字符都应证明它存在的必要性。

以上两种使文章更简洁的方法适用于写作过程的不同阶段。在写作前和写作过程中，努力地让所有的内容贴合你的故事，费力去写不属于你稿件的内容是没有意义的。相反，在完成初稿之前，不要太担心表达上的简洁性，以免失去写作动力（见第 6 章）。你可以在自我修改阶段再开始考虑表达的简洁性（见第 21 章）。

20.2 常见的文本过长的一些情况

稿件过长的情况其实是多种多样的。然而，我们可以找出一些普遍浪费文字的习惯。乐观地讲，这些也是常见且容易提高简洁度的机会。

- **被动语态**。主动语态更短，并且还有其他优点（见第 18 章）。
- **名词化**。把动词名词化会导致句子更长，力度更弱（见第 19 章）。放弃 "*achieve a reduction in* length"（实现缩短长度）这种写法，可以真正地 *reduce*（缩短）长度。
- **长词**。不管是技术性的还是普通的，只有在没有更短的词可用时，再去用长词（见第 19 章）。不要用 *utilize*（使用）你可以 use（用）的东西，也不要 *terminate*（终止）你可以 end（结束）的东西。
- **迂回的短语**。许多常见的短语可以用词语代替，这样可以更快地切入主题，例如，"*owing to the fact that*（由于这样的事实）=*because*（因为）""*is able to*（能够）=*can*（能）""*the majority of*（大部分的）=*most*（多数）"等。
- **同义词修饰语**。我们要注意一些被修饰的词已经在暗示修饰语的情况，例如，*completely finish*（完全完成）、*may potentially*（可能潜在）、*ultimate result*（最终结果）、*blue in color*（蓝的颜色）（难道你在担心读者会认为水晶是蓝色的形状？）等。

- **无意义的修饰语**。一些常见的修饰语没有什么实际意义，例如，*really*（真的）、*basically*（基本上）、*actually*（实际上）、*indeed*（确实）、*quite*（非常）、*various*（各种）等。有时这些修饰语是有用的，但通常这类词只是下笔时的一个口头习惯。

- **填充语**。有时，一套短语不增加任何信息，但会使一个句子变得臃肿，例如，事实是（*the fact of the matter is*）、在我们看来（*in our opinion*）、不用说（*needless to say*）、显然是这样的（*obviously follows that it*）、无论从哪方面来说（*for all intents and purposes*）等。在演讲中，这样的短语可以让听众有时间反应，或者让演讲者有时间思考下一步该说什么。而在写作中，这两种功能都不适用，请删除！

- **限制语和强调语**。限制语和强调语（见第 13 章）对于准确表达你所提出的观点的精确度（或局限性）至关重要。不幸的是，使用限制语就像吃薯片，一旦你写出了第一个，就很难停止，它们会像薯片影响你的腰围一样扩充你的文本。我曾在一篇论文中读到这样一句话："可以合理地假定（观察结果）可能是偶然发生的。"[(Observation) could reasonably be assumed to possibly occur by chance.] 一层限制语就足够了！像这样多重的限制语不仅会增加篇幅，还会使读者难以认真对待你的论点。评估每一个限制语，只保留那些必要的即可，以避免误导读者理解你的结论。类似的逻辑也适用于强调语的使用，如 *clearly*（明显）、*primary*（首要）、*major*（主要）。

- **元话语**。这指的是一类关于写作本身的技巧而不是与稿件

主题相关的内容（Williams, 1990: 40）。一段元话语可能是
介绍文本的结构和内容，如 "In this section we report..."（在
这一部分我们报告……），表达作者的想法或理由，如 "We
believe that..."（我们相信……），甚至是引导读者的理解，如
"Consider the following..."（考虑到以下……）。元话语可以
很有效。例如它可以为读者提供文章组织结构上的线索，但
它有泛滥成灾的可能。用审慎的态度去检查句子中的元话
语，删除那些徒增长度的部分，如 "We believe that our results
establish that salinity is..."（我们认为我们的结果确定了盐度
是……）比 "Salinity is..."（盐度是……）多了一些赘余的元
话语。常见的这类例子还包括 "In this study we"（在这项研究
中，我们……）只说 "We..."（我们……）即可，"The objective
of this study was to..."（这项研究的目的是……）只说 "We
sought to..."（我们试图……），或 "We..."（"我们……"）即可，
以及 " It is important to keep in mind that..."（牢记……是重要
的）可以省略掉。

- **插入语**。插入语是一个打断原本完整句子的短语（或打断原
  本完整段落的句子）。在英文中顾名思义，很多都是用括号括
  起来的，但也可以用逗号或破折号来引出，或者根本不用。
  例如，下面这段话包括 3 个插入语。

　　许多回收的陨石都是镍铁质的，**部分原因是这些陨
石在地质学上被认为是很不寻常的**。然而，大多数的陨
石实际上是球粒陨石。碳质球粒陨石与更常见的普通球

粒陨石不同，通常含有复杂的有机分子，如氨基酸。[①]

原文：

Many recovered meteorites are of the nickel-iron type *in part because these are easily recognized as geologically unusual*. However, most meteorites are actually chondrites. Carbonaceous chondrites, *as opposed to the more common ordinary chondrites*, often contain complex organic molecules *such as amino acids*.

插入语可以澄清、说明、限制或以其他方式修改意思。即使并不关键，它们还可以提供额外的信息使句子更有趣或更有用。然而，它们也同样会增加篇幅，打断读者理解你的论证逻辑，分散他们对你的故事的注意力。所以看清每一个插入语，考量它是否真的值得加入来增加读者的阅读难度。[②]

- **冗余。**冗余内容渗入到写作中的容易程度往往令人惊讶。整个稿件都需要检查是否有赘余的内容，但要特别注意三个常见的问题。

 » 保持段落内容契合相应的主题。每个段落都有一个主题，

---

① 中文粗体字为插入语。——编者注
② 这本书包括相当多的插入语（像这样的脚注、元话语算不算？）。在较短的文体中，我会无情地删除它们。但在本书中，写作不需要如此精简，有足够的空间可以展开关于脚注和其他插入语的讨论。索德（Sword, 2012）曾谴责频繁使用脚注的行为，认为这是"溢出的污水"。但我选择在脚注中分享一些缘由，让写作不必那么枯燥。有些读者喜欢我的脚注，有些讨厌。如果你讨厌它们，我很抱歉。

并应做到坚持这个主题。一旦某一段涵盖了一个主题，就不要在后面的段落中再回头提及它。如果你发现自己需要这样做，则可能预示着你需要修改提纲。

» 将主要部分的内容分开。在结果部分重复方法部分的细节，在论述部分重复结果部分的内容，都是很容易发生的。一些互相参照确实对读者有用（见第 12—13 章），但不要太过详细了。导言部分和论述部分可能有更多的重叠，一是因为导言部分中设置的问题要在论述部分中进行回答，二是因为这两个部分都需要解决研究的背景、目标和意义等问题。这时，避免冗余的诀窍是让论述部分参考导言部分中的材料，同时尽可能少地重复相同的内容。

» 有效地使用文本、表格和图。请记住，任何特定的数据集或规律都会有一个最佳的呈现方式（见第 12 章），但一种就足够了。例如，不要同时用一个表格和一张图来呈现相同的数据。提及图的文字部分，应该提供足够的描述信息，让读者了解他们需要从图中看出的规律，例如，"反应产额与温度成反比（见图 1）"。而更详细的描述其实是没有必要的。

20.3 让文章变得简洁：举一个例子

为了阐明真正的科学写作中的一些文本过长的情况，这里有一份我的研究生钱德拉·莫法特（Chandra Moffat）撰写的会议摘要。她关注的是一种来自欧洲的昆虫（瘿蜂）是否适合用来防治一种入侵北美洲的有害植物（山柳菊）。核心问题是，是否以任何方式采集到的胡蜂都可以用来防治山柳菊，或者说从不同的地方或不同的植物宿主中采集来的胡蜂，在防治生物的作用上是否有所不同。经过下面有意识地针对长度的修订，原本 394 个词的草稿版被简化到 276 个词的精简版，这一版本在长度上比前者减少了 30%，而且更容易阅读（即使你不理解技术内容）。下面是两版的对比。

细毛菊属瘿蜂的隐性多样性与地理、宿主植物或沃尔巴克氏菌感染有关吗？

草稿版：

生物防治项目在防治者引入前需要对其宿主范围进行准确评估。关于专食性食草昆虫隐性遗传变异的发现正以惊人的速度增长，并已出现在一些杂草生物防治体系中，但只是在引入后才出现。在这里，据我们所知，本研究第一个提出了在引入杂草生物候选防治者前，群体中出现隐性遗传分化的情况。

柔毛斑蝶科瘿蜂是一种针对入侵北美洲的多种欧洲山柳菊（**细毛菊属**）的候选生物防治者。在欧洲原生地的初步研究表明，这种瘿蜂分为北方和南方两种生物型，它们似乎在宿主范围、化性和繁殖方式上有所不同。我们在 4 个不同的地理区域对其多个宿主物种进行了彻底和广泛的研究，并对 3 个基因区（CO1、28S、ITSII）进行了测序，以确定：①是否有任何遗传证据支持多种生物型存在的假设；②变异是否基于地理隔离（如我们预测的）或宿主植物关联；③是否有任何个体感染了细菌内共生体沃尔巴克氏菌，已知这种细菌能改变膜翅目动物的一些生活史特征。

我们发现**柔毛斑蝶科**种群之间存在相当大的遗传差异，这为该物种具有多种生物型的假说提供了遗传证据上的支持。这种变异是在 CO1 区发现的，而不是在细胞核区。MrBAYES 50% 多数一致种系发生进化树将采样的种群分为3个不同的系。虽然我们预测变异是基于种群的地理隔离，但谱系将我们的种群聚类成与宿主相关的群体。从北部山脉宿主**铁皮石斛**采集的个体与从南部山脉同一宿主采集的个体聚类到了一起，而不是与来自附近采集点的不同宿主物种的个体聚集在一起。最后，只有少数种群的内共生体**沃尔巴克氏菌**感染测试呈阳性：所有这些都是从单一谱系聚类的种群中采样的。我们的结果在**细毛菊属**山柳菊的防治控制中有重大应用。在我们之前，生物型之间的生物学差异被归因于地理因素。与此相反，我们发现生物型与宿主关联性相对应。这些结果证明了在生物防治者的同种种群中进行基因分型的重要性，这一分析可以更好地确定宿主关联，并在引入生物防治者之前降低造成非目标攻击的风险。

原文：

Biological control programs require accurate assessments of the host-range of agents prior to introduction. Discoveries of cryptic genetic variation of specialist herbivorous insects are being made at a dramatic rate, and have appeared in a few weed biological control systems, but only post-introduction. Here, we present the first study, to our knowledge, showing cryptic genetic differentiation in a candidate weed biocontrol agent prior to release.

The gall wasp *Aulacidea pilosellae* is a candidate biocontrol agent for multiple species of European hawkweeds (*Pilosella*) that are invasive in North America. Preliminary surveys in the wasp's native range in Europe suggested that it has both Northern and Southern biotypes, which appear to differ in host range, voltinism, and reproductive mode. We performed thorough and widespread surveys on multiple host species in four distinct geographic areas and sequenced three gene regions (CO1, 28S, ITSII) to determine (i) whether there was any genetic evidence supporting the hypothesis of multiple biotypes, (ii) whether variation was based on geographic separation (as we predicted) or on host-plant association, and (iii) whether any individuals were infected with the bacterial endosymbiont *Wolbachia*, which is known to alter a number of life history characteristics in Hymenoptera.

We found considerable genetic divergence among populations of A. *pilosella*e, providing genetic support for the hypothesis thatany variation would be based on geographic separation of populations, the lineages clustered our populations into host-associated groups. Individuals collected from the host P. *officinarum* in the Northern Range clustered with individuals collected from the same host in the Southern Range, rather than with individuals from nearby collection sites which were found on different host species. Finally, only a few populations tested positive for infection with the endosymbiont *Wolbachia*: all of these were sampled from populations clustered in a single lineage. Our results have major implications for the biocontrol of *Pilosella* hawkweeds. Prior to our study, differences in biology between biotypes were attributed to geography. In contrast, we found that biotypes correspond to host association. These results demonstrate the value of genetic typing among conspecific populations of biocontrol agents to better define host-associations and reduce the risk of non-target attack prior to agent release.

精简版：

　　生物防治项目需要在引入前对防治者其宿主范围进行准确评估。与宿主关联的隐性遗传变异在专食性食草昆虫中越来越常见，但对于杂草生物防治者的遗传结构，只在少数引入防治者后的体系中才有报告。在此，我们首次展示了一种在引入候选防治者前就存在的隐性遗传分化。

　　柔毛斑蝶科瘿蜂是生物防治数种入侵北美洲的欧洲山柳菊（**细毛菊属**）的候选者。在欧洲原生地的初步研究表明，这种瘿蜂有北方和南方两种生物型，在化性、宿主范围和繁殖方式上有所不同。我们对 4 个地理区域内来自多个宿主物种的胡蜂进行了研究，并对 3 个基因区（CO1、28S、ITSII）进行了测序，以确定：①是否存在多种生物型的遗传证据；②遗传变异是否与地理隔离、宿主植物关联和感染细菌内共生体**沃尔巴克氏菌**（已知可改变膜翅目动物的繁殖模式）有关。

我们发现柔毛斑蝶科种群之间存在相当大的遗传差异，这支持了其存在多种生物型的假设，尽管遗传差异只反映了 CO1 区的变化，而不是细胞核区的变化。50% 多数一致种系发生进化树表明其中可分为 3 个不同的系，主要与宿主关系有关，而不是与地理环境有关。在几个种群中发现了沃尔巴克氏菌感染，所有相关种群都聚类在一个与某宿主关联的谱系中。我们的结果对山柳菊的生物控制有重要意义，因为它们表明不同胡蜂的加入将更好地针对入侵的细毛菊属复合群体的不同成员。我们的结果证明了在生物控制物种的源种群中进行基因分型的重要性，这种方法可以确定宿主关联并降低对非目标攻击的风险。

原文：

Biological control programs require accurate assessments of the host-range of agents before introduction. It is increasingly clear that cryptic, host-associated genetic variation is common in specialist herbivorous insects, but for weed biocontrol agents genetic structure has been reported only for a few post-introduction systems. We demonstrate, for the first time, cryptic genetic differentiation in a candidate agent prior to its release.

The gall wasp *Aulacidea pilosellae* is a candidate agent for biocontrol of several European hawkweeds (*Pilosella*) that are invasive in North America. Preliminary surveys in the wasp's native range in Europe suggested that it has Northern and Southern biotypes differing in voltinism, host range, and reproductive mode. We surveyed wasps on multiple host species in four geographic areas and sequenced three gene regions (CO1, 28S, ITSII) to determine (i) whether there was genetic evidence for multiple biotypes, and (ii) whether genetic variation was associated with geographic separation, host-plant association, and/or infection with the bacterial endosymbiont *Wolbachia* (known to alter reproductive mode in Hymenoptera).

We found considerable genetic divergence among A. *pilosellae* populations, supporting the hypothesis of multiple biotypes, although this reflected variation only in CO1 and not the nuclear regions. A 50% majority-rule consensus phylogeny suggested three distinct lineages, which primarily corresponded with host association, not geography. *Wolbachia* infection was found in several populations, all of which were grouped in one host-associated lineage. Our results have important implications for hawkweed biocontrol, because they suggest that different wasp accessions will better target different members of the invasive *Pilosella* complex. Our results demonstrate the value of genetic typing in source populations of biocontrol agents, in order to define host associations and reduce the risk of non-target attack.

你也许不必与钱德拉的精简版采用一样的方式，有很多可供选择的修改方法，你可以用不同的方式来讲述这个故事。还要注意的是，我选择这个例子并不是因为钱德拉是一个糟糕的写作者或是她的草稿异常臃肿。她不是！相反，这展示的是一个好的写作者如何修改草稿的例子。正如大多数写作者应该做的那样，她在第一稿首先流畅地完成了写作，而没有进行过多的打磨，然后再在自我修改过程中改进了写下的内容（见第 21 章）。

这里的最后一课是，每个写作者都有自己的习惯。例如，在钱德拉草稿的摘要部分，冗余和迂回的短语相对较多，而基本没有多余的限制语。你自己的写作习惯可能会不一样：也许你喜欢使用插入语、元话语，或填充短语。不要对此感到羞耻，我们都有这些习惯。相反，从自己熟悉的写作习惯入手是寻找机会精简文本的一个简单方法。

20.4　何时停止缩短篇幅

本章的重点是缩短稿件，因为根据我的经验，这是几乎每个人都有的需求。然而，请记住控制词数和字符数背后真正的目标：让读者快速、轻松地理解你的意思。削减文本有一个停止的时间点，如果进一步的精简实际上会使读者的阅读更加困难，那么你就该停下了。习惯性地过度使用首字母缩写语（见第 19 章），就是一个对我们来说是有害而无益的精简做法。如果你确信增加一点额外的文字能促进阅读，那么这也是一项值得的投入。

本章小结

- 简洁的写作有利于读者、出版商和写作者。

- 大多数作者都有不够简洁的写作习惯。例如，使用被动语态、迂回短语、空洞的修饰语，以及过多的限制语和元话语。

● 因为在写第一稿时，保持势头是非常重要的，所以简洁化处理应该是修改阶段的任务。大幅缩短篇幅应该是常规操作。

练　习　⧗

1. 从你最近写的初稿中选择一个段落（大约 500 个词）。重写它，争取在不损失重要信息的情况下减少 25% 的字符数。根据常见的文本过长的 11 种情况（加上第 12 类，"其他"），统计你做出的改动。看看哪些表述习惯成为你改善简洁度的最佳切入点？你能进一步精简这个段落吗？

2. 从你所在领域最近发表的一篇论文中选择一个类似长度的段落，并尝试对其进行编辑以进一步缩短篇幅。看看你能削减多少？是否有些地方需要增加内容来帮助读者理解？

3. 请一位同学或同事用相同的段落做本次练习的第二题。比较你们修改后的内容，并讨论你们不同的选择。

4. 从你所发表的论文的导言或论述部分中选择一个两句话的片段。在不增加新信息的情况下，尽可能地增加长度，改写它，玩一下！

第五部分

修　改

本科科学教育的一个不幸的方面是，几乎所有的写作都是在相对较短的期限内完成（最多一个学期），而且是单独进行的，上交后直接打分，这使得学生很少有机会反复修改并打磨他们的作品。即使是专门教授科学写作的课程，也基本只在一个老师提出意见后进行一两轮的修改就结束了。

这与科学家在现实世界中的写作方式几乎没有什么相似之处。写出一份完整的草稿是一个重要的里程碑，但它更接近于整个写作过程的开始而不是结束。我的每篇论文都会被反复大改，包括在别人看到之前自己先要进行多轮修改，然后根据朋友和同事的意见再进行多轮修改，最后再由同行评议人和编辑进行修改。经过数月（偶尔是几年）修改，累积十几个草稿版本是家常便饭。

如果学不会更好地修改文章，你就无法学会更好地写作。找到你的稿件中不好的部分并加以修正似乎是一件简单的事情，但由于实际存在的一些心理学机制，这并不像它听起来那样简单、直接。你可以通过仔细观察自己的修改方式、你在修改时的行为以及你对评论你稿件的人的想法和你们之间的互动方式，来显著提升你的写作技巧。修改是一个漫长而艰苦的过程，但它是写作中一个极重要的部分，也是让你的写作在艰难地重新审视自我和别人的反馈中获益的一个机会。

当然，不仅仅是对科学写作，修改对所有写作都很重要。因此，第21章中的大部分建议是通用性的。在第五部分的剩余部分，我将重点讨论期刊论文和期刊发表的过程。不过对你来说，将这些建议推广到其他写作形式应该也不困难。

第 21 章

自我修改

写完结论部分的最后一句话（或任何部分的收尾），在你面前的屏幕上呈现的就是一份完整的稿件了。多亏字斟句酌后的灵感，它看起来非常不错，甚至你选择的字体看起来也很可爱，其中的斜体也让小标题有效地突显出来了。那么，现在是与全世界分享你的成就的时候吗？

不是！只有少数的写作者能做到初稿即可供公众阅读（见第 2 章），但我们大多数人永远无法加入他们的行列。几乎每个科学家写的每一样东西，在准备好面向最终的读者之前，还必须经过 3 个阶段：自我修改、友情审阅（同事和朋友的评论）和最后的正式评议（期刊的同行评议或同等类型的评议）。这些阶段有着完全不同的作用，也对应着不同的过程，所以我会在不同的章节中分别提到它们。

友情审阅和正式评议（见第 22 章和第 23 章）是提高文章清晰度和质量的宝贵工具。然而，审稿人的善意和耐心并不是取之不尽的资源。如果你寄给他们的稿件并没有经过精心打磨，你可能会发现下一次发出请求时，他们就不太愿意帮助你了。如果你曾经在读别人的稿件时发现自己在小声嘀咕："这么明显的错误还要我来帮忙纠正吗？"那你应该明白我的意思。

因此，在请别人帮你编辑稿件之前，请尽可能多地进行自我修改。如果你能把这部分工作做好，审稿人会很乐意阅读你发来的文章，并很乐意帮助你进一步改进。最终，很乐意接收你的论文让其发表。

21.1 何时不要自我修改

虽然知道何时（和如何）进行自我修改很重要，但知道何时不要自我修改也很重要。特别是，你应该避免**在写初稿时和完成初稿后立即进行自我修改**。前一点符合第 6 章的主旨：写作要一气呵成。第二点同样重要，要避免一完成草稿就立即开始自我修改的诱惑。实际上，你可能不会面对这种诱惑。完成初稿时，你可能已经看够了这个课题，以至于有一段时间不想再看。但是如果你兴致勃勃地准备马上投入自我修改中去，请抑制住这种冲动。相反，把草稿放好，一个星期都不要去想它。你的草稿在这一周内不会改变，但一周之后你更能带着批判性的眼光来看待它。尤其是考虑到自我修改的主要难点就是作为读者而不是写作者来看待文章。这种心理上的切换即便是在最好的情况下都是很难的，而当你脑海中的草稿还是新鲜的时，则几乎是不可能做到的。这一周之内，如果你渴望继续写作，那很好，只要换另一个文档继续写就行。写作的势头毕竟太宝贵了，还是不能浪费。

21.2　认真地自我修改

　　新手写作者，甚至是资深写作者，常常在自我修改时挣扎，因为他们无法好好地自我修改，这很有趣。与认真修改相反的是，他们对自己的稿子进行快速检查，修正了不可避免写下的语法错误和错别字，然后就宣布稿件有了很大的改进。认为做到这些就够了的写作者是很少的。对我们来说，自我修改并不意味着稍加润色。相反，它意味着要认真对待稿子中的每一句话和每一个字；它意味着要不断地对你的文章进行批判性的自我毁灭和重建；它意味着修改没起到作用的材料，删除不适合的材料，无论这个过程要花费多少血汗和泪水。

　　删除你苦心写出的材料可能是令人心碎的，但如有必要，你必须这样做。亚瑟·奎勒-库奇爵士（Sir Arthur Quiller-Couch）（1916）有句著名的建议："杀死你的宝贝。"奎勒-库奇 [1] 特别提到写作风格上过头的情况，但他的建议同样适用于文本内容。你会发现，为一个段落、一张图或一项分析费尽心思写了很多，但在批判性重读时却发现这些内容根本就不属于这里，这种情况是家常便饭。也许你所讲的故事在写作过程中发生了偏移，或者在你脑海中想着的相关内容没有必要落实到纸上。举个例子，在赫德和基茨（2012）的书中，我讨论了一种食草昆虫对两种一枝黄花属植物的影响。在导言中，我提出了植

---

[1] 名字很好听的亚瑟·奎勒-库奇爵士是康沃尔郡的小说家、诗人、评论家和文选家。虽然他在1916年出版的《写作的艺术》（*On the Art of Writing*）在今天看来并不那么站得住脚，但他鼓励的"杀死你的宝贝"却被广泛引用。同时，"杀死你的宝贝"也是一个俄亥俄州（Ohio）金属朋克乐队的名字，他们把自己的音乐描述为"展示了被压迫的劳动者和整整一代南方摇滚乐手经历的黑暗，用北方硬核朋克的虚无主义来踢破这种黑暗"。我怀疑这种描述让我感到高兴的程度和让亚瑟爵士感到困惑的程度是一样的。

物对食草昆虫的抵抗力和耐受度的概念。简而言之，抵抗力是指植物
抵御昆虫攻击的能力，而耐受度是指植物在受到攻击的情况下仍然生
长的能力。但实际上，两个概念都难以把握。我发现自己不仅提供了
详细的定义，还加入了一张图和好几篇引文来说明，之后我把这段话
改成了附录，在附录里，这部分增加到了几页文字，引用了更多内
容。我花了整整 3 天的时间来写这部分，然后在自我修改过程中，我
意识到这部分其实与我的稿子不是很相关，而且一些关于抵抗力和耐
受度的优秀综述已经列在参考文献中了。在痛苦的抽泣声中，我把这
部分全部删除了，在已发表的稿件中一个字也没有留下。当你在自己
的文章中发现这样的段落时，请把它删掉吧！

　　如果你摇摆不定无法痛下杀手，在手指接近删除键时犹豫不决，
那你可以考虑一下自我欺骗。我是这样减轻打击的：不是直接删除多
余的材料，而是将其剪切并粘贴到一个单独的文件夹中，命名它为"
已剪切，可还原"。我不记得自己曾经从这些剪掉的内容中又恢复过
什么，但不知何故，假设的能恢复的可能性让我在"杀掉"自己的
"宝贝"时更容易了一些。

21.3　走出你的想法，带入读者的视角

　　有效进行自我修改的关键是使用一个心理上的技巧，这可能是写
作技巧中最重要的一环，那就是从读者的角度而不是你自己的角度
来审视文本。为了评估你的写作，也就是找到你尝试与读者进行心灵
感应却失败的地方并确定如何修复，你需要把自己当作读者那样阅读
你的稿子。当然，你的稿件对你本人来说是一清二楚的：稿子是你写
的，你知道你到底想说什么。但是，与你自己的思想进行心灵感应并

不是什么厉害的事。为了公平地评估你的传达情况，你需要模拟一种心理状态，在这种状态下，你得像读者一样，只掌握文本和背景知识中的信息，并合理假设你的目标读者了解这种背景知识。这意味着忘掉你想说的东西，忘掉所有你知道但没有说的信息。例如，作为读者的你可能会被一个缺乏明显先行词的代词所迷惑，尽管作为写作者的你完全知道它指向什么。

我们可以把这种必要的心理技巧称为"读者模拟"，它是一种更普遍的心理能力（心理学家称之为"心理推论能力"）的一个具体表现。心理推论能力不仅包括了解自己的心理状态，还有模拟（或搞清楚）另一个人在想什么的能力。这包括意识到对方缺乏你所拥有的知识和能力（见框 21.1）。

框 21.1　心理推论能力

心理推论能力有点抽象，如果没有例子可能很难掌握。有一个经典的实验可以使它具体化。我来给你讲这个故事，你来思考一下。

> 爱丽丝和白在一起看电视。白看见爱丽丝把电视遥控器放在桌子末端，然后去厨房拿了些零食。在白离开的时候，爱丽丝把电视遥控器移到了书架上。回到房间后，白想换频道。

我会问你，白在哪里找遥控器并通过你的回答来诊断你的思维理论。如果你说"在书架上"，你其实就没有意识到，你知道一些白不知道的事情（爱丽丝在他离开时移动了遥控器）。但如果你说"在桌子上"，你其实就已经构建了一个对白的心理状态的模拟，而这个模拟与你自己的意识不同。你有一个有效的心理推论能力。

在修改时，你需要把对你到底想说什么的认识放在一边，意识到这些信息对你的读者来说是无法获取的。在这个例子里指的是爱丽丝移动了遥控器的事实，你知道而白不知道。

实现读者模拟并不是一项可有可无的任务。而实践心理推论能力需要付出努力，如果没有刻意地下定决心，认为这样做是必要的，我们往往不会去付出努力。如果你有一个喜欢甘蓝或苏格兰威士忌的朋友，并且无论你谢绝多少次都一直送你，你就明白这种感觉。这当然并不意味着你的朋友缺乏心理推论能力，而是如果没有有意识地去考虑，我们大多数人其实都倾向于把自己的想法投射到别人身上。在自我修改时，同样的意识是必要的。

幸运的是，通过练习，你可以提高自己有意识进行读者模拟的能力。同时，这里有一些技巧可以用来帮助你跳出自己的身份，以读者的身份思考。

- **选择一个与你写作时不同的地方或时间重新阅读以进行自我修改。** 记忆的机制是很奇妙的：当你身处的环境与学习某件事的环境相同时，你就更容易去记住这件事（Godden and Baddeley, 1975）。例如，要在体育馆里进行期末考试的时候，在咖啡馆学习时费尽心思记住的内容，可能就很容易郁闷地想不起来。除非你足够幸运，当你的老师拿着杯子经过的时候，闻到一丝卡布奇诺的味道。在教育学和心理学文献中，这种现象被视为用来改善记忆的一种方式，但在写作中，你可以把它作为一种帮助破坏记忆的方式来利用。如果草稿是你在工作日的下午在办公室里写的，那么你可以想想在周末的早上在图书馆或你孩子的树屋里开始自我修改。视野、气味和声音上的不同会使你更容易摒弃自己的想法，从而进入读者的视角。

- **在一天中你思维最不清晰的时候阅读稿件，进行自我修改。** 我们所有人都有生理上的昼夜节律，包括智力表现的各个方面（Carrier and Monk, 2000）。你应该知道你到底是像我这样的早起的鸟儿（早上脑子很聪明，但到了晚饭时间脑子像石头一样笨），还是像夜猫子一样，在中午之前思维都很混乱。你甚至可以利用这一点，在一天中思维最清晰的时候去完成对脑力要求很高的任务。但是，如果你把这个逻辑颠倒过来，在你思维不那么清晰的时候阅读稿件，进行自我修改，实现读者模拟可能会更容易。这并不是说要模拟知之甚少的读者，相反，你是借此把你熟悉的、想表达的内容罩在有用的思维迷雾之后。如果你的稿件即使在你思维没有那么敏锐时也能理解得很清楚，那很好。如果不是这样，你就找到了一些需要修改的问题。

- **把你的草稿转换成不熟悉的字体或媒介。** 要想达到你所追求的陌生感，有一个简单的技巧，就是把文本换成一种与你平时写作时使用的不同的字体。如果这种奇怪的字体给你一种阅读别人文字的奇怪感觉，那么你就成功地模拟了读者。类似地，如果你通常在电脑屏幕上看文章，就把你的草稿打印出来，在纸上阅读。

- **大声读出你的稿件（或让你的朋友、你的电脑来读给你听）**。当你静静地读对你自己来说已经很熟悉的文字时，就很容易读出你想写的东西，而不是你实际写出来的东西。当你听到你的作品被大声读出来时，就很难犯同样的错误了。提醒你，如果你有演说或演戏的经验，这里最好忘记它们：此时你的目的不是让文本听起来最好，而是要把它的缺陷暴露出来。尽可能平实地朗读你写的东西，每个词都要读出来，每个标点符号都要按其含义解释。当你发现问题时（你会发现的），标记出来以供回头再看，然后继续大声朗读下去。

- **贴一个提醒**。上述技巧旨在削弱作为写作者你无意识思考的倾向，但你也不应该忽视相反的方法：加强你作为读者思考的意识。只要你明确地问自己"读者会如何看待这段话"，你就有机会评估文章的清晰度。但问题是，保持有意识的读者模拟其实很难，并且你也会自然而然地溜向"写作者的你"的角色。因此，贴一个提醒：做一个牌子，上面用友好的大字写着"做一个读者"，并把它直接挂在你的工作间。你也可以不时地移动它，这样它就不会因为变得太过熟悉而弱化到你的心理背景中去。也可以把这个提醒印在你稿件的空白处，如果有帮助的话。每次你注意到它，就会加强你模拟读者的意识。

- **写作者熟悉文章带来的典型问题**。正是因为你知道你想说什么，一些特殊的写作问题可能会出现，或者被忽略。在自我修改中，你可以有意识地关注这些问题。大多数问题在前面的章节中已经详细介绍过了，所以这里简单提醒一下就够了，作者过于熟悉文章会带来的问题包括：

» **代词先行词不明确**。检查每个代词，并考虑："如果我只知道纸上写的这些，我会如何合理地推测这个代词指的是什么？"如果你想到一个以上的答案，或者想到与你写作时的意图不同的答案，请解决这里的问题。

» **不匹配的主题句**。你知道每个段落应该要对你的论点做出什么贡献，但你的读者可能不知道。对于每一个段落，检查一下其主题句是否清楚地提示了后面要出现的内容。

» **缺少过渡语**。你可能很清楚为什么主题 B 要紧接着主题 A，因为对 A 和 B 之间的关系你已经思考多年了，而读者并没有。所以请确保你在观点、段落和各部分之间的过渡对读者来说是顺畅的。

» **预设的知识**。稿件中很容易遗漏重要信息。我曾经读过一份稿件，作者提供了研究对象的拉丁文名称，但忘记了告诉读者它是一种植物。这一点其实很重要，但其重要性在文献中一时半会儿看不出来。在摘要、导言的开头和结尾，以及方法部分，容易出现预设知识的问题。所以要特别仔细地检查这些地方，同时问问自己，能否指望目标读者如你的文章假设的那样了解所有东西。

21.4　写作分解过程

我谈到的那种大幅度修改可能听起来是一项艰巨的任务。如果你刚刚开始修改，可能会感觉更加气馁，而且不太可能成功。所以你最好把这个过程分解成一系列较小的步骤，一次解决一个。这至少有两个比较大的好处。第一，小块的自我修正项目在心理上更容易开始（见第5章），而完成头一两个项目可以给你带来动力，使这个工作更容易继续下去（见第6章）。第二，我们大多数人都大大高估了自己"一心二用"的能力（例如 Bowman et al., 2010; Wang et al., 2012）。例如，如果你阅读是为了厘清文章整体的逻辑，那你的大脑往往会跳过拼写错误、引用的准确性或字词的准确性等问题。同时，要想成功地针对后面这些问题，就几乎需要故意无视前者。

因此，进行多轮的自我修改，每轮都分配具体的目标，才是正确的做法。但是，到底要修改多少轮？有多少个目标呢？你必须找到最适合你的步骤，但在你写作生涯的早期，这个数量可能会大一些。你可能会对这个数字感到惊讶。而随着经验的积累，你可能会发现有一些步骤是可以结合在一起的，但也可能总是要经历足够多次的自我修改，以至于对你所写的东西感到了厌恶。不过不要担心，这种事情发生在我们所有人身上。作为一个开始，我建议你至少尝试进行5轮的自我修改，目标明确如下。

- **针对内容的修改**。第一步是重新问自己，你想讲一个什么故事（见第7章）。一旦你知道了这个问题的答案（自你开始写作以来，它可能已经改变了），那么你就可以开始检查你稿件中所有的片段是否真的属于这个故事。如果一个段落、一张图，甚至一个句子对于读者理解这个故事来说并不是必要的，就请把它删掉。同样重要的是，要考虑你的故事可能缺少了什么元素，并把它们加进来。最后，确保导言中承诺的故事与论述部分中讲述的故事是一样的。阅读导言的第一句和最后几句，然后直接跳到论述部分（或结论部分）的最后一段。看看你在每个位置提出的主要观点是否相同？如果不是，请调整。

　　这应该是你第一轮修改的目的，因为你几乎总是会在这一步删除一些内容，而你最好在浪费精力打磨这些文字之前就把它删除。其余各轮的顺序由你决定。

- **针对作者熟悉文章带来的典型问题进行修改。**现在基本内容已经固定了，你可以使用前面概述的所有技巧，把自己放到读者的头脑中，阅读并评估内容是否清晰明了。你也许可以一次完成，或者分解成几个子步骤完成。例如，一轮检查代词先行词，一轮检查主题句。

- **提升简洁度的修改。**即使你在写初稿时脑中牢牢记住了要简洁（见第 20 章），但几乎可以肯定的是，你还可以做得更好。大多数写作者，甚至是非常有经验的写作者，在自我修改时都会做相当多的删减。根据我的经验，大多数人的目标应该是在第一稿总长度的基础上至少减少 20%。随着时间的推移，你会了解到自己的写作风格是（像我一样）需要进行无情的删减，还是可以在这方面少下些功夫。

　　如果你发现为缩短篇幅进行修改很困难或很乏味，那就把它当作一个游戏。可以称其为"字符数量限制"，并想想"我可以做到多低"？或者给自己设定目标和奖励：如果你能减少 2 万个字符，就吃一个甜甜圈；如果你能删除 800 个词，就可以去树林里散个步。在这样做的时候要记住，删减内容并不代表你的写作是失败的，相反，它证明你的修改是成功的。因此，应该庆祝你做到了删减，而不要为删减感到难过。

- **对引文进行修改。**检查你对文献引用的使用，这件事情十分无趣，但仍是必须做的。你是否标注了所有的引用？你需要所有的引用吗？所引用的论文是否真的介绍了你认为的观点？你是否使用了一致的格式？你文中的每一个引用是否都列在了参考文献部分中，反之亦然（在我自己的自我修改中，我有一个单独的回合就是为了这最后一个问题）？在写作时使用文献管理软件可以减少引文问题的数量，但它也不能完全取代你敏锐的眼光。

- **针对你个人的坏习惯进行检查和修改。**最后，你应该对你似乎难以杜绝的不良写作习惯进行一次特别的集中盘查。我们每个人都有一些这样的习惯。例如，我有使用插入语的习惯，就好像面对一个被洪水泡坏的大订单那样无法抗拒。我与此进行斗争的唯一方法似乎就是进行一轮特殊的自我修改，在这一轮中，我什么都不做，只是把插入语彻底清除。也许你很爱使用分号，无法抑制使用被动语态的冲动，或者过度使用 utilize 或 manifest 这样不够简明的词。随着你写得更多，你就会列出一个不由自主出现的问题的清单，然后你就知道应该在你的稿件中注意检查什么。

21.5　最后的打磨

一旦你完成了上述所有步骤，深呼吸一下。最好是喘口气，把稿子再放一放，至少一两天。然后用新的眼光再进行一轮最后的通读。几乎可以确定的是，你会发现少量你在修改其他问题时引入的问题。但不要让对下一步——让友情审阅人阅读你的稿件——的恐惧，把你困在无休止的、越来越细的循环修改中。自我修改的目的不是要靠自己达到绝对的完美，而是要让友情和正式的审稿人帮助你，在做进一步改进时尽可能容易一些。现在是把你的作品展示出去的时候了。

本章小结

- 每份稿件都需要进行认真且广泛的自我修改。
- 自我修改的主要挑战在读者模拟：忘掉你所知道的东西，以读者的眼光看待稿件。
- 可以通过减少对你所写内容的熟悉程度来降低读者模拟的难度。把稿件放在一边，然后在一个新的地方，用新的媒介、新的字体等方式来进行自我修改。
- 因为我们不善于同时处理多项任务，所以针对不同的问题进行多轮自我修改的效果最好。

练习

1. 拿出你一直在写的一篇文章（不需要已经打磨过的，事实上，如果没有被打磨得更好）。把它分成长度大致相同的三部分。

   a. 用同样的方式，在同样的地点，检查第一个部分（例如，在你办公室的笔记本电脑屏幕上）。标记出需要修改的问题。你不需要现在就解决这些问题，只需标记出这些问题，以便在后面处理。

   b. 把第二部分文字改成不熟悉的字体（如果你写作时用的是无衬线字体，则改成有衬线字体；反之亦然），然后打印出来。把打印出来的稿子带到不同的房间。检查并标出需要修改的问题。

c. 大声读出第三部分内容。标出需要修改的问题。

d. 在哪一个过程中你找到需要修改的问题最多，或者最容易找到这些问题？

2. 列出至少 5 个你在修改自己的文章时经常遇到的问题。你可以从上一个练习中发现的问题开始列举，也可以回顾以往的作业，或者被老师或导师批改过的文稿。保存这份清单，以便在下次自我修改时使用，并且在修改过程中不断加以补充。

第 22 章

友情审阅

即使是最好的科学写作者也很少能独自完成优秀的作品。无论你在读者模拟方面做得多好，都无法完全替代一个真正读者的敏锐眼光：他真的不知道你想说什么，而且能以你目标读者的方式对你的文章做出反应。虽然你的大部分（哪怕不是全部）论文在提交给期刊时都会经过正式的评议（见第 23 章），但在进入这个阶段之前，你应该把稿件给实际的读者看看。这就是我所说的友情审阅：由朋友或同事来评论，他们会带着想让它变得更好的眼光阅读你的作品。

22.1　你应该请谁来审阅

在选择友情审阅者时，你当然希望选择愿意看你作品的人，同时也希望他们能够提出有说服力的批评意见，引导你进行真正的改进。这两个标准之间可能存在一些矛盾。那些与你最亲近的人最有可能愿意阅读你的成果，即你实验室的成员、你研究生同学中的朋友，甚至是你的伴侣或家人。然而，这些人可能不是能提供建设性意见的最佳人选，因为他们对你和你的工作都太了解了。除非你的论文关注的领域非常窄，否则你可能希望它能被那些在其他研究系统，或在其他研究领域工作的读者阅读和欣赏。因此，你可以请在其他课题上与你合作过的人，或另一个研究小组、另一个部门的人，或你在会议上遇到的人对你的稿件进行友情审阅。不过，这并不是说你应该忽视身边可寻求到的帮助。一个折中办法是先向关系密切的同事请求审阅，然后在一轮修改后，再向关系更远的人寻求第二次友情审阅。

虽然我们很多人首先想到的是找我们已经认识的人，但也不要忽视在社交媒体上找到友情评论者的可能性。例如，本书中有几个章节是我在推特上找到的友情审阅者修改的。在社交媒体上请求友情评论会非常有效，如果你能①说明谁会觉得你的稿子感兴趣；②提出回报，或提供其他一些小奖励。试一试吧。

一旦经历了几次友情审阅，你就有可能与那些对你的工作提供了特别有益的意见的同行建立起评议友谊。虽然找那些只纠正你的拼写和语法错误，而对你稿件的实质内容只有赞扬的审稿人是很诱人的，但从那些真正给出批评意见，并且不怕提出的问题需要你花心思来修改的人那里，你会受益最多。与这些人培养友谊，真诚、反复地感谢他们对你的帮助，在他们需要时迅速帮助他们审阅稿件作为回报。

22.2 让审稿工作变得简单

当你请人审阅你的文章时，你其实是在请他们帮一个大忙。因为每个人都有来自期刊、资助机构等不断的审阅需求。当你接触一个潜在的友情审阅人时，你可以暗示自己他们会对你的稿件感兴趣，并提出你也可以对他们的作品进行友情审阅作为回报。从长远来看，更重要的是让审阅工作更容易一些，使帮的这个忙尽可能变小。毕竟，对于一个好的友情审阅人，你会希望能再与其合作，但如果上一次的审稿工作有许多非必要的困难，下一次你可能就会遇到对方不情愿的情况。至少，你应该在以下六个方面努力。

- **在发送稿件之前，要尽一切可能的努力来打磨你的文稿。**好的审稿人是非常难得的，不要给他们发去一些充满了你本该自己就能修正的问题的文稿，这会使他们泄气。因此，友情审阅应该在彻底地自我修改（包括对语法、拼写等的仔细校对）之后进行（见第 21 章）。这条准则有两个例外。第一，在写作项目的早期，就稿件的整体结构或重点等基本问题征求友情审阅人的意见，有时会很有帮助。在这种情况下，你可以向友情审阅人提出具体的问题，例如："你能不能略读一下，看看你认为这些分节的顺序是否合理？请忽略其他的方面。"要明确指出，你交付的是一份零散的或未经打磨的稿件，你不需要审稿人彻底阅读。这种做法不应该是每份稿件的常规步骤，留待你手上有真正的疑难杂症时再这样做。第二，一些写作者与同行或同行写作小组协商达成了相互的友情审阅协议。每个写作者所要求的帮助（包括对草稿的早期审阅）将得到回报。如果你在结构问题，如安排材料的顺序或将结果包装成一个清晰的故事方面有困难，这种安排可能对你特别有用。

- **为审阅工作留出合理的时间。**假设你的审稿人至少和你一样忙，并且认识到你的稿件对他们的事业来说，自然没有对你的职业生涯那样重要。通常要求在 3 周至 4 周内得到反馈意见是合理的。如果你的截止日期比这更近，那是你的问题，而不是审稿人的问题。下一次，请将所有截止日期考虑进你的写作过程中。要求更快地审阅是非常特别的请求，而且可能最好有一个特别的鼓励（巧克力往往很有效）。

- **提供电子版或纸质版文稿的选择**。有些科学家更喜欢阅读纸质稿件，并用铅笔写评论。那就提供纸质版文稿，顺应他们的习惯吧！ 如果你提供电子稿件，请提供一个标准的文件格式和一个容易标记的格式（Adobe PDF 文档虽然可读性广泛，但编辑起来很麻烦）。好的做法是提供一个你们领域最常用的文字处理包（Word、LaTeX，或类似文件）的副本，以及一个 PDF 格式的副本。

- **双倍行距，缩进段落，并使用页码和行号**。行号特别有帮助，因为它们可以让审稿人很容易地指出文稿中某处的具体内容，如 "你在第 321 行所说的似乎与你在第 162 行的陈述相矛盾"。没有人喜欢用手数 "第 7 页第 2 段的第 14 行"。段落缩进似乎是一件小事，但段落结构其实是你努力把观点写清楚的一个关键工具，所以不要让你的读者看不清段落间的间隔。段落之间空行是不够的，因为只要分段与分页重合，这种提示就会消失。

- **提出具体的问题**。你可以提出请审稿人注意你特别希望得到帮助的几个方面。在不增加审稿工作量的情况下提高审稿的效用。例如，你可以提到你不确定某个术语是否清晰，你担心方法部分的细节是否适度，或者你希望得到关于讨论部分中哪些内容需要删减的建议。

- **适当地、有礼貌地提醒。** 在两三个星期之后通过电子邮件进行一次简单的提醒是完全合适的，再过一两个星期再次跟进也是适当的。但是不要唠叨，太早或太频繁的提醒会让人觉得很紧迫。最好在提醒中问对方是否需要帮助，例如："希望您能打开文件，如果您想用不同的格式，请告诉我。"最后，即使你的稿件被真正重要的事情挤到了审稿人的优先级名单的后面，你也要友好地理解这一点。

22.3　如何阅读审稿意见

在写作生涯的早期，我知道我有很多东西需要学习。我知道我不善于保持写作势头，从而完成初稿的写作；我知道我不擅长写复杂的句子和紧扣主题。更诚实地说，我可以写出一长串的写作问题列表。而且我当时完全没有意识到，我并不知道该如何阅读一篇审稿意见。此后，我学到了很多。

当你收到一篇意见时，请立即通读。但通读结束后，**不要做进一步动作**。不要再读，不要在上面乱写乱画，不要开始修改，不要向朋友怒气冲冲地抱怨审稿人如何误解了你。什么都不要做。相反，把意见放在一边至少一两天时间。因为我们中很少有人能够在初读对自己作品的批评时（无论它多么准确），做出冷静和有建设性的反应。

等你的应激反应有所平息时，再把意见拿出来阅读。现在打开它，把意见分成三类。在修改时，你会以不同的方式处理每一类。首先，找出并指明有明显问题并有直接解决方案的意见，标记为**第一类**。其次，像语法错误、重新安排各部分顺序、起新标题等问题，标记为**第二类**。这些意见似乎是指出了一些问题，但你（还）没有看到明显的改进方法。也许审稿人从你没有想到的角度读了文章；或者建议你做一个新的分析，但你不确定你能完成；或者建议你做一次统计检验，但你不确定那是否适用于你分析的数据。最后，把你的反应是"那个白痴根本没明白我的意思"或者"天啊，他们真的看了吗？"的意见标记为**第三类**。几乎总是会有这样的意见，它们会让你生气，但它们也很重要，如果考虑得当，也可以帮助你对文章做出重大改进。

第一类意见（根据它的定义）是很容易处理的，当你开始修改时，要先行解决这些意见。这样做可以帮助你重新投入你可能已经搁置了一段时间的稿件中去，并且让你重新熟悉这个文本，这样你在处理第二类和第三类意见时就会更容易。

处理第二类意见涉及更多的思考和工作。它们通常涉及科学写作的要点，而不仅仅是措辞或顺序的问题。决定是否需要进行实质性的修改（以及应该如何修改）可能需要你阅读更多的文献，学习新的技术，或以不同的方式来思考你的课题。有两种自然的反应可能导致你不理智地抗拒第二类意见。第一，你可能会拒绝修改，因为你原来的分析或方法你曾经看是正确的，现在也是。可能确实是这样，但也可能是你不愿意走出舒适区，或者不愿意承认你以前想法有不完美之处。你应该承认这些反应，并且为说服自己拒绝审稿人的建议设定一个比较高的标准。第二，你可能会拒绝进行实质性的修改，仅仅是因为你认为自己已经完成了稿件，而进行修改将花费大量的时间和精力。文字处理软件和激光打印机可以使任何初稿看起来和已发表的论文一样整洁漂亮，所以你也许从心理上很难接受你的作品确实需要重大修改。不过，如果你的友情审阅人提出了实质性的修改建议（正式评议人很可能也会这样做），你不妨趁着现在还处于未影响投稿能否被接收的阶段，赶紧解决这个问题。在修改处理第二类意见时，与审稿人进行一些讨论，问清楚他们的意见或询问进一步的建议，往往都是有帮助的。但是，如果你想让同一位审稿人以后再给你审稿的话，最起码请不要与之争吵。

第三类意见是职业初期写作者最常处理不当的意见。对这些意见，无论是出于对你的领域缺乏经验，阅读得比较粗心，还是天生的愚笨，你都得确定你的审稿人确实弄错了。事实上，在大多数情况下，第三类意见指出的是，你试图写得清清楚楚的地方写失败了。如果你以开放的心态重读你的文章，你通常会发现是因为你的观点不明确，或者观点隐藏在无趣的或混乱的文字当中，导致你的审稿人被引入了歧途。所以即使你是对的，那又怎么样呢？即使一个匆忙、分心、粗心甚至不像你那么聪明的读者来阅读你的作品，你的文章也必须是清晰明了的，这是你的工作。因此，虽然第三类意见一开始可能会让你恼火，但你要认识到，这也是一个了解读者在阅读你的文章时的体验的机会。如果你的审稿人得出的结论与你的本意不同，那你就应该解决这个问题。从这个角度来看，使读者误解的责任几乎总是应该由作为写作者的你来承担。

22.4　特殊情况：连续的审稿

在某些情况下，如果你将同一稿件的多个草稿连续发送给同一个审稿人，友情审阅的过程可能会更加漫长。这种连续的审稿最常见于本科生或研究生不断向他们的导师递上论文或稿件的更新版本。当你寻求连续的审稿时，一些附加的做法可以帮助你的审稿人保持良好的态度。

与通常的友情审阅人不同，连续审稿人会看到你的修改，而且他们可能很快就会记起之前他们给出的许多审稿意见，而且他们往往会专门看看你的新草稿如何回应了他们的意见。这时，你可以给他们写一份简短的报告，概述你所做的修改，以及如何处理了他们关心的问题，让这种关注变得简单（这种"对意见的回应"在正式评议后修改稿件时更为关键，这部分内容将在第 24 章详细论述）。对每一条实质性的意见你都要做出回应。如果你根据建议做了修改，就说出来；如果你没有根据他们的建议来修改，就要向他们解释清楚，你做了什么其他的改动来解决审稿人指出的问题。绝对不要忽视任何意见。没有什么比在连续三稿中纠正同一个明显的错误，更能使你导师血压飙升的了。

最后，连续审稿人在反复阅读一篇稿件的多版草稿后，很可能对你的下一篇稿件也更有洞察力。在这种情况下，你可以在第二篇稿件中避免犯在第一份稿件修改过程中被纠正过的同类错误，从而建立良好的声誉。虽然这听起来很理所当然，但要做到这一点并不容易，因为你犯错的事实本身就表明你有犯这样错误的倾向。因此，在给友情审阅人发送下一份稿件之前，请先回顾一下你对上一份稿件所做的修改，在由审稿人提出之前，先进行类似的自我修改。如果有帮助的话，把你容易犯的错误列一个简易的清单，将它作为检查列表，并根据你收到的每一份新的意见持续完善它。

22.5　与导师商讨修改事宜

由论文导师进行友情审阅的学生有时会感到特别紧张。有些人会觉得不得不接受导师的所有建议，这可能是因为他们习惯了改作业的做法。他们的心里已经形成作业是被纠正的而不是被编辑的观念。但是，对于论文来说，这并不是正确的模式。相反，如果你不同意一个审稿意见，如对于琼脂灌注技术，或统计学，或有机合成的一个步骤可能的结果表示不同意，你会怎么做？你会说："出于 B 的原因，我建议做 A，我认为这会带来一个好的结果。"而你会预想你的导师回答说："好吧，其实我认为我们应该做 C，这基于 D 的原因来说更好。"你们都会考量这些论点，也许会查阅文献或征求第三方的意见，然后一起做出决定。当学生进行这样的争论时，一个好的导师会感到很兴奋，尤其是当他们第一次"输掉"争论的时候。在大多数情况下，讨论琼脂灌注的方法也适用于讨论写作。当这种讨论不奏效时（尤其是当你陷入难以和解的对立时），请记住：这是你的论文，不是你导师的，但听从有经验人的做法可能也是明智的。

本章小结

- 所有的稿件在正式提交前都应进行"友情审阅"。

- 减轻友情审阅人负担的方法：送出已打磨好的稿件，提供合适的格式方便他们阅读，并提出具体的问题。

- 阅读审稿意见和进行回应时仔细思考。留出一些时间，让你的回应更加理性成熟，对你认为"审稿人错了"的冲动保持怀疑态度。

- 对反复阅读你各版稿件的连续审稿人，在每个新的版本中附上一个简短的修改摘要。

练习 ⌛

1. 列出一个 5 人名单，可以对你现在正在（或将要）写的东西给予有益的友情审阅意见。对于每一个人，指出是什么原因让你觉得他适合成为你作品的友情审阅人。在你的选择中要考虑囊括不同方面的能力，例如，一个人对你研究的体系很了解，另一个人的写作风格使你很欣赏。

2. 起草一封请同行对稿件进行友情审阅的电子邮件（必要时可以假想）。包括一句话总结稿件内容，简要描述你希望审稿人着重关注的内容，并提出作为回报，可以对他们的文章进行友情审阅。

3. 在别人打分或审过的作业或稿件中，将审稿意见标记为第一类、第二类或第三类，然后列出至少 3 个审稿人指出过的问题，以便你在下一个写作项目的自我审查环节中进行检查。

第 23 章

正式评议

当你（和友情审阅人）已经尽可能地打磨了你的稿件后，下一步就要尝试投稿了。我在这里假设，你要向同行评议的期刊投稿，因为这类期刊是自然科学界迄今为止最重要的一种发布去处（预印本将在第 25 章讨论，其他类型的出版物将在第 26 章讨论）。同行评议出版物的显著特点正如其名称说明的那样：你的稿件将在期刊的要求下，由你的同行（其他活跃的科学家）阅读和评议。我把这阶段称为"正式评议"。

23.1 正式评议与友情审阅的不同之处

正式评议与友情审阅（见第 22 章）有很多共同之处，但二者至少有三个重要的不同之处。

首先，正式评议人是从全球的专家库中抽取的。虽然他们通常了解你的领域，但他们不需要像友情审阅人那样具体地了解你或你以前的工作。这是一件好事，因为大多数你的目标读者不知道这些信息。正式评议人能比友情审阅人更好地代表你的目标读者，从而帮你判断你的写作是否实现了清晰明了的表达。

其次，几乎所有期刊都为正式评议人提供了匿名提交审稿意见的选择。这增加了正式评议对期刊和作者的价值。因为匿名可以让审稿人不用担心你们之间关系从此变得很尴尬，从而可以不加修饰地告诉你他们的真实意见。当然，在理想情况下，每个审稿人都知道如何提出纯粹建设性的批评，每个作者也都应该知道如何冷静地接受审稿意见，即使它是措辞不当的。但在我们这个正常人的世界里，审稿人不愿意在批评性意见上签下名字也是完全合理的。[①] 因此，匿名的选择向你保证，你的正式评议人可以以最直接的方式帮助你。

最后，正式评议人同时在扮演两个角色。他们提供的意见和建议可以帮助你改善稿件，就像友情审阅人一样；但他们也帮助编辑判断你作品的质量，从而起到把关的作用。这两个角色乍看之下似乎截然

---

① 的确，有些审稿人会滥用他们的匿名身份，给出粗心的、无礼的、人身攻击的或其他不专业的审稿意见。我们很难估计这种行为的频率，因为任何估计都必须基于"毛遂自荐"的写作者或审稿人提供的意见。格林等（Gerwing et al., 2020）认为，大约有12%的意见会包括至少一条称得上不专业的评论，这还是基于主动承认自己的意见不专业的审稿人和主观宣称某评论不专业的作者得到的结果。幸运的是，好的编辑不会太看重粗心大意的意见，他们会对不专业的语言进行修改，或至少进行评论。当然，我也并不是说每个编辑都会这样做。比如，我曾经向一个小期刊投过一篇稿件，报告了一些不多但合理的、（至今我也仍然认为）有趣的数据。一位审稿人匿名写道，即使是在他们的本科生态学概论的课程中，他都不会让我及格。就这样，没有解释哪里做错了，也没有提出任何改进的建议。这显然是不专业的，编辑也不应该把这样的意见发给我。但幸运的是，这些没有对我造成任何伤害。因为我很固执，没有被吓倒。我转而把稿子寄给了另一个期刊，在做了一些小的修改后，就被接收了。而我还获得了这个故事，聊作趣事。

不同：审稿人在改稿方面的作用是在为作者服务，而在把关上的作用是在为期刊服务（似乎这时是站在作者的对立面，因为作者可能被拒稿）。但这种想法太狭隘了，因为事实上，期刊会从作者的改进中受益，作者也会从期刊的把关中受益。如果你正对最近被拒稿的事情耿耿于怀的话，后者可能显得有些不合情理。但实际上，好的审稿人和编辑会对完全不能发表的稿件、尚不能发表的稿件和只是不能在该期刊发表的稿件有明确的区分。假如你的工作被归为完全不能发表的那类，也许是由于一个关键的设计缺陷。你应该了解清楚缘由，这样才可以把精力转向新的研究。幸运的是，这种极端情况很罕见。如果你的作品归属于尚不能发表的行列，你应该感谢审稿人提供的有价值的建议，即告诉你还需要做什么才能让它达到发表标准。如果你的稿子很好，但不适合你投递的这家期刊，你应该要想到去找到合适的读者群，并且修改稿件，从而使它更适合他们阅读。如果仅仅把正式评议看作是出版前需要克服的一种"障碍"，你也许会失去很多可用于写作的帮助。

　　你可能会不赞成这个观点，因为有时你恰好需要在职业生涯的关键事件（如职位申请或获得终身教职）之前把文章发表出来。在这种时候，你可能并不会感激审稿人为了帮助你找到与稿件完美匹配的期刊，或迫使你做出一切可能的修改所耽误的大量时间。然而，其实你不能指望期刊会考虑你个人的时间期限。幸运的是，相比过去而言，电子工具大大加快了审稿和出版的速度，减少了审稿和提出写作建议要花费的时间成本。

23.2 审稿过程

稿件提交后会发生什么似乎是很神秘的事情。然而，尽管有一些小的差异，几乎所有的期刊都会遵循以下 6 步或相似的程序。

- **稿件检查**。期刊办公室会首先对提交的稿件进行检查，确保它是适合通过评议程序的。它的主题领域必须符合期刊的要求；不能缺少各部分、图片等；必须按照期刊的作者须知的要求进行排版；其文稿必须足够清晰，以便审稿人能够评估内容。如果在这些方面有缺陷，稿件会被立即退回，这样编辑和审稿人就不会在完全不可能被接收的稿件上浪费精力。这些检查主要是抓出业余爱好者[①]、疯子和粗心得离谱的作者。
- **分配编辑**。主编阅读稿件后，要么直接拒稿（见下文"解读和回应编辑的决定"），要么将其分配给一个处理编辑（有时称为通信编辑、主题编辑或助理编辑）。例如，《地球科学》（*Geosciences*）期刊有一个由 27 名处理编辑组成的编辑委员会，而拥有 100 名或更多处理编辑的期刊也并不罕见。通常情况下，处理编辑的专业知识与你稿件的领域是接近的，但也可能不直接涉及。与同行评议人不同的是，你通常会知道你的处理编辑是谁。

[①] 《美国博物学家》（*The American Naturalist*）作为生态和进化领域的顶级期刊之一，却会收到一些明显业余水平的投稿。原因可能是它的名字很受欢迎，但容易让人误解其为非学术性期刊。一位来自遥远的南太平洋岛屿的志愿投稿人寄来一篇文章，阐释说美洲驼的脚很特别是因为它们经常在深雪中行走（但其实并不是这样的）。另一位作者还寄来过对一些异常蓬松的绵羊的描述。

- **分配审稿人**。处理编辑阅读稿件后，要么建议不经审查直接拒稿，要么将稿件分配给两名到三名愿意进行审阅的同行评议人。审稿人的领域一般比编辑更接近你所属的分支学科，但期望他们像你一样了解这个主题是不现实的。实际上，让不完全了解你的主题的审稿人来审稿可能相当有帮助，毕竟，你的论文发表出来很可能面对的就是这样的读者。
- **审阅**。每个同行评议人都会阅读你的稿件，然后以书面形式向处理编辑提交对稿件的意见、批评和建议，每位评议人还会推荐一个编辑决定。
- **推荐一个编辑决定**。处理编辑重读稿件，考虑审稿人的意见，然后向主编推荐一个编辑决定。当同行评议给出的建议基本一致时，编辑一般都会采纳这种建议。但很常见的情况是同行评议提出了不同的建议。在这种情况下，处理编辑通常会像一位额外的审稿人那样仔细阅读你的稿件，然后做出决定。在这里，没有调和相互矛盾的审稿意见的"规矩"，多数意见不一定会获得支持，平局也不一定直接对应通过或者拒绝。
- **最终决定**。主编会做出最终的编辑决定，并将其与审稿人和处理编辑的意见的副本一起交给你。

23.3　推荐审稿人和不推荐审稿人

在投稿时，许多期刊允许你（有些会要求你）为稿件推荐合适的审稿人名单。这些人被称为推荐审稿人。你也可能被要求列出你不愿意其审稿的人（不推荐审稿人）。编辑不一定会邀请你推荐的人，也不一定会避开你不推荐的人，但你值得在这两个问题上花些心思。事实上，即使期刊没有明确要求你提供推荐和不推荐的审稿人，你也可以，而且应该在投稿的附函中提到这些内容。编辑会乐于知道你推荐的审稿人名单，因为这样可以节省大量的精力，确保安排合适的审稿工作。即使编辑没有确切地采用你推荐的人，你的名单也会对他们找到其他合适的审稿人有指导意义。

推荐审稿人时，选择你认为会喜欢你的稿件的人（比如，对你的作品非常了解的朋友，或者不太挑剔的人）可能看起来很诱人。但你要抵抗这种诱惑。你不是要找一个无论你的稿件质量如何，都会给出接收建议的人。相反，你要找的是能给你提供有价值的批评意见的人，这样，你最终发表的作品的质量会比原本质量更上一个台阶。推荐那些虽然对你的工作不甚了解，但发表了你欣赏的文章的同行。这有时指的可能是在你的领域中相对资深或知名的学者。当然，这样的人往往会收到很多审稿邀请，而不得不拒绝其中很多，但无论如何你可以推荐他们，最坏的情况不过是编辑需要另选他人。另外，推荐一些处于职业生涯早期的研究者也是很好的主意，这些人通常会给出非常有建设性的评论，但编辑自己不太可能想到他们。

列出不推荐的审稿人会带来一个有趣的难题。一方面，科学家是非常有人情味的，如果这个领域的某个人在审阅你的稿件时有可能做出不恰当的行为，那么编辑应该对此有所了解。不推荐某些审稿人的原因可能包括过去的专业或个人分歧，或者实验室之间存在竞争关系可能会诱使审稿人不恰当地使用你稿件中的数据。另一方面，不推荐审稿人会错过可以帮助你改进论文的人选。此外，有太多不推荐审稿人会让编辑产生疑虑，考虑问题是否出在作者本人，而不是无数（假想的）敌人身上。实际上，即使对不太喜欢的人，大多数科学家也会给予公正的评论，所以大多数作者只是偶尔指出不推荐的评议人。从经验上来说，如果你察觉自己的一篇投稿列出了两个以上不推荐审稿人的名字，或者多次地给出不推荐审稿人的名录，你也许应该坦诚地想想自己与你所在领域的同事关系了。

23.4　解读和回复编辑的决定

提交的文章一定会回来。新手作者常常想象自己的投稿要么立即被接收（好消息），要么直接被拒绝（坏消息）。事实上，情况要复杂得多。前一种情况很少见，后一种情况也会有几种类型，之间有重要的区别。大多数情况实际上是介于两者之间的。编辑决定可以采取以下 7 种基本形式之一（尽管叫法可能有所不同）。

- **编辑谢绝**。"编辑谢绝"意味着你的稿件没有进行同行评议就被退回了［大多数期刊使用"谢绝"（decline）而不是同义词"拒绝"（reject），可能是因为它听起来没那么有审判的意味］。这通常意味着编辑认为你的稿件与期刊的专业范围不匹配，或者你的论点有极其严重的问题。如果收到了前者，只需将你的稿件转寄到其他期刊。如果是后者，先解决问题，然后同上。

- **无偏见谢绝**。无偏见谢绝（DWOP）与直接退稿的区别在于编辑对本来不合适的稿件感到好奇。直接被拒绝的稿件不能重新投给同一期刊，但无偏见谢绝可以（事实上，无偏见谢绝有时被理解为"拒绝并邀请重新提交"）。然而，你应该清楚地理解这一决定传递的信息：编辑认为你的稿件在审稿过程中可能有机会，但前提必须彻底重写，最好被认为是关于同一主题的一个全新的作品。

你可以将无偏见谢绝的稿件寄回给同一期刊，但根据无偏见谢绝的原因，你可能想这样做，也可能不想。如果这些原因涉及数据或分析的问题，那么无论你向哪里投稿，你都必须解决这些问题。在这种情况下，给出无偏见谢绝的期刊最初是你的首选，现在仍可能是。这种情况下你可以重新投稿。但是，如果原因是与期刊不合适或与稿件内容的问题有关，请认真考虑你的选择。如果编辑认为该期刊想从一个非常不同的角度来看待你的主题，那你有可能投错了地方。与其重写，不如去找更适合你的期刊。或者，编辑建议你的文章要使用更多的数据（如文献综述与综合分析）。此时，你应该更广泛地考量你的投稿计划：你是否有这些数据，或能否得到这些数据？你是应该把它们添加到当下这篇稿件中，还是为另一篇论文中保留？编辑为了传达他们意识到了这些问题，通常这样说："为了使本稿件适合我们的期刊，需要增加这样那样的内容。或者，作者可能希望进行更适度的修改，转投其他更专业的期刊。"

编辑谢绝和无偏见谢绝的频率已经相当高了，25%到30%的频率并不稀奇。对《自然》和《科学》这些杂志则高达75%。这其实是一个实用的办法，被用以解决上涨的投稿量，以及随之而来的对同行评议服务的大量需求。要维系有意愿的审稿人是很难的，所以编辑如果能直接做出决定，不去浪费这些有限资源，会非常有帮助。有些作者对被编辑谢绝感到愤怒，但事实上，这些拒绝通常也是最符合作者利益的。如果你的稿件有根本性的缺陷或不符合这家期刊的专业范围，哪怕进行同行评议也不会增加它被接受的机会。及时拿回稿件（编辑部拒稿往往只需几天时间）更好，这样你就可以没有拖延地修改并转向其他地方投稿。

- **评议后拒稿**。同行评议后拒稿的后果与编辑部拒稿的后果相同，该期刊不会再考虑你的投稿。你接下来的应对也与收到编辑部退稿时相同，只是这时你还有同行评议的审稿意见。不要以无论如何你都要把作品寄到其他地方为由而忽视这些意见，如果这样做，就等于扔掉了免费的写作帮助。此外，如果你忽略了一篇意见并到其他地方重新投稿，因果报应法则基本保证第二家期刊也会咨询同一个评议人（如果你不相信业力法则，审稿人数量有限的事实也很可能会带来同样的结果）。大多数资深科学家都曾以这种方式审阅过一份稿件：“我上个月为《X 期刊》审阅了这份稿件并建议拒稿。现在它似乎没有变化，那么我对这篇文章的评价也没有变化。附件是我之前审稿意见的副本。”写这种意见很有趣，但收到这种意见就不好玩了。

稿件被拒总是痛苦的，但这绝不是故事的结局：几乎所有被拒的稿件在经过适当的修改后都能在其他期刊上找到归宿。各个领域的经典之作也经历过这一过程。彼得·希格斯（Peter Higgs）（1964）预测后来被称为“希格斯玻色子”的论文和乔治·阿克洛夫（George Akerlof）（1970）关于具有不对称性的经济市场的论文也都曾被拒稿过，而这两篇论文最终却都为其作者赢得了诺贝尔奖。甚至有些证据表明，第一次投稿就被拒的稿件，一般来说会比从未被拒的稿件获得更大的引用影响力（Calcagno et al., 2012）。这种趋势表明，额外的审稿过程给予的帮助从长远来看实际上有利于作者，所以要坚持。

- **审稿后的无偏见拒稿**。审稿后的无偏见谢绝与编辑部的无偏见谢绝带来的结果是一样的，你接下来的选项也一样，但这里你还得到了审稿人的额外帮助。

- **重大修改**。编辑要求你做重大修改，这传递的信号是，只要你能对一些重要问题进行修改，你的稿件就很有可能被接收。然而，这样的决定并不能保证你的稿件最终一定会被接收，特别是如果你不认真对待"重要"这个词时。进行彻底的修改，并将修改后的稿件与"对审稿意见的回复"（见第 24 章）一起提交上去。编辑会阅读你的修改稿，可能将其送出，由原来的审稿人或新的审稿人进行进一步的同行评议。然后，修改后的稿件会得到一个新的编辑决定。

- **小幅修改**。小修的决定是一个强烈的信号，说明编辑想接收你的稿件。这时编辑认为审稿人提出的任何批评都有直接的修正措施，而不会改变你稿件的整体故事。小修仍然不是一种保证，但你必须努力，才能增加你的机会。与重大修改一样，你需要传回一份修改后的稿件以及"对审稿意见的回复"。编辑这时可能会直接评估稿件而不会进行进一步审阅。通常情况下，编辑要么要求进一步小修，要么接收你的修改稿。

- **接收**。从理论上讲，你的稿件可以在第一次提交时就被接收，但实际上几乎从不这样顺利。在现实情况中，只有在最初的"大修"或"小修"之后，再经过一两轮修改，你才会看到这一决定。此时的反应很简单：庆祝一下吧！当然，你还有事要做：最后的排版、将数据上传存档、填写版权表格、检查校对等。然而，最繁重的工作已经结束了。

23.5　与编辑和审稿人通信

与编辑和审稿人以相当正式的形式互动时，他们可能看起来像无形的、来自天空的权威之声。其实不需要这样。事实上，编辑和审稿人是和你一样的人（几乎可以肯定的是，在你楼下就有一个。在某个时候，如果不是现在，你也会成为审稿人或编辑）。像你一样，编辑和审稿人在大多数时候都很理智，人很好，但偶尔也会发脾气。像你一样，他们对科学有一定的了解，但不是全部。和你一样，他们希望发表的文献是具有较高质量的，尤其是希望你的稿件能够更好。他们会为了这些目的而努力（如果你为此感谢他们，他们也会很感激）。简而言之，编辑和审稿人是你的合作伙伴，你们的共同目标是让你的高质量论文发表在期刊上，被最合适的读者获取。

把编辑和审稿人当作伙伴而不是敌人，这就带来了与他们通信的可能（我指的是除提交修改后的稿件以外的通信）。虽然许多作者不愿意这样做，但在一些情况下，联系处理编辑甚至审稿人是完全合适的。

- **协商改稿的最后期限**。修改要求通常伴随着要你提交修改稿件的最后期限。通常情况下，修改期限为一个月至六个月，但（尽管看起来令人吃惊）短至一周的期限也是有可能的。只要你不是在最后一刻才提出，并且你有合理的理由需要更多时间，要求延期是完全可以接受的。

- **请求更多信息以理解审稿人或编辑的意见**。在偶然的情况下，一篇审稿意见可能没有审稿人或编辑的本意那么清楚。如果这一点很重要，礼貌地要求进一步澄清是可以的。你可以直接联系在意见上签名的审稿人（我在绝大多数自己的意见上签名正是为了邀请作者这样做）；或者，你可以要求编辑来对这个神秘的意见做出解释。

- **要求对可能的修改方式进行反馈。** 通常情况下，如何解决审稿意见中指出的问题是相当清楚的。但偶尔，你可能会不确定设想的修改是否能令人满意，或者两种可能的修改方式中哪一种更好。这种情况最常发生在审稿人提出的建议（如进行新的分析）被证明是无法完成的，但你心里有一两个备选方案时。如果可能的修改需要开展大量的新工作，或者如果接下来的修改取决于选择哪种替代方案，那么就有必要在深入开展研究之前先征求反馈。请记住，问"X 方法能解决这个反对意见吗"是合理的，但没有人会回答"如果我采取 X 方法，我的稿件会被接收吗"这种问题。

编辑和审稿人每年要处理几十份稿件，所以你应该适当地保留联系他们的机会，在他们的帮助真的会带来改变的时候再这样做。在我作为编辑和审稿人的经验中，大约有 5% 到 10% 的时间被稿件的作者联系过（在标准投稿程序之外）。这个比例似乎也是恰当的。

联系编辑和审稿人应该通过电子邮件，因为这样能给回复留有一些余地。除非被邀请，否则不要打电话（当然，也永远不要突然出现在编辑的办公室，或在学术会议上跟踪审稿人）。一定要确保你的沟通是亲切的，措辞是建设性的，而不是对抗性的，也一定要传达出感激之情。

　　最后，如果你的稿件被拒了，你是否应该申诉？在你收到"对不起，谢绝"的拒稿通知后，这似乎是一个好主意，但我很少认为真的值得这样做。当然，审稿人和编辑有可能完全搞错了一些情况，而这正是你被拒绝的关键原因，但这种情况并不常见，在你多产的职业生涯中可能都不会发生几次。即使你真的被冤枉了，从实际情况看，申诉也不那么可能会成功，还有可能为你带来"难对付"的名声，而且申诉所需要的时间可能不会比简单地把（修改后的！）稿件寄给另一家期刊快。这并不是说你不应该申诉（不久前我就成功地申诉了一次拒稿），而是说在申诉之前，你应该考虑你的情况是否在客观上无懈可击，以及这是否对你的稿件或你的职业生涯极为重要。除非两点都是，否则通常情况下最好还是继续前进吧。

本章小结

- 正式评议人扮演着两个角色：他们帮助你改进稿件，但他们也是稿件的把关人。这两个角色对你作为一个作者来说都有帮助。
- 审稿过程有 6 个步骤：稿件检查、分配编辑、分配审稿人、审阅、推荐编辑决定和最终决定。
- 提交的稿件可能会得到 7 种决定中的一种：编辑谢绝、无偏见谢绝、审阅后拒绝、审阅后无偏见拒稿、重大修改、小幅修改或接收。作为作者，你接下来的反应应该取决于决定的类型。
- 如果处理专业，与编辑和没有匿名的审稿人通信是合适的。

练 习 ⧖

1. 对于你未来的写作项目，列出 6 个在投稿时会建议的"推荐审稿人"。为每个人选写一句话来解释为什么你会推荐他们做审稿人。

2. 仔细考虑你在本次练习的第一题中列出的名单。这个推荐审稿人名单中的多样性有多大？其中是否包括女性、来自南半球的学者，以及年轻和资深的研究者？如果没有，请添加新的人选以填补空缺。

第 24 章

修改和对审稿意见的回复

正式评议后，通常要对稿件进行修改。修改有两个相关但不完全相同的目标：一个是尽可能地改进你的稿件，另一个是尽可能增加其最终被接收的可能性。根据正式评议意见进行修改的技巧是我们写作技巧的一个重要部分。它有 3 个主要元素：有效地阅读审稿意见；对稿件本身进行修改；起草一份对审稿意见的回复并配合文稿重新提交。

24.1　阅读审稿意见：重读第 22 章

阅读正式意见与阅读友情意见没有本质的区别，所以现在可以重读一下我关于这个问题的建议（见第 22 章）。但请记住，正式评议人与你的距离较远，因此他们更适合做你目标读者的代表。即使（也许特别是在这时）你的第一反应是不接受他们的批评，也要努力把意见的每一行当作去窥见读者内心世界的机会并加以改进，让你的文章尽可能地清晰明了。

24.2　彻底修改

在期刊的网站上按下"提交"按钮是一件非常愉悦的事情。因为这意味着稿件从你手中送出去了，这感觉就像什么事情完成了一样，好像严肃的写作已经结束，剩下的就等评议系统认可你的文章非常优秀，然后马上把它打印出来发表。这种想法是如此具有诱惑力，以至于如果你不自觉地抵制，那么这意味着你最终可能不愿意在意见被寄回来后，进行除了一些表面的修补工作外更严肃的修改。掉进这个思维陷阱会牺牲很多可能改进的机会，也有被拒稿的风险。因为审稿人注意到，他们花了几个小时写的 2000 字的意见，仅让你增加了两个句子，纠正了几个拼写错误。是的，我见过一些作者就是这样做的。

那么，挑战在于，面对将已提交的稿件视为成品的诱惑，如何唤起作者真正大修的热情。在考虑每个审稿人的意见时，你可能会想："我可以怎样做最简单的修改来解决这个问题？"但其实你应该问的是："什么样的修改能最好地解决这个意见，无论修改多么重大？"如果审稿人觉得你的研究目的不明确，也许你只需要在导言部分中多加一句话。但话说回来，你也可能需要从根本上重新思考。如果审稿人不相信你指出的规律，也许你只需要在图中使用更大的符号，但你也可能需要完全重新设计实验。如果审稿人提出了数据的另一种解读，也许你可以在你的论述部分中插入："虽然我们不能否定 X 可能性，但这种假设必须等待未来工作的证实。"或者你可能需要额外的数据或新的分析来弥补论证中的不足。

很可能我说的这些没有让你感到惊讶。但有趣的是，人可以一边很容易地相信这些，但另一边发觉自己仍然在抗拒对某一特定稿件做出重大修改（我当然也这样过）。要想克服把提交的稿件当作成品的诱惑，就必须刻意地这样想。

24.3　不同意审稿人的意见

如果你不同意审稿人的批评怎么办？你必须按照建议来修改吗？用一个字来说：不。但也不要太自以为是，审稿人不一定总是对的，但明智的做法是先认为他们可能是对的。这样做有两个原因：第一，正式评议人往往比你更有经验；第二，你很可能对自己做事的方式有一些不自觉的投入，而这使你抗拒修改文章的建议。因此，尽管任何特定的审稿人的建议可能确实是错误的，但在确定它真的错了之前，你应该强烈要求自己给出非常有力的论据。

假设经过深思熟虑，你确实不同意某个特定的建议，这时应该怎么做？首先，区分两种可能：你反对是因为该建议不会使你的文章更好，还是该建议会使你文章更糟？如果是第一种情况，例如，你做了 X 分析，审稿人想要 Y 分析，而它们是等价的，那就做出改变吧。毕竟，你只需做一点额外的工作，就能让（将对你的修改稿进行评判的）审稿人满意。如果你愿意，还可以把这看成在你真的需要拒绝一个建议时可以兑现的筹码。

那么，第二种可能性呢？假如这个建议确实是不对的？如果你真的确定，那你有 4 个选择。

- **忽略**。为了使选择完整，我加入了这个选项，但这不是个好的做法，因为这个伎俩肯定会被发现。作为一个审稿人和编辑，没有什么比发现我的建议被完全忽视更让我愤怒的事情了。

- **反驳且不做任何改变**。只要你有一个扎实的理由，并能有说服力地、建设性地、有礼貌地论证，你完全可以向编辑解释为什么审稿人是错的。因为你没有对稿件做任何修改，所以你应该解释为什么审稿人的错误意见不可能被其他读者认同。但因为这种情况实际上不太可能发生，所以你不应该经常这样做。

- **反驳但修改**。在绝大多数情况下，你应该在反驳审稿人的意见（如上）的同时修改你的稿件。这样做是因为你认识到即使审稿人的确误解了你的意思，也是对你的一种帮助。因为这说明文章中有表达不够清晰明了的缺陷，而这可能会导致其他读者以同样的方式误解。你的修改不会改变你原来的基本立场，但要以一种不同的、更清晰明了的方式来表达它。

- **听从编辑的意见**。最后，把最后的判断权交给编辑也是有用的，但不要经常这样做（对一份稿件来说，超过一次就比较勉强了）。你可以这样说："审稿人想让我做 X 而不是 Y，但这是我仍然认为做 Y 有更好的原因。我保留了 Y，但如果您更认同 X，请告诉我，我可以提供一个替代版本。"这样做表明你很合作，同时也有利于你"胜诉"。只要编辑认为你提出的理由合理，就不太可能要求你做出改动。当然，不要夸大。如果编辑还是要求你做出改动，你就别无选择了。如果发生这种情况，你应该接受，审稿人和编辑肯定是对的，而你是错的。

论文总是会因为你根据审稿意见所做的修改而得到提升，而根据你不同意的意见做出的修改可能对文章的提升最大。这就是为什么我总最喜欢这样的致谢部分。

感谢 xxx 提供的批判性建议和讨论。不是每个人都能在所有的事情上达成一致，但即使这样也是有帮助的（West-Eberhard, 2014）。

24.4　如果审稿人彼此意见不一致怎么办

当两位审稿人提出相互矛盾的建议时，职业生涯初期的作者往往会感到迷茫。例如，审稿人 1 认为你的导言部分太长，而审稿人 2 希望你增加 3 个段落和 17 个新的引文。这似乎是不公平的。在审稿人之间甚至不能就问题达成一致的情况下，无论怎样尝试修改都将不可避免地让他们中的至少一人不满意，那你到底应该怎么改？

事实上，这种情况下你其实处于有利地位。当审稿人 1 想要 X，而审稿人 2 想要 Y 时，作为作者，你通常可以去证明 X、Y，甚至 Z（两个审稿人都没有提到的第三种方式）中的任何一种是有道理的。评判你回复的人是编辑，而不是任何一位审稿人。所以，在你对意见的回复（见下一节）中，提醒编辑注意审稿人观点的冲突，然后去解释你是如何权衡各种建议并决定最佳的推进方式的。

24.5　附上《意见回复》

熟练地修改对提高稿件被接收的可能性有很大的帮助，但这一过程还有更多要做的事。当你提交修改后的稿件时，还需要附上一份名为《意见回复》（"Response to Reviews"）的文件。处理编辑会阅读这份文件，如果你的修改稿需要进一步审稿，审稿人也会读。它的直接目的是概述你所做的修改以及说明这些修改如何解决了审稿人的批评意见。更大的目的是使处理编辑更容易地（即使不是无法抗拒地）接受你的论文。

一个好的《意见回复》可以让编辑和审稿人迅速看到你是否对他们的意见做出了回应。如果《意见回复》是全面的、积极的、认真写出来的，他们就会以良好的心情打开你修改后的稿件。如果你的《意见回复》不够全面，审稿人和编辑将不得不费力先找到每个引发修改意见的内容，再弄清你做了哪些修改，并判断这些修改是否足够。这个过程很考验他们的耐心，而你绝不希望审稿人和编辑以不耐烦或暴躁的心态决定你的修改稿的命运。因此，你不应该把《意见回复》看作是修改完稿件后可以敷衍了事的一个简单步骤。

《意见回复》应该包括哪些内容？大多数都有这样 3 个要素：表示感谢、对主要修改的简短总结，以及一个较长的部分，包括所有审稿人的意见全文和你的逐点答复。我将用一个真实的例子来说明：下面是我们对哈尔弗森等人（Halverson et al., 2008a）的审稿意见的回复，为了简洁起见，我们略过了技术细节。我们的《意见回复》开始是这样的。

亲爱的编辑博士：

　　这封信随着我们的修订稿《五种草食性昆虫对二倍体、四倍体和六倍体粗糙一枝黄花的区别攻击行为》一同提交给您。感谢审稿人的有益意见，希望我们的修订稿能解决这些问题。具体来说，我们加入了一个新的测试空间自相关的分析（审稿人 1），并讨论了食草动物的偏好和表现之间的区别（审稿人 2）。虽然根据这些建议我们增加了一些新的内容，但为了响应您关于缩短篇幅的要求，我们通篇进行了简洁性方面的编辑，修改后的稿件比原稿大约缩短了 10% 的篇幅。

　　下面我们将详细介绍我们修订稿中的变化。罗马字体的内容是审稿意见，斜体部分是我们的回复。行号针对的是修订后的稿件。

　　这段介绍性的阐述给出的信号是，作者不是在反抗或斗争，而是表达一种合作的态度，对审稿人的意见也充满感激，并渴望利用这些意见来改进稿件。回复中还提请注意最根本的几处修改，且将其与审稿意见相联系。同时也报告修改稿符合编辑部关于（几乎是不变的）缩短篇幅的要求。然后引出更长的逐点回应，建立一种易于查找的模式以呈现作者对审稿人意见的回应。这使得编辑和审稿人在阅读修订稿之前，就进入了一种希望接收修订稿的心态。[1]

　　对审稿人和编辑意见的逐点回复是《意见回复》的主体。当你开始修改时，第一步就应该是把审稿意见剪切并粘贴到文档中，成为你《意见回复》的一部分。这也是使用第 22 章中列出的第一 / 二 / 三类方案来标记审稿意见的时候（重新提交时记得删除这些标记）。然后，每当你根据审稿人的意见修改你的稿件时，记得立即在《意见回复》

---

[1] 如果你接下来的修改内容表明这些信号其实是不真诚的，就可能浪费这种好感。我最近担任处理编辑时遇到了一篇修改稿，它的回复恰到好处——感激、积极，并概述了对原稿中主要批评意见的修改。我粗略地写了一封接收函，然后开始看修改后的稿件。而事实证明，它实际上并没有包含《意见回复》中所说的那些修改！我作为编辑很不高兴，不久之后，作者也高兴不起来了。

中适当地提及这一修改。这样一来，在这之后你就不用回头重新确认自己回应每条意见时都做了哪些修改，避免出现思维卡顿。还有一个好处是，《意见回复》也可以作为修改工作用的检查清单来使用。在你做出修改时，注意每项修改的大致位置。完成后，回头插入行号作为参考，这样审稿人就可以比较容易地在你的稿件中找到每一处修改。

每条审稿意见都应该得到回复，但如果两个审稿人提出类似的意见，你对第二个审稿人的回复就可以简单地写："已纠正，见对审稿人1的回复。"对于简单的语法、拼写、格式等问题，你只需要说"已改正，谢谢"。甚至可以在《意见回复》中把所有这类意见归为一组，并给出统一的答复"已全部改正，谢谢"。但是不要重新组织审稿意见中的文字，因为你还是要让编辑能容易看出你是否遗漏了什么。

《意见回复》中阐明的实质性修改需要多写一些。在谈到具体内容之前，怎么强调都不为过的是，即使你不同意审稿人的意见或觉得被冒犯了，你的《意见回复》也应该始终是礼貌的、有建设性的。即使只有负责处理的编辑能看到你的《意见回复》，看起来很好斗也只会挫伤你的事业。不过，你的回应可能也会被发给审稿人，所以无论如何不要写你不想让他们看到的话。[①]

如果你采纳了审稿人的建议，就值得用一两句话来解释一下这个修改以及它对论文带来的改进效果。比如：

---

① 特别是不要写那些看似潇洒的回击，尽管那样感觉起来非常有诱惑力。我读研时投稿收到过一份意见，其中提到"稿件的这一部分似乎写得很草率"。而我发现了审稿人的一个小错误，于是在写《意见回复》的时候我巧妙地说道："审稿人说我写得马虎，但我对审稿人也是同样的评价。"当时我感觉自己很聪明。现在我意识到，觉得自己聪明往往强烈表明你其实并不聪明。而且不仅仅是编辑，那位审稿人也看了我的《意见回复》。无论如何，审稿人是对的。

第 289 行：该论文的一个重点是评估二倍体和六倍体植物分布的空间结构。作者的分析模型建立在比较二倍体植物和随机选择的植物之间的平均距离上。这似乎漏掉了很多信息。更好的检测方法肯定是看最近的植物是否具有相同或不同的形式？

这是一个很好的建议。基于近邻的测试得出了与平均距离测试相同的结论，我们在表 2 中报告了这两个测试结果。

如果你要反驳某个意见，你的回应必须清楚地解释为什么你认为审稿人是错误的，以及你如何改进了稿件，以使其他读者不会以同样的方式误读。即使你很确定审稿人不应该弄错，此时也不是维护你作者尊严的时候。相反，承认（甚至夸张一点地表示）审稿人犯错是因为你的某些错误。这可以打造你亲切合作的形象，并表明即使你没有按照审稿人的要求去做，你也利用了他们的意见来改进你的稿件。比如说：

表 1 中的结果好像不太对。作者展示了一个"3×2"的列联表（二倍体、四倍体或六倍体植物 × 受食草动物攻击 VS 未受食草动物攻击）。但根据方法中的信息，他们实际上并没有未被攻击的植物的数据。那么，他们是如何得到这一类的数据呢？如果是来自以前的工作，那不同地点之间的差异会与被攻击状态相混淆。所以，应该放弃这个分析。

虽然审稿人在误解了这里，但还是感谢他的意见，是我们写作的粗心导致了这种误解。表 1 中的栏目不是"受攻击"对比"未受攻击"，而是"受攻击"对比"所有植物"。因此，审稿人指出的混淆的问题并不适用这篇论文。我们的栏目标题是正确的，但文章中的表述可能有点让人疑惑。我们已经修改了方法部分（见第 111—118 行）、结果部分（见第152 行）和论述部分（见第 167—178 行）中的措辞。现在的重点是一致的，那就是被攻击的植物与所有植物进行比较，我们对采取这种方法的理由也有比较清楚的解释。

在这个例子中，我没有实际引用新的改动的全文，只是用行号代替。在这个问题上有两派观点：有些编辑喜欢在《意见回复》中看到改动的全文，这样他们就不需要在《意见回复》和稿件之间翻来翻去。而我更喜欢使用行号，因为这样可以让《意见回复》保持在合理的长度内。而且作为编辑，我无论如何都会查看稿件，在有上下文的情况下查看修改内容。

当你只部分地采纳了审稿人的建议时，也要说明理由（要写上主动听从编辑的判定）。比如：

作者同时使用了分子方差分析和邻接进化树来检验六倍体植物是否能聚类到一起。我不确定分子方差分析是不是最好的检验工具，建议增加一个结构分析法。邻接进化树分析不能增加什么，应该删除。

结构分析法是一个很好的建议。我们做了一个表（见表4）。它与其他两个分析（见第 222 行）结论一致。我们认为这三种分析是互补的，部分原因是它们对数据背后的生物学假设是不同的（见第 134—137 行）。我们倾向于保留邻接进化树，因为这种分析对数据结构有最直观的呈现，可以帮助读者直观地了解我们在说什么。然而，我们也意识到稿件会因此稍长一些，所以如果编辑强烈要求将一项分析归入附录中，我们可以这样做。

在写《意见回复》时，你需要决定哪些材料属于编辑阅读的范围，哪些属于读者需要阅读的。实质性的科学观点通常应该放在文章中而不是《意见回复》中，因为如果编辑需要这些观点来承认你所采用的方法的正确性，那么读者也需要。当然，《意见回复》应该对科学问题进行总结，但要强调你为什么采取一种方法而不是另一种，以及你的修改与原稿的区别在哪里。

当你完成了完整的修改稿和回复信后，请不要立即上传。相反，将它们搁置一两天，然后进行自我修改（见第 21 章）。要特别注意你在回复中的语气，如果你发现其中暗示了对审稿意见的不满，就把它们删除。无论是否有理有据，感到恼怒是非常正常的，但是表现出这种情绪只会让你事与愿违。最后，在《意见回复》中确定好最终的参照行号，完成所有编辑。

现在你可以重新提交了。这可能不是故事的结束，因为在最终被接受之前，有些稿件要经过几次反复的审查、修改、回复以及进一步的审查。尽管如此，你已经完成了重要的一步。在继续下一个写作项目之前，奖励下自己或稍微喘口气吧，这是你劳动后应该得到的。

本章小结

- 每篇审稿后送回期刊的稿件都应仔细修改，并附上《意见回复》。

- 你不一定要对审稿人提出的每项建议都进行修改，因为他们不是永远正确。然而，假设他们可能正确是一种明智之举。

- 当你不同意审稿人的意见时，你有 3 种（能让人满意的）选择：反驳但不修改；反驳但修改；交给编辑决定。第二种选择应该是最常见的。

- 《意见回复》应该能让编辑和审稿人很容易地看到，你已经对他们关心的问题做了适当的修改。

练 习 ⏳

1. 起草一封简短的《意见回复》。如果你最近有文章收到了友情意见或正式意见就用；如果没有，找同行或导师要一份他们收到的意见。你的草稿中要包括一个介绍性段落，然后说明清楚你根据审稿人的意见对稿件进行了至少 3 处修改（你不需要实际进行修改，只需假设然后描述即可）。针对以下每个类别至少写一个回应。

   a. 按照建议进行修改。

   b. 未按建议修改，但采取了另一种修改方法以解决所发现的问题。

   c. 不同意审稿人的建议，未做修改。

   　如果你收到的意见中没有你不同意的建议，假装有一个。这是在练习你表述论点的方式，重点不在论点本身。

第六部分

没说完的话

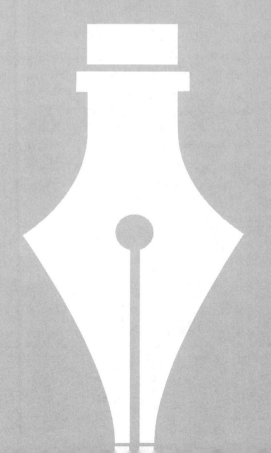

科学写作是一个复杂的话题，还有几个重要的方面不太能归入本书前五部分。所以，我将这松散的五点放在第六部分，分为5个章节来谈。第一，发表论文不仅意味着要选择投稿的期刊，还要决定是否在发表前将你的作品作为未经审阅的"预印本"发布。第二，尽管大多数关于科学写作的讨论都强调的是期刊论文，但在职业生涯中你还会处理许多其他形式的论文（如学位论文、资助申请、同行评议等）。每一种论文都有自己的受众、功能和（写作）惯例。第三，越来越多的科学文献都是合著文章，因此你最好考虑清楚如何管理合著，使它成为一种积极的力量，而不是冲突的来源。第四，为了写论文，你需要阅读大量的论文。有一些技巧可以帮助你有效地做到这一点。第五，并不是所有的科学写作者都是以英语为母语，而科学文献主要是用英语写的，所以非英语母语的写作者可能会面临特殊的挑战。以英语为母语的人最好也想想这些挑战，因为几乎每个人都会指导、审阅或编辑非英语母语写作者的作品，或者与他们合作。

第 25 章

期刊和预印本

你写文章是因为你要为科学做出一些贡献，但只是写并不能让你达成这个目的。你所写的东西，还需要到达那些可从你的工作中取得收获的人的手中。接触科学读者最重要的渠道就是在期刊上发表文章。但是，应该向哪个期刊提交论文呢？在投稿之前，是否应该发布预印本（一种未经审阅的、可自由获取的草稿）？

25.1 数不尽的期刊

选择繁多是件好事，直到你不得不确定一个选择。没人知道今天有多少科学期刊在发行，但肯定有上万种了。有些期刊（如《科学》《自然》《PLOS One》）范围很广，会刊登所有自然科学领域的论文；还有其他范围窄得多的期刊［如《水生生物遗传学》(*Genetics of Aquatic Organisms*) 或《合成晶体期刊》(*Journal of Synthetic*

Crystals）］。但是，无论你的下一篇论文关于什么，你都能找到许多可能合适的期刊——至少是几十种。此时，你需要做出选择。

选择期刊重要吗？在这个依赖网络搜索的时代，你可能会认为自己的论文出现在哪里没那么重要，因为读者无论如何都能找到它。但实际上，许多科学家仍然只关注某些特定期刊上的论文，或者把在期刊上发表文章作为他们决定是否阅读某篇论文的一个因素。这意味着，期刊的选择仍然是用来接触特定"话语社区"（那些和你都对相同问题感兴趣的科学家群体）的一部分。选择相应的期刊让他们更有可能读到、学习并引用你的论文。此外还有一重考虑：你发表论文的期刊会影响其他科学家对你事业的评估。你可能会对此感到震惊，辩称只有论文的质量才是最重要的，而不是在哪里发表。也许是这样，但至少有些科学家还是会注意你是在哪个期刊上发表的论文。考虑到这点，你可能会发现在选择发表期刊时应该非常谨慎。

25.2　什么时候选择期刊

明智的做法是在写作的早期就选择目标期刊。这当然应该在写导言部分或论述部分之前决定好，但更好的时机是在你写大纲、画概念图或寻找你想讲的故事的过程中（见第 7 章）就选择目标期刊。其中有一个重要的原因：如果不知道讲给谁听，你就无法想清楚到底要讲一个什么样的故事。假如我正在写一篇关于一种攻击云杉树的甲虫的论文，这种甲虫原产于欧洲，在北美洲属于入侵物种。如果我要向《加拿大昆虫学家》（*Canadian Entomologist*）投稿，我就主要把故事讲给其他昆虫学家；如果我向《森林生态与管理》（*Forest Ecology and Management*）投稿，我就主要把故事讲给森林生态学家听；如果我向

《生物入侵》(*Biological Invasions*) 期刊投稿，我就要把故事讲给入侵生态学家听；等等。这些决定都没有错，但每个决定都影响了我应该如何来写这篇论文。这些期刊的读者不同，他们会有不同的知识背景，需要不同的背景信息，对我要讲的故事感兴趣的角度也不同。

尽早选择目标期刊还有一个原因：期刊对投稿文章的篇幅、风格、图和表的数量和布局等的要求不同。这些要求一般在期刊网站上以《作者须知》(或类似文件) 的形式列出。如果你的目标期刊限制投稿在 4000 字以内，那么就没有必要洋洋洒洒地写一篇 8000 字的文章。

当然，没人能保证你投的第一个期刊就发表你的论文。即使对最成功的科学作者来说，论文被拒绝也是家常便饭。因此，不要只考虑一个期刊，要多考虑几个期刊，这样你就有了应急方案。幸运的是，合适的期刊永远不会只有一个。

25.3　选择期刊

不幸的是，选择期刊并不是简单的事情，你有一长串的因素要考虑。根据第一条建议的选择很可能与根据第二条或第三条建议的选择相冲突，这意味着你在做决定时需要权衡利弊。此外，不同的人会以不同的方式来权衡，部分原因是他们的发表策略会随着职业阶段或个人风险接受度的变化而变化。这还意味着合著者间可能要进行一些谈判。以下是你在选择期刊时可能考虑的 8 个问题。

- **合适度和读者群**。虽然少数"巨型期刊"，如《PLOS One》，几乎会发表所有科学主题的论文，但它们是例外。大多数期刊都会提供一份"专业范围"的声明(有时写在《作者须知》

里），界定他们想要发表的主题领域和论文种类。把你的论文寄给一个会因领域不合适而快速拒绝你的期刊，是没有任何意义的。但是，仅仅靠公开的专业范围可能会让你错过更多微妙的线索，所以看看期刊过去的专刊是值得的，这样你可以了解该期刊发表过哪些类型的论文。或者你可以反其道而行之，找几篇在主题上与你相似的论文，看看它们在哪些期刊上发表过。

期刊范围有助于将你选择讲述的故事与你希望面对的读者群联系起来。说回我提过的关于甲虫入侵的论文。如果我的数据围绕着一个一般性的生态问题，如气候变化对仅限于南部范围的影响，那么我可能不会选择向昆虫学期刊投稿。因为对那些对生态学最感兴趣的科学家来说，我在昆虫学期刊上发表的这篇论文没有那么明显能被注意到（那些科学家可能会通过关键词搜索到我的论文，但仍会把我在昆虫学期刊上发表论文的决定视为暗示论文目标读者的信号）。相反，像《全球变化生物地理学》（*Global Change Biogeography*）这样的期刊能把我的论文放在我想触达的读者会看的地方。反之，如果我向《全球变化生物地理学》投稿，就表明昆虫学家不是我的主要读者。当然，这种联系作用也可以从另一个方向说：一旦你选择了一个期刊，你就应该把文章写成一个会令它的读者觉得有趣的故事。

你经常会听到这样的说法：你应该把作品发表在范围最广的期刊上，《自然》好过《地质学》，更好过《地质标准》（*Geostandards*）和《地理分析研究》（*Geoanalytical Research*）。这有一定的道理，但还是一种利弊权衡。把论文放在专业范围很广的期刊上可能会帮你获得更多的读者，但放在更专业的期刊上可能会让它被对这个主题更感兴趣的人读到。

找到一个很适合你论文的期刊还有一个好处：你将从了解你所做工作并对其感兴趣的评议人那里获得最有帮助的同行评议。这种情况在投给任何期刊时应该都会发生，但如果你选择得合适，能找到一本经常发表类似你的论文的期刊，而且它的编辑熟悉你的论文主题和你写作的角度，那在这里获得帮助的概率是最大的。

- **考虑你的职业发展和简历**。期刊是有声誉的，如果你的简历中包括了发表在其他科学家公认的顶级期刊上的论文，那么你的职业生涯会得到更多助力。你可能已经知道哪些是你所在领域的顶级期刊，你读过很多它们的论文。如果你还不清楚，可以去问问导师或资深的同事。是否可以通过影响因素或类似的指标（如 SCImago 期刊排名、Altmetric 分数等）来判断期刊的声誉是有争议的。虽然你会听到反对依赖这些指标的一些激昂的论调，但很难否认它们与期刊声誉大致存在关联性。因此，当你没有其他信息来源时，这些排名、指标和分数可能很有用，但经验和判断更可靠。

但是，这也不仅仅是期刊声誉的问题。你在哪些期刊上发表过论文，一定程度上说明了你对自己在这个专业领域中的定位，或者至少会被这样认为。如果你的每篇论文都是在石油地质学的区域性期刊上发表的，那么你可能无法很好地把自己定位在一个国际化地球科学系的教职上。但在应用性期刊上发表的论文可能表明了你在应用方面的兴趣，这会吸引到做资源勘探的公司。众多期刊中的一个名字不足以塑造你的定位，但如果你的论文发表列表累积出现了某种规律，你应该予以留意。

- **开放获取与订阅**。期刊发布论文分为两种截然不同的方式。当一篇论文是"开放获取"时，它是免费（在线）发布给所有人，可以在任何时间获得的。但是，当一篇论文在"订阅"或"付费"模式下发表时，刊登该论文的期刊只会直接将其发布给付费订阅了期刊的人。

  这里"直接"这个词很重要，因为大多数读者其实不是通过个人订阅期刊获取论文的。订阅模式的论文会被提供给任何付费订阅的人，在付费订阅了机构工作的人，进入馆际互借系统的人，给作者发电子邮件索要论文的人，有上述各类别的朋友或同事的人，或者愿意使用其他众所周知合法性存疑的访问方法的人。换句话说，基于订阅的论文的可获取性比你想象的要广泛得多。

  开放获取的期刊更好，这似乎看起来很明显的。你大概会希望你的作品被尽可能广地阅读，而有证据表明，开放获取的论文被阅读和引用的次数比订阅的论文更多。你也可以选择将获取文献视为一个社会公正的问题。在理想情况下，科学知识是开放给所有人的。因此，在其他条件相同的情况下，我们可能都更喜欢以开放的方式发表论文。然而，并非所有其他因素都是平等的，尤其是出版成本费用问题。

- **费用**。发表论文一般都附带着一些费用，有些期刊在费用上比其他期刊更贵。相关费用一般分为两种类型：一种是文章处理费，即按每篇论文收取固定费用；另一种是版面费，即费用会随论文的长度而变化。开放获取的期刊更倾向于按前者收费，而订阅的期刊则使用后者。由于必须以某种方式收回出版成本，开放获取的出版物收费通常比订阅出版物更昂贵。文章处理费从几百美元起，大多数是 1500 美元或更多（少数期刊收费超过 1 万美元一篇）。版面费通常为每页 60~100 美元。并非所有期刊都收费，但免费的期刊并不多见。在收费的期刊中，有些期刊会提供折扣或豁免，针对年轻作者、南半球的作者、没有资助的作者或属于出版该期刊的科学协会的作者。

- **营利性质**。有些期刊是由科学协会出版的，这些期刊可能采用非营利模式，也可能将他们获得的利润返还给协会，用于资助会议、奖项或其他活动。还有一些期刊由营利性的公司出版，利润只返给所有者或股东。大多数营利性期刊由 5 家大型出版商控制，它们是里德·爱思唯尔集团（Reed Elsevier）、施普林格科技出版社（Springer）、威利–布莱克威尔出版社（Wiley-Blackwell）、泰勒和弗朗西斯出版集团（Taylor & Francis）以及世哲出版公司（SAGE）。它们的利润率相当良好，但仍有一些科学家为了抗议而避开他们。值得注意的是，许多营利性出版商会与学会签订合同，为其出版期刊。《进化》（*Evolution*）就是一个很好的例子，它是由威利–布莱克威尔出版社代表进化研究学会出版的刊物。我认为这类应该被视为等同于学会内部出版的期刊，只是将相关的制作技术工作外包给了具有相应专业技能的公司。

- **出版速度**。期刊喜欢宣扬它们从接收投稿到做出编辑决定或出版的时间是很短的。不幸的是，当它们在出版速度上相互竞争时，很可能会被诱惑，玩弄一些统计决策时间的技巧。例如，有些期刊更愿意给出"无偏见谢绝"而不是"重大修改"的决定，以便重新计算一份所谓新的投稿的历程。出版速度的竞争最后变成了竞速游戏，同行评议的过程被缩短，降低了对作者的价值，还滥用了志愿评议人的辛苦工作。

出版速度对你来说可能很重要，主要体现在两个方面。如果你担心的是如何尽快将研究结果公之于众，以便其他人能够迅速在你的工作基础上继续，那么期刊的发表速度已经不像以前那么重要了。这是因为你现在可以选择以"预印本"的形式发表你的文章，而且是即时发布（见下文）。但也许你担心的不是科学的发展，而是你事业的发展。有时发表多一篇（或第一篇！）文章，就会在一个重要的截止日期产生关键性的影响，比如申请工作、资助或任期评估时。在这种情况下，考虑期刊速度是合理的。否则，我认为最好不要养成在投稿上争分夺秒的习惯。

- **出版过程**。不同刊物在接收稿件后，在处理稿件和出版的方式上会有所不同。有些期刊对稿件进行编辑的意愿比其他期刊积极得多，这意味着你可能需要高度警惕，以避免这个阶段出现错误，致使你的本意被歪曲。还有的出版社因排版不认真或不让作者检查出版前的校样而名声不佳。遗憾的是，只有两个途径能发现这些问题：一是亲身经历，二是听从口口相传的经验教训。如果你正在考虑一本你从未发表过文章的期刊，最好先向导师或同事了解一下他们与这本期刊合作的经验。

- **避免"掠夺性"期刊**。不幸的是，有数以千计的期刊营业只为收取文章处理费。这些期刊经过最小幅度的（如果有的话）同行评议后会接收任何文章。拿了钱后，他们可能会不发表文章，也可能不承诺长期维护网站，以保存已发表的科学成果。实际上，"掠夺性"这个标签可能不太恰当，因为它意味着期刊在占那些天真的作者的便宜。有时确实如此（一个常见的伎俩是选择一个与现有期刊非常接近的期刊名称，并在网站上贴满实际上并没有得到本人同意的任职"编委会成员"照片）。但有时也可能是作者在占便宜，他们在简历里快速而廉价地添加这样的文章，或给错误信息披上具有欺骗性的科学外衣，从而在毫无戒心的招聘、晋升和任期制度中获利。因此与其说是"掠夺性"期刊，不如将这种期刊称为"假期刊"。

如果你的文章发表在了假期刊上，没有人会读你的论文[①]，也没有人会认真对待它。那么，如何避免这种命运呢？如果某个业余期刊网站充满错别字，这是一个提示。更能说明问题的是，它给出的出版时间短得令人难以置信（以周为

---

① 除非是为了搞笑。有一个有趣的"山寨"产业专门愚弄假期刊发表无稽之谈（尽管并不清楚假期刊是被愚弄了，还是根本不在乎）。最著名的例子是一篇要求别人把作者自己从邮件列表上删掉的文章。这篇论文除了重复这个（未经审阅的）要求外，没有别的内容。而该稿件被评为"优秀"，并被《国际先进计算机技术》（*International Journal of Advanced Computer Technology*）期刊接收出版（尽管由于作者拒绝支付文章处理费，这篇文章实际上从未被发表）。如果我可以向你保证真正的期刊不会这样被骗就太好了，可我不能。与著名的索卡尔事件［艾伦·索卡尔（Alan Sokal）在一本名为《社会文本》（*Social Text*）的期刊上发表了一篇题为《跨越边界：迈向量子引力的变革性诠释》（*Transgressing the Boundaries: Towards a Transformative Hermeneutics of Quantum Gravity*）的胡言乱语的论文］相似的情况还有更多，数量很可能是超乎我们想象的。

单位，甚至更短）。如果你收到一封邀请你投稿的电子邮件，通常邀请你向"特刊"投稿，那也是一个值得警惕的信号。这种邀请对"真正的"期刊来说是很不寻常的，除非编辑认识你本人，或者你属于出版该期刊的协会。最后，网上有真实期刊的"白名单"，也有虚假期刊的"黑名单"（尽管这些名单总是不完整的，而且最有名的黑名单"比尔名单"因为一些法律原因，已经过时且很难找到了）。如果你不确定某个期刊是不是假期刊，可以去问一些同事。但一般来说，如果一个期刊听起来好得不像真的，它很可能就是假的。

这里列举了 8 个也许你要权衡的不同问题，让选择期刊看起来很复杂。但请记住，对任何稿件来说，都不是只有一个完美的选择。选择一个好的期刊来投稿，如果你被拒绝了，就选择另一个。任何报告了有价值的科学发现的论文都能找到归宿。

25.4 什么是预印本

虽然我们从 16 世纪中期就有了期刊，但在过去的几十年里，又出现了新的东西：预印本服务器。预印本是指在网上发布的未经审阅的稿件。这本身并不新鲜或让人兴奋，因为此前人们也一直在与他们的同事分享稿件。不过，预印本服务器将这种做法制度化，可以通过提供集中的储存库保存许多提交上来的稿件，使其可被搜索和广泛使用。稿件通常会经过筛选，以剔除那些抄袭的、冒犯的或明显不科学的稿件，但并不经过同行评议。第一个预印本服务器 arXiv（www.arxiv.org，发音同"档案"）于 1991 年开放，是当时理论物理学家分享稿件的地方。此后，arXiv 扩大到包括天文学、数学、定量生物学、统计学等领域的文章，在 2020 年它已经容纳了近 200 万份预印本。其他服务器也纷纷涌现，包括 bioRxiv（成立于 2013 年）、ChemRxiv（成立于 2017 年）、EarthArXiv（成立于 2017 年）、MedRxiv（成立于 2019 年）和 PaleorXiv（成立于 2019 年），分享着其他领域的预印本。

大多数作者是想让他们的预印本先于期刊出版，而不是彻底取代正式出版（因此有"预"字）。几乎所有期刊都愿意考虑已经作为预印本发布的稿件。少数期刊甚至会寻找合适的预印本并邀请其来投稿出版。然而，大约 1/3 的预印本从未真正发表。有些时候，写作者会利用预印本的形式来"发表"难以在期刊上发表的否定性或证实性的成果。还有一些稿件可能是在经过彻底修改后发表的，以至于基本上无法辨认，另外一些可能是直接放弃了。

发布预印本在物理学界中已成为家常便饭，在生物学领域中也相当普遍，这种做法也正在向其他领域扩散。为什么要发布预印本？什么情况下不要这样做？

最明显的好处是，预印本发布很快。同行评议和期刊出版可能需要耗费一个月到几年的时间，而预印本在发布后几小时或几天内，就可以向所有人公开。因此，如果你在一个竞争激烈的领域工作，在几周内击败别人取得成果是很重要的，那么发布预印本可以作为取得优先权的标志。也许更重要的是，在最终的期刊论文发表前的很长一段时间内，预印本可以先列在简历、资助申请或其他稿件上（当然，列出预印本并不能保证读者会给予它很大的重视。有些人会，有些则不会）。发布预印本还可以方便推广你最新的成果（例如在社交媒体上），帮助你建立人际网络或建立合作关系。

另一个人们经常提起的发布预印本的原因是，可以由此在稿件进入正式的同行评议之前征求反馈意见。这种友情审阅肯定是有帮助的（见第 22 章），但在预印本上获得有用的意见的可能性有时被夸大了。例如，在 bioRxiv 上，只有 5% 的投稿会在网站上收到意见（Sever et al., 2019）。更多的作者报告说收到了某种反馈，通常是通过电子邮件或推特（Sever et al., 2019），但这些反馈有多大的作用还有待商榷。也许要意识到一点，许多作者甚至根本不是尝试利用预印本的发布来获得反馈。bioRxiv 中多达 70% 的预印本在线上发布后不到 10 天就向期刊投稿了（Anderson, 2020）。

首次作为预印本发表的论文，要比未曾作为预印本发表的论文的引用次数更多，这一事实常常被认为是预印本的优势。引用率的对比非常明显：首先在 arXiv 上发表的数学和天体物理学论文被引用的次数比未预印过的论文分别多 35% 和 100%（Davis and Fromerth, 2007; Schwartz and Kennicutt, 2004），而在 BioRxiv 上发表的生物学论文的引用率比未预印的文章高出 63%。其他影响力指标也有类似的对比，包括在社交媒体、维基文章和媒体上的提及（Fraser et al., 2020）。然而，目前还不清楚这种影响是否有直接的因果关系。预印可能会增加引用，因为稿件发布得早，并且是开放获取的。然而，也有有力的证据表明，至少有一些效果是来自作者，作者往往选择他们最重要的稿件来作为预印本发布，而且这些预印的论文更有可能是发表在开放获取的期刊上。还有一种可能是，发布预印本的科学家有更大概率使用社交媒体和其他工具来宣传他们的论文，从而引发了这样的现象。

发布预印本的最后一个好处是，即使最后的论文发表在需要订阅的期刊上，预印本仍然是可以使用和开放获取的。但是，期刊在是否允许预印本在同行评议后进行更新方面是存在差异的。这样一来，预印本有可能作为最终发表文章的较差版本而继续存在了。

当然，你必须权衡发布预印本可能带来的好处，以及需要承担的一些风险。如果你犯了一个重大的错误，你可能更愿意在相对私密的同行评议过程中被发现，而不是以预印本的形式暴露在公众视野中。或者，如果你打算向采用双盲评议（审稿人不知道作者的身份）的期刊投稿，那么预印本的存在可能会破坏这个机制。另外，一些期刊不接受已经以预印本的形式出现，或作为预印本受到媒体关注的论文的投稿，原因是他们认为这损害了作品的新颖度。最后，发布预印本可能会让有竞争关系的实验室抢先一步，甚至抢走预印本中的成果（尽管这种情况似乎非常罕见）。

预印本服务器快速和持续的增长表明，越来越多的科学家正在决定发布预印本。最后，预印本可能会像在物理学界中一样，成为所有领域的家常便饭。不过，在这之前你还是要做出决定的。做这个决定也要与你的合作者协商。

本章小结

- 期刊的选择（部分）决定了哪些读者会看到和阅读你的论文，同时也决定了你的写作方式。
- 在写作的早期，选择目标期刊有助于规划你的论文和故事。
- 有数以千计的期刊可供选择时，值得考虑的因素包括：论文与期刊读者的契合度；发表的期刊对你简历的塑造；期刊是开放获取还是订阅的，处理费选便宜的还是昂贵的，期刊是协会赞助的还是营利性的机构；以及期刊是否能快速出版和认真地处理稿件。
- "掠夺性"期刊或"假"期刊比比皆是，应避免上当。

- 越来越多的论文会先以未经审阅就公开发表的"预印本"形式出现。

- 发表预印本意味着你的发现能更快出现在公众视野里，并得以更广泛获取。发表预印本可能会获得有益的意见或带来更高的引用率，但这些优势往往被夸大了。当然，发表预印本也存在着一些风险。

练 习 ⧗

1. 选择一篇你正在写的或计划写的稿件，列出可以投稿的五家期刊。对于每个期刊，写下你需要对稿件所做的一个改变，或由于选择向该期刊投稿而要对写作产生的一个约束条件。

2. 针对这五家期刊，制作一个表格，列出它们的以下特征：

   a. 声望（影响力因素，或其他衡量指标）。

   b. 开放式获取还是订阅。

   c. 费用，以发表一篇 10 页的论文为列。

   d. 非营利还是营利性出版物。

   e. 从提交到发表的平均时间。

第26章

写作形式的多样性

　　大多数人一想到科学写作就只能想到期刊论文。然而，期刊论文远不是科学家唯一的写作形式。本章中，我们将聊一聊其他的写作形式。

　　在第6章中，我谈到过我本人正常一年的写作量。那时，我探讨的是关于写作量的观点。而在这里，我们转而从写作形式的多样性来看这个问题。我的典型年度写作清单包括期刊论文、著作章节、资助申请、同行评议、技术报告、行政文件和博客文章。这里还没有包括讲座和会谈，尽管我也许应该把它们也加进去。在过去的10年里，我还写了两本书。由于学科、职业路线和偏好的不同，你的清单与我的会有所不同，但它肯定会包括多种形式的写作。幸运的是，在写作形式之间转换并不像听起来那么难。尽管确实需要有所调整，但这些调整都直接来源于思考你的读者是谁。

26.1　考虑你的读者

在开始任何写作之前，要问自己如下 3 个基本问题。

- 我的读者是谁？
- 他们为什么要读我写的东西？
- 我希望他们从中得到什么？

第一个问题是确定你写作时要面对的读者。读者是什么样的人，与他们沟通需要怎么做？最明显的是，不同读者在科学知识背景上存在差异。如果你在写一篇期刊论文，你可以假设你的读者是很熟悉你所在学科的标准理论、实验设计和术语的。但是，如果你是为当地的报纸写一篇专栏文章的话，你面对的许多读者很可能没有上过高中科学课（或者可能已经忘记了）。另外，读者在拿起你的作品时，所处的情况和心理状态也可能不同。当他们可以全神贯注地阅读时，他们可能会反复读你的文章；而如果处在紧迫的截止日期前，他们可能会在几十个人的资助申请中快速略读你的申请；又或者你的读者可能在会议的最后一天，在他们精疲力竭时，才看到你的壁报论文。

第二个问题确定了读者对你作品的态度。有人可能要通过阅读你的文章来了解你所汇报的新的科学发现（期刊论文），或者来评估你的工作质量（资助申请），又或者是娱乐一下（科普文章）。只有了解读者为什么要看你的文章，你才能进行最有效的写作。

第三个问题是要确定你希望读者从你这里了解到什么。所有的写作都是为了改变读者的心理状态，让他了解到一些新的信息，改变他的观点，等等。如果你能为读者确定要达成的目标，就能塑造你所写的东西来实现这个目标。

对这三个问题的思考使我们清楚地认识到，为什么为一种读者设计的文字或图片很少（如果有的话）可以不加改动地用于另一群读者。特定的读者需要特定的东西，其他的一切行为都基于这个认知。下面我会以你在职业生涯中可能会遇到的一些非期刊论文的写作形式为例，加以说明。

26.2　书籍章节

编书在某些领域比较罕见，如数学、物理、化学领域，但在其他领域却很常见，如生态学、地球科学。这种书会将不同作者撰写的章节集合在一起，从多个方面去探讨一个更广泛的主题。而作者通常是由书的编辑邀请撰稿。稿件可能会，也可能不会经过同行评议，但被拒稿的情况并不常见。

这种书中有些章节的主要内容是报告初级研究的结果。这部分与期刊论文没有太大区别，只是通常更长、更详细。然而，大多数章节属于二级文献。有些基本上是综述论文；另一些是回顾性的，将已发表的论文中的数据与未发表的数据综合在一起；还有一些更像百科全书的条目，总结一个主题的相关知识，汇编一套可用的技术方法，或以其他方式提供参考材料，如"地球科学百科全书"系列（the *Encyclopedia of Earth Sciences* series）（Finckl, 1968–2021）。

与期刊论文相比，书籍章节在写作结构上更自由一些。书籍的章节通常不需要遵守 IMRaD 的结构（见第 8 章），而会采用更松散的叙述。脱离 IMRaD 的惯例对作者来说可能是一种自由，但如果不小心处理，很可能会让读者在游离的文字中找不着北。因此，严格的提纲对于书中章节的写作尤其重要。好好组织章节标题,从而建立并传达清晰的逻辑结构,对书的读者来说是非常有价值的。

最后一个关于期刊论文和书籍章节间的区别是,论文总是独立的,但在一本书中,每一章会都会以某种方式与其他章节相关联。这种关联的强度是不同的。有些书的章节之间有很强的相关性,里面每一章都会引用其他章节的内容,且后面的章节依赖着前面章节的材料。这类书的作者必须交换大纲和草稿,以便他们写的章节能最终合并到一起。更常见的情况是,作者只被要求交换近乎完成的草稿,然后在写作后期插入对其他章节的引用;或者编辑可能只是分发一下作者名单及对应的章节标题,然后期待不同章节间能有一些连贯性。

近些年读者获取书籍章节的方式发生了变化,这种变化正在消解书籍章节和期刊论文之间的区别。近来,合编书的在线索引和分发情况很糟糕,大多数读者需要翻阅整本实体书来找到一个章节。这使得他们能自然地阅读多个章节,并利用它们之间融合的信息。随着读者越来越多地以数字化的方式单独获取章节,越来越多的编辑可能会允许(也许会要求)章节作者模仿期刊文章的独立写作。

26.3 专 著

科学专著(长篇的技术文章)曾经是主要的研究成果出版方式,如牛顿的《数学原理》或达尔文的《物种起源》(*Origin of Species*)。而现在,除了极少数领域(特别是在生物系统学方面)外,专著在自然科学中不再承担发表研究成果的作用。现在,几乎所有的现代专著都属于二级文献。

专著给作者带来的特殊挑战主要是在长度上。在一本很长的表达复杂论点的书里，要保持连贯的逻辑线索是很困难的，这使得列提纲和组织规划章节变得至关重要。由于撰写专著需要数月甚至数年的时间，书的范围、视角和结构可能会不止一次地发生变化。一旦有了完整的草稿，最初写的材料就可能需要大幅修改。

专著的作者通常会向出版商提交一份申请。该申请通常由策划编辑审议，并征求同行评议人和编辑委员会的意见。如果认为申请的专著适合出版，作者会得到一份图书合同，规定交付期限、长度、内容、版税、重印和修订的权利等。原则上，作者和出版商可以就所有这些问题展开协商。

对不同领域和不同出版商来说，专著申请的形式会有很大的不同。它可能是一份附有一两章样本的大纲，也可能包括大部分或全部的成稿。在这个问题上，作者和出版商的利益是不一致的。作者会倾向于给出尽可能简短的申请，因为在不确定是否会出版的情况下，投入大量时间来写一整部专著是愚蠢的行为。与之相反的是，出版商会更喜欢尽可能全面的申请（甚至是完整的草稿），因为他们不想对一本没有看过的书做出承诺。这里没有简单的办法直接解决这个矛盾，特别是对于第一次写专著的人来说，作者和出版商的偏好差异非常大。因此，如果你打算申请出版一本专著，你应该尽早向一个或多个出版商提议，讨论出书建议的内容，完成申请。顺便说一句，你可以同时向多家出版商提交你的申请，只要让每个出版商知道你在写一本专著就行（对于期刊论文来说，这种同时向多家提交申请的做法是不被允许的）。

26.4　技术报告

技术报告有多种形式。你可能需要向出资单位或许可机构报告受资助的研究结果，或者总结立法机构关注的问题的科学背景。报告可能是你研究的附属品（例如，当资助方或许可方提要求时），也可能是它的主要产物（如当你被委托，就一个你本来不会处理的主题写一份报告时）。事实上，技术报告涉及许多可能性，这里唯一可能给你的指导，是提醒你思考两个核心问题：谁会读你的报告，以及他们为什么要读你的报告？如果你不确定，就先问清楚。如果这个报告最终只会被一个实习生浏览一下，摘抄一个句子放在网页上，那花几个月的时间写一份 50 页技术性很强的报告就没什么意义了。

26.5　口头报告和壁报论文

口头报告和壁报论文与其他写作形式有着共同的基本要求，那就是清晰明了的沟通与明确的故事。但在其他方面，它们有很大的不同。在职业生涯中，你可能会经历好几十次糟糕的演讲，并对此表示抱怨和不安，这正是由于演讲者没有考虑到这些不同之处。关于这一主题有很多详细而优秀的书籍（例如 Anholt, 1994; Davis, 2005; Faulkes, 2021），在此，我只想提及几个区别。

有些区别主要与信息传递的方式有关。演讲强调视觉效果，搭配极少的起到辅助作用的文字，这与其他写作形式是截然相反的。另外，至少对于口头报告来说，听众很大程度上依赖于你的表达节奏，如果有人跟不上你的节奏，那么是不能翻回去重新拾起信息的。

更多重要的区别与听众的精神状态有关。你可以认为阅读你期刊论文的读者本质上是对你的主题感兴趣的人。而当你在部门研讨会上发言时，情况很可能不是这样，有些人只是惯例参加研讨会。在会议上，你面对的是那些疲惫不堪（你是他们从床上爬起来后听的第十二个演讲了）或心烦意乱（在你演讲时偷偷瞥一下议程，看看下一步应该去哪里）的人。在展示壁报论文时，听众注意力分散的情况可能更为严重，因为听你讲壁报的人同时还喝着饮料，吃着点心，要在拥挤的房间里挤来挤去，同时还要注意身边的朋友。如果这一切听起来很可怕，请记住一个更积极的区别：与期刊论文的读者不同，你的听众就在你面前。你可以与他们对话，如果讲得快了或不清楚，也可以直接看到他们不解的表情，你能向他们提问并得到直接的回答，还可以让他们对你的工作提出建议。

26.6　资助申请

我们都梦想着自己的研究能得到有钱的赞助人不假思索的资助，但实际上每个科学家都需要撰写资助申请。这些申请之间有很大的不同。比如，你可以申请几百美元或几百万美元；你为你自己和几个合作者的研究申请，或是为了与几十个机构的数百名科学家组成的联盟申请；你可以向政府机构、私人基金会、大学办公室或公司申请；你可能被要求用一个段落或者 100 页的详细报告来说明你的研究。幸运的是，大多数资助机构会提供详细的指导建议，以帮助申请人达到他们的期望。仔细阅读指导建议，这样你就能更准确地向评议人呈现他们需要的东西。

关于资助申请，有长达一本书的写作指南（例如，Friedland et al., 2018; Oruç, 2012），其中谈到的细节远远超过这里所能讲到的，但一些基本原则适用于所有申请。让我们从读者开始，资助申请的读者通常是一个小型的评议小组（委员会）。该小组成员的专业范围可能很窄（如分子肿瘤学），也可能非常广泛（如地球科学，甚至是所有科学）。不管怎么说，你基本可以假设，评议小组的成员都不熟悉你特定的研究领域，同时他们必须阅读所有提交的申请。这就要求你要有能力让非专业人士清楚地了解申请研究的实质及其重要性。虽然有些机构会将申请送出进行同行评议，但这并不能改变基本情况。同行评议人可能对你的研究领域非常了解，但他们只提供意见。小组成员还是会阅读你的申请，并要决定其命运。

　　资助申请的目的是说服。资助小组的成员要决定是否资助你，而你要向他们解释为什么他们要资助你。因此，你的申请必须清楚地说明你想解决的研究问题，然后说服读者相信以下 3 件事。

- **该问题是重要的。**资助机构的资金有限，不可能资助所有（甚至大多数）的申请者。他们更愿意资助重要的研究，但关键是，这意味着这个研究要对他们的目标很重要，而不是对你的目标很重要。如果你向一家化工公司寻求资助，你的想法是否能让你获得诺贝尔奖并不重要，相反，你需要解释你的研究将如何创造新的或改良版的产品或工艺，使其获得回报。如果你的申请是针对美国国家科学基金会的基础科学项目，那么提出一个能使你的成果变现的商业计划就是在浪费时间；相反，你需要解释你的研究将如何解决该领域的一个基本问题。

- **这是个可以被回答的问题。**你的申请必须从一般的研究问题中提出一个或几个具体的假设，然后解释你的方法，它将如何取得每个检测所需的数据。这可能包括实验设计、观测计划和理论方法，以及统计分析与数据解读的方法。各机构要求的方法上的细节（或允许的长度）会有很大的不同。

- **你能回答这个问题**。仅仅提出一个可以被回答的重要研究问题是不够的，你还必须证明你可以回答这个问题。这意味着你要说明你在该体系和提议使用的方法上的经验，证明你在以前的研究（特别是由你所申请的机构资助的研究）中取得的成果，介绍你能使用的设施和设备，并确认你有在该领域工作的任何必要的许可，以及危险材料的使用证书等。证明能力的最好方法之一是提供预实验数据，即少量已经完成的工作数据。如果你能获得并分析预实验数据，就证明你可能可以执行所申请资助项目的全部工作。

你可能会对不同资助机构的特殊要求感到不安。你需要证明本应不言而喻的研究能力，花费数月时间精心写出一份详细的研究申请，但它的前景却很可能是得不到资助。我当然也曾关起门来，因这些问题说过一些不礼貌的话。然而，如果你首次成为评议小组一员，面对几十个有价值的申请，却没有办法资助更多研究，此时，你会在很大程度上明白把自己的资助申请写好的重要性。

26.7　学位论文

毕业论文或学位论文（thesis 或 dissertation）是由研究生撰写并要通过答辩的论文，承载了研究生为获得学位所做的研究。在一些国家和领域，这两个词之间有区别，但这些区别过于特殊，总体上来说，它们仍然是一个意思。为了简单起见，我将所有这些统称为"学位论文"。

学位论文与其他大多数写作形式不同，因为它们没有一个单一的读者或单一的功能，而是针对三种不同的读者，有三种不同的功能。

- **交流科学发现。** 学位论文的核心应当是你对科学知识的新贡献。该论文必须将这一贡献传达给你所在领域的其他科学家（这一功能的受众），某种程度上就像期刊论文那样。不过实际上，通常情况下科学家不会去你的学位论文中阅读你的科学成果，而是会通过你单独发表的期刊论文来了解你的研究。但是，学位论文仍然必须有这一功能，否则它不会被接收。

- **确立资历。** 学位论文是证明其作者在该领域有资质的证据。这一功能的受众是审查委员会，他们要投票决定是否接受该论文。为此，他们要评估作者在研究中使用的方法、结果和意义的理解，以及对研究领域整个背景的认识。这通常需要你详细介绍研究的方法和分析，全面回顾过去的文献，并深入讨论研究结果对整个领域的意义。所有这些也都是期刊论文要写的内容，但获取学位证书所需的细节往往比期刊出版多得多。尤其是对于论文中文献综述的部分来说，在要发表的论文的文献综述中（见第 16 章），只有当一篇论文对读者有价值，有助于写作者提供新的见解时，才有可能被引用。然而，在学位论文中，引用论文可能是为了候选人向审查委员会证明自己熟悉该领域的文献，而无论该论文是否推动了某一个观点的论证。

- **归档未发表的材料。** 在许多实验室中，学位论文还可以作为档案，为以后的实验室研究人员收录未发表的材料。收录的材料可能包括详细的方法论和注释过的数据集，也会包括失败的实验记录（这样未来的学生就不会重蹈覆辙），以及因为与稿件所讲述的故事不合而没有收录进去的数据和分析。这里要求的详细程度可能远远超过成果沟通和资质认证功能所需要的。

对这三种功能的要求，以及它们的相对权重，不同的研究机构、学位项目和审查委员会之间有很大的不同。因此，明智的做法是在为学位论文的写作投入精力之前，先与委员会探讨一下相关要求。

一份学位论文同时面向三种读者且有三种功能，这就解释了学位论文结构的许多特点，包括学位论文存在两种完全不同的标准形式："学位论文"与"论文"。大多数学位项目都提供这两种选择。学位论文是一个单独的长篇文档，可能分为几个章节，但这些章节并不是独立存在的。它所包含的细节，往往比一组期刊论文所能包含的要多得多。这种学位论文形式强调的是资质认证和归档功能，交流功能是暗含的（如果这种学位论文不能清楚地汇报好的科学研究，将不会被接收。但之后经过精简和改写，发表的期刊论文会承担实质的交流功能）。相比之下，论文形式的学位论文会由一系列为期刊出版准备的稿件组成，再（通常）加上导言性和结论性的部分，将研究放在更广泛的背景下讨论。在这种论文形式中，学位论文的三种功能被分割开来。稿件的相关章节和期刊论文一样承担交流功能，因为它们基本就是期刊论文。导言性章节和总结性章节承担资质认证功能，除审查委员会以外很少会被其他人阅读。附录则有存档功能，几乎所有的读者都会跳过这部分。

论文格式的学位论文越来越多地成为默认选项。这可能对学生和科学事业都有好处，因为它分门别类，允许论文用不同部分来针对不同的读者，来承担不一样的功能。此外，这种形式的学位论文不太需要大量额外的修改工作，以符合期刊出版的要求。尽管如此，仍有一些人坚持推崇学位论文的论文形式，不仅因为这是学术界的传统，还考虑到这种形式能让学生展示其对一个领域的精通和掌握情况，而其他写作形式很难兼容这一点。

26.8　同行评议

和学位论文一样，针对投稿稿件的审稿意见，面对的读者也不止一种，一方面是作者，另一方面是处理编辑，审稿意见对两方面也承担不同的作用。对编辑来说，你的意见首先应该传达你对稿件是否应该出版的意见；其次，如果应该出版，应该先做哪些修改。这是一种评价性功能。对作者来说，审稿意见的功能是帮助他提高稿件的质量。

有些期刊会将这两种功能分开。在这种情况下，你要写一两段，说明你建议编辑做出的决定和理由（见第 23 章），发给编辑但不抄送给作者，然后另写一份较长的文件给作者，里面有你具体的批评和改进建议。有些期刊将这两种功能合并在一份文件里，名义上是写给编辑的，但实际上编辑和作者都能看到。当这两种功能分开时，你建议编辑做出的决定可以更直白一些。除此之外，其他方面没有太大区别。

审稿意见里究竟应该写些什么，它是年轻科学写作者所面临的更深层次的谜团之一。本书讨论的大多数写作形式，从设计上来说，都是公开的内容，你也很容易找到优秀的范本。资助申请虽比较特殊，但同事们通常也很乐意分享他们写过的资助申请。但是，当第一次被要求写审稿意见时，你可能只看到过自己投稿后收到的几个审稿意见。你也不能要求同事给你看他们写的审稿意见，因为作为审稿人，与其他人分享待审的文章是不道德的，所以分享审稿意见本身也可以说是不道德的（也没什么用）。但是，你可以要求同事分享他们收到的审稿意见。

最好的审稿意见在语气上应当是冷静的，必要时要对文章进行批评，但不要针对作者。审稿意见要小心地服务于两种功能，并将它们区分开来（例如，要说清楚某个批评意见是否意味着文章不建议发表，或者只是需要改进）。审稿意见也应该很详细，谈到稿件的问题时要指出行号或至少哪一节。意见应该给出具体的批评和建议。单纯评论"统计分析是错误的"是没有价值的。一篇好的审稿意见会指出"第 377 行的统计测试似乎有问题，因为这种数据很可能违反了残差的正态性假设"。一篇优秀的审稿意见会加上"（参见†迪亚洛等人1990 年的处理）"或者"具有泊松误差的模型或随机化测试可能是一个替代方案"。如果对怎么写审稿意见有疑问，黄金法则是，你想审稿人怎样对待你，就怎样对待你所审稿的写作者。

最后要考虑的一个问题是，决定是否在你的意见中保持匿名。几乎所有期刊都提供两种选择。签名意味着如果你写的意见不清楚，或者作者想通过进一步讨论来改进稿件，他可以与你取得联系。签名对审稿人也有好处。一份有建设性的（即使是批评性的）署名意见，会在作者心目中建立起你将成为未来合作者的印象，至少是有朝一日，可以回请对方帮些小忙。

然而，也有一些反对在审稿意见上签名的观点。尽管对负面意见进行主动报复的情况很少，但也不是没有过。不过即使这种可能的"报复"也会导致尴尬的局面。例如，想象一下，史密斯博士的稿件刚刚因为你非常严厉的意见而被拒，下个月却碰巧是他来评议你的稿件。把你当作求职者或类似的情况，署名的负面意见应该不会招致任何影响，但你和史密斯博士可能都不希望有这样的隐患。

是否匿名的决定可能会随着你职业生涯的发展而变化。当风险较高时（在应聘前，或者担任教职的学者在确认任期前），一律保持匿名可能是最明智的做法。而比较成熟的研究人员可能会在大部分或全部的审稿意见中署名。

关于详细逐步介绍如何撰写同行评议的建议，参见尼古拉斯和戈登（Nicholas and Gordon, 2011）。

26.9　科普：为公众写作

作为科学家，我们大部分时间都是在面向其他科学家写作。然而，我们也有很多机会为公众写作（通常称为"科普"或"SciComm"）。不是所有的科学家都会这样做，也不是所有的科学家都做得很好，但有一些科学家去做科普是很重要的。因为这在很大程度上能帮助普通公众理解和关注科学家的工作。当然，他们不需要了解你工作的每一个细节，也不需要达到能教课的程度，但是他们应该要感受到科学研究的过程和结果都是有趣的，而且对他们的生活很重要，是值得政府和其他机构投资的。

科普写作有多种形式。你可以在当地报纸上刊登关于科学的专栏文章，也可以以印刷品或者线上的形式发表，向科学期刊投稿。你可以建立自己的博客（我的博客是 scientistseessquirrel.wordpress. com），或者偶尔为别人的博客写写文章。你还可以在社交媒体，如推特、脸书、Instagram 等上发表关于科学的文章。任何清单都不可能穷尽所有的可能性（科学涂鸦，有人喜欢吗？）。幸运的是，科普写作有一些共通的一般原则可以指导你。更幸运的是，有许多书已经深入地探讨了为大众写作的问题。你可以从阿尔达（Alda, 2018）的书开始看，它以相当广泛的视角讨论了与公众的沟通方法；卡朋特（Carpenter, 2020）主要强调科学新闻的写作；鲍沃特和约曼（Bowater and Yeoman, 2013）及伊林沃思和艾伦（Illingworth and Allen, 2020）的文章从在职科学家的角度，讨论与公众沟通的方式；威尔考克斯等（Wilcox et al., 2016）讨论的是博客上的科普；杰米森等（Jamieson et al., 2017）讲述的是公众对科普如何反应的一些社会学问题。

关于科普作品的写作，第一点就是要避免使用专业术语。读者不太可能理解技术术语，或者不管是否真的理解了，他们都不太可能觉得自己理解了，这就降低了读者的参与度，以及面对科学的自我认同。也许令人惊讶的是，给出技术术语的定义也并没有什么帮助。读者反馈说，无论是否解释专业术语，他们对它都会感到同样神秘（Shulman et al., 2020）！当然，科学家有时也可能简化得太过分。在《万物释疑》（*Thing Explainer*）中，兰道尔·门罗（Randall Munroe）（2015）只用了 1000 个最常见的英语词语来（你猜对了）解释事物。结果是内容非常有趣，但不一定是伟大的科普作品。读者不喜欢专业术语，但他们可能也不喜欢被当作小孩对待。这是一个很难摸清的微妙的平衡，花一些时间阅读优秀的科普作品可能会有所帮助。

不过，仅仅去除专业术语还不够。更重要的是要写得要有吸引力。虽然这更像是艺术而不是科学了，但在这里，我可以概括一些读者认为有吸引力的方法。

- 讲故事，而不是背诵事实。
- 找一个戏剧性的开场白。你没有很长的时间窗口来吸引读者，大多数研究表明，他们决定阅读或放弃某篇文章的选择是非常迅速的。

- 提到具体的人。人们会对有关其他人的故事做出反应，最好是提到实际的个人（即具体的① 某某某，而不是抽象的人）。

- 代入你自己。使用第一人称，讲述个人故事。用丰富多彩的措辞和主观的语言来表现你对这个主题的热情。

- 代入读者。用第二人称与他们对话（如，"你知道海水是咸的，至少，如果你尝过牡蛎，你就知道这一点"）。

- 呼吁行动。你所写的东西怎样才能不仅改变读者的想法，并且改变他们的行动？

- 提出一个问题或谜团。这为读者带来一些心理上的紧张，让他们期望看到问题得到解决。

- 以出乎意料的方式开场：提出一个令人惊讶的事实或悖论。和提出问题一样，这也会刺激读者想看到问题的解决。

- 展示你的主题为什么重要。不是对你，而是对读者，或是对这个世界。

- 使用视觉手段，但不是你在科学论文中使用的那种。如果你写的是热带雨林的生物多样性，就配一些盘根错节的树丛；如果你写的是化学实验，就展示研究人员在实验台前（微笑！）的样子。

- 俏皮一点，使用创造性的语言。科普写作可以尝试用吸引人的隐喻、头韵或有趣的句子结构。

如果说这些方法背后有什么是共通的，那就是同理心。这些手段

---

① 我正要打出"嗯，不是一个真实存在的人"时，突然我意识到有一大类畅销书、电影大片和高评分的电视节目是涉及真正具体的人。显然，这种具体也可以很有吸引力。

代表你在努力理解读者，分享他们关心的问题。不过，别忘了，不是所有的读者都一模一样。《国家地理》（*National Geographic*）和《每日邮报》（*Daily Mail*）的读者就不同，不管是在背景知识、兴趣还是需求上。

26.10　社交媒体

尽管我在讨论科普写作时包括了社交媒体，但这组渠道在一些重要方面与更传统的渠道，如期刊文章，非常不同。第一，社交媒体的格局变化很快。例如，在我写作的时候，博客似乎正在慢慢消失，推特和脸书很强大，Instagram 在迅速增长，TikTok 刚刚爆火，出人意料地出现在所有人面前。这些不同的媒体有不同的读者和沟通方式，所以在写作前先阅读（或"潜水"）是非常有用的。第二，由于社交媒体完全是联网的，你可以加入超文本链接，从而指向几乎无限的在线资源。这既是一个机会（提供背景、支持性材料和一些神秘但有趣的联系），又是一个风险（读者可能跳转后就不再回来了）。第三，在线写作可以是非常随意的。即使是相当有技术含量的博客，也可以采取对话式的风格，还可以包括口头用语、不标准的语法写作、诙谐的旁白，甚至是表情符号。其他社交媒体则更加随意，充满了各种"梗"和俚语字符。第四，也许是最实质性的，社交媒体允许多向交流。读者可以回复你的帖子或彼此的评论，你也可以做出回应。这种互动可能很妙，比如当读者补充了你没有想到的观点或内容，或在作者和读者之间建立了持久的对话联系。但它也可能是麻烦的，因为不可避免地，有人会在互联网上留下那种"著名的"评论：涉及人身攻击、性别歧视或种族主义的言论，散播垃圾邮件，或毫不相关的内容。如果要在社交媒体上保持活跃，你应该想清楚允许什么样的读者回应，要屏蔽或举报哪些人，要参与哪些话题。

26.11 其他形式

本书远未写全所有的科学写作形式，例如我还没有涵盖教科书、行政报告或百科全书的文章写作，但对每一种写作形式喋喋不休，会让这本书的写作停滞不前。幸运的是，所有科学写作的关键点始终是一样的：问问自己，你的读者是谁，为什么他们要看这篇文章，以及你希望他们从阅读中得到什么。一旦你知道了这些问题的答案，你就知道读者需要什么，然后就可以通过精心设计来满足这些要求。

本章小结

- 除了期刊论文之外，科学作者还要创作许多其他的文体：例如，书籍章节、专著、技术报告、口头报告和壁报论文、资助申请、学位论文、同行评议和科普文章。
- 不同的形式有不同的读者，以及不同的惯例风格和内容。
- 面对不同的读者写作要问自己三个问题。读者是谁？他们为什么要读这篇文章？你希望他们从中得到什么？
- 演讲的内容与供阅读的材料必须有很大不同，因为听众可能更广泛，而且没那么专注。
- 资助申请必须让机构相信三件事：你的研究问题是重要的，它可以被回答，以及你有能力回答该问题。
- 学位论文有三个功能：交流成果、确立资历，以及归档不会

被单独发表的材料。后面两个功能体现了学位论文和已发表
论文合集之间的区别。

● 审稿意见应该是冷静的，可以批评作品，但不要针对作者。
  意见中应该提供具体的批评和建议。

● 对科普写作来说，吸引读者是关键。

● 社交媒体上的交流相对没那么正式，并且可以与读者进行来
  回交流。

练 习 ⌛

1. 在你的专业领域选择 3 篇最近发表的论文，检查它们引用的参
   考文献列表。用亮色标出以下几种类型：

   » 同行评议的期刊文章（黄色）。

   » 书籍章节和专著（粉红色）。

   » 未经审阅的技术报告（蓝色）。

   » 毕业论文或学位论文（绿色）。

   » 其他出版物类型（橙色）。

   在你的领域里，除了期刊文章之外，其他的写作形式有多普
遍？其中哪些形式是最常见的？

2. 选择一个最近提交并获得资助的资助申请（如果你没有写过，
   可以向导师或其他老师要一份他们的申请来练习）。阅读项目
   建议书的正文，用亮色标出下面与资助申请必须明确的 3 个关

键点有关的内容。

> » 申请人所研究的问题是重要的（黄色）。
> » 该研究问题是可以被解答的（粉红色）。
> » 申请人有能力完成回答该研究问题所需做的工作（蓝色）。

　　在这个申请中，服务于不同功能的内容是分别在单独的部分中，还是散落在申请中？哪个部分的内容所占比例最大？

3. 选择一篇最近发表的科普文章，如科普博客的文章、科普期刊的文章等。用亮色标出 10 个以上展示了吸引读者的技巧的短语或片段。在每一项旁边用几句话描述它是如何吸引人的。你可以用本章中的列表来总结，但也不必局限于此。

第 27 章

管理合著关系

前面几章的一个特点是从一个作者的角度来讨论写作。乍一看，这似乎很正常，甚至是多余的问题。除了一个作者，还有谁来写文章？答案当然是，一个作者团队。在你的职业生涯中，与一个或多个合作者一起写作的次数可能远远多于你独自写作的次数。有其他人分担你的写作可以解决一些难题，但它本身也会带来一些挑战。

27.1 过去和现在的合著关系

弗朗西斯·培根在《新亚特兰蒂斯》(Bacon, 1627)中对科学的看法在当时是很激进的。在第 1 章中，我强调了他关于科学家要相互交流的观念，这与中世纪科学的保密情况是很不同的。培根还描述过科学家之间的合作，这对中世纪的科学家来说是个很奇怪的想法，因为他们即使不隐居，也通常是单独工作的。

　　培根关于科学交流应当清晰的理念相当迅速地流行开来，但合作以及合著在很长一段时间内仍然罕见。在 1665 年到 1800 年发表的论文中，只有很小一部分是有合著者的（Beaver and Rosen, 1978）。当时整个科学界论文合著的比例范围从生物学的不到 1%，到天文学的不到 5%[①] 之间。在整个 19 世纪，合著率增长缓慢，到了 20 世纪初开始急剧上升。到 1980 年，科学界各个领域 75% 的期刊论文是合著的。到 2000 年，这一比例达到 90%。数学领域的合著率最低，但即使如此，合著比例也在 1980 年到 2000 年，从大约 33% 上升到 60%（Glänzel and Schubert, 2005）。合著率还在继续攀升，每篇论文的平均作者数也在增加，有几十个甚至几百个作者的论文不再罕见。合著者数量的记录似乎被实验粒子物理学文章牢牢把握住了，这主要是由于几个研究小组署名的惯例，即每个从事仪器探测工作的科学家或工程师都会被列为他们在该小组任职期间发表的每篇论文的作者。这些研究小组非常庞大。2015 年，其中两个研究小组联合发表了一篇由 5154 名作者合著的论文（Aad et al., 2015），其中仅作者名单就占了该期刊 33 页论文中的近 25 页。这对我们的墨盒供应商来说是件好事，但如果没有其他原因，这种极端长的作者名单仍然是罕见的。

　　合著文章最初变多，可能是因为科学研究变得越来越专业，更

[①] 这时的合著率虽然低，但仍可能是被高估了。在 17 世纪和 18 世纪，合著的惯例还没有成熟。我可以找到的第一篇"合著"的文章，标题很有趣，叫《一封包含一些观察的文章的摘录，是关于一些目前得知叫 *Vertuoso* 的吐丝蚕，由著名的学者达德利·帕尔默先生替聪明的爱德华·迪格斯先生转发》("An Extract of a Letter Containing Some Observations, Made in the Ordering of Silk-Worms, Communicated by That Known Vertuoso, Mr. Dudley Palmer, from the Ingenuous Mr. Edward Digges")(Palmer and Digges, 1665)。事实上，帕尔默的作用只是作为皇家学会的成员，将他的表弟迪格斯的信转发给学会。许多早期的"合著"都是类似的情况，而我们今天已不这样操作了。

多的科学家集中到研究所和大学，开始与同事一起工作（Beaver and Rosen, 1978）。20 世纪的合著快速增长是由于用资金投资了"大科学"项目，需要合作完成，科技的进步也使科学家用容易旅行和进行远距离互动（Glänzel and Schubert, 2005）。然而，这些最初因外部原因推动的做法渐渐演变成了文化规范，并自我强化。在科学界，合著现在已经成为一种默认的工作和写作方式。事实上，如今在大多数领域，一份简历如果只列出了独自发表的论文，是非常不寻常的，甚至可能引起人们对这个人是否合群的怀疑。因此，所有作者都需要知道如何处理与合著者的关系。

27.2　谁要成为合著者

合著的相关问题中被说得最多，也是最痛苦的是，哪些人将是某一出版物的合著者。这个问题应该在写作开始前很久就处理好。提供设备的人显然只需在致谢部分提及，而在研究的各个阶段与你付出了同等智力劳动的伙伴显然应该被列为合著者。但是，从前者到后者这两种简单的情况之间有一个很宽的范围，这中间关于合著者的划定就不那么明显了。或者更糟糕的是，不同的参与者认定的划分是不同的。因此，在合著者身份上发生严重分歧的情况并不罕见，有时甚至会以法律诉讼或终生结仇而告终。不过，好消息是，如果你做了以下两件事，是可以避免合著者划分的争议的：第一，利用已公布的准则来确定合著者；第二，在开始项目前与合作者公开、坦诚地讨论合著者的划分。你必须做到这两点。

合著者划分的准则很容易找，因为期刊、科学协会、基金组织、大学，甚至个别研究实验室都给出了一些准则。国际医学期刊编辑委员会（www.icmje.org/recommendations/browse/roles-and-responsibilities/
defining-the-role-of-authors-and-contributors.html）的准则就相当典型。

- 作者的功劳应基于：①对构思和设计、获取数据或分析、解释数据有重大贡献；②起草文章或对重要的知识内容进行重大修改；③最终批准将要发表的版本。作者应满足条件①、②、③。
- 仅仅获得资金、收集数据或对研究小组进行总体监督并不能构成作者资格。
- 所有被列为作者的人都应该有资格成为作者，所有有资格的人都应该被列出。
- 每位作者都应充分地参与研究，并对文章的适当部分承担公共责任。

这些指南设想的是，作者资格应来自对研究工作多个方面的实质性贡献。智力贡献比财务上或行政上的贡献更重要（见第二条），特别是不鼓励主要研究者在其实验室发表的每篇论文中都例行担任作者的做法。最后，责任的概念（见最后一条）指出，合著者身份有回报，也有风险。如果这个研究存在缺陷或造假，无论是否意识到这个问题，每个合作者都可能承担这个污点。因此，你应该只接受成为你完全理解的论文的合著者，或者至少你是深深地相信你的合著者理解这篇论文。

仅靠指南并不能保证潜在的合著者之间的和平，主要是出于几个原因。第一，关于作者身份的指南普遍存在，但你永远无法自动地明确要采用哪些准则。例如，我最近的这项合作需要决定合著者，是要根据我的大学或我的合作者的大学，是我们都属于的几个协会成员之一，还是我们提议发表的期刊的相关准则？第二，一个人对研究的贡献的方式多种多样，这意味着所有准则都必须包括如"实质性"这样不太精确的词语。第三，各国和各领域划定合著者的做法各不相同，例如，在北美，学化学的博士生单独发表学位论文的某一章节非常少见，但这在生态学领域中很常见；并且，有 5154 名作者的论文（Aad et al., 2015）就表明了，实验性粒子物理学家采用的合著者定义，与编辑委员会的就明显不同，故他们不采用编辑委员会的定义（这并不意味着他们对作者身份的定义是错误的，毕竟在该领域工作的每个人都很清楚这个规矩）。考虑到以上这些原因，合著者的划分指南可以帮助开启关于合著者身份的谈话，但不能代替对话。

所有合作方应该在研究（不是写作！）的过程中，尽早地讨论合著者身份的问题。讨论的结果应该写在一份书面协议里，说明谁将完成哪些工作，以及将获得什么样的作者资格。这似乎很简单且明显，但在实践中，这种讨论往往不会发生。一些科学家认为他们不需要讨论著者的问题，因为他们很了解他们的合作者，或者以前和他们合作过，没有什么问题（这有点像解释你不需要系安全带，是因为你以前从未发生过事故）。还有一些人觉得发起合著者身份的讨论很尴尬，这也许是因为他们觉得这种举动意味着，他们不相信合作者以后会在作者身份的问题上合理行事。

如果你觉得在这方面很难为情，有两种方法可以帮助你化解这种紧张的感觉。第一，你可以清楚地表明，你提出这个话题并不是针对个别合作者，而是因为考虑到制定明确的决定合著者身份的规则普遍比较困难。第二，你可以说你读到了一些关于讨论合著者身份是非常重要的文章，来转移一些责任。因此，你可以采用一个类似这样的开场白来开始讨论。

- 既然我们在讨论谁要在这个项目上做什么，那也谈谈作者身份问题。我知道对于如何确定作者身份有很多不同的角度，如果我们碰巧有不同的想法最好先讨论一下，避免我们后期再为有了不同想法而感到惊讶。
- 我前几天读到了一篇文章，讲到要在合作初期达成作者身份协议。听起来是个不错的做法。不如我们现在来谈谈这个问题，把它解决掉。
- 上周我以前的导师跟我讲了一个作者身份纠纷的事，超级恐怖。她现在会在一个项目开始之前，都会与合作者先签订作者身份协议。在我看来这是个好主意。我们是不是也应该这样做？

如果仍然有一些尴尬萦绕在你的心头，就把这个讨论当作一种投资吧，想想如果你的朋友或合作者认为你们共同完成了一个研究，但发现已发表的论文上面没有他们的名字，岂不是更尴尬（他们很快会成为你"前朋友"和"前合作者"）。生活中的尴尬如此之多，讨论合著者应该是相当小的事情，与高中舞会相比完全不算什么！

27.3　作者排序

一旦确定了合著者的名单，剩下的问题就是这些作者在论文署名中出现的顺序。如果有两个合著者，那么谁可以排在第一？如果有8个合著者，谁会被卡在第六个不起眼的位置？

对于索引来说，这并不重要。找到奥尔加·卡希林博士（Dr. Olga Kashirin）是第四作者的论文和找到她是第一作者的论文一样容易。然而，在评估简历时，你署名的位置就很重要，因为这可能是为了获得资助、职位或晋升。通常来说，第一作者和最后一个通讯作者的位置是重要的，其他"内部"位置的重要性较低，并可以互换。

那么，在你合著的论文中，谁应该是第一作者？谁应该是最后一个位置？这没有一个普遍适用的惯例。数学、经济学和理论物理学研究几乎总是按字母顺序排列多位作者的，这是一个简单、明确而公平的系统，但确实也放弃了用署名顺序来传达信息的机会。对于作者人数非常多的论文，将作者按字母顺序排列也很常见。在不用字母顺序排列的领域，则至少有 3 种不同的系统。在一些领域（如生态学）中，第一作者是对研究和撰写稿件贡献最大的人。在另一些领域，不管谁做了最多的工作或是写作，主要研究者（研究生导师、团队领导或资深科学家）会被排在第一位。还有一些情况（例如，分子生物学）中，主要研究者一般被列在最后。这还不是最复杂的，在同一个领域内，不同时间、不同期刊或不同国家的做法也会有所不同。例如，在有机化学领域，北美的期刊曾经把主要研究者放在最前面，但现在会把主要研究者放在最后，而欧洲的期刊可能采用字母顺序、主要研究者优先或主要研究者后置的方案。最后，你也经常可以看到用脚注来打破传统认知的情况，比如，脚注说："两位作者对文章的贡献相同。"[1] 呀！如果你不熟悉所属领域的作者排序传统，请咨询更资深的同事。

---

[1] 或者，更有趣的脚注说：作者的排序是基于"欧元、美元汇率的随机波动"（Feder and Mitchell-Olds, 2003），"小威廉·B. 斯旺（William B. Swann, Jr）声称的公平的翻硬币"（Swann et al., 1990），"石头、剪刀、布"（Kupfer et al., 2004），或"烤布朗尼"（Young and Young, 1992）决定的。

27.4 共同写作的协调工作

假设你已经同意与一位或多位合著者共同撰写一篇论文（我会区分共同写作和合著者的关系，因为在一些合著者关系的实践中，某个合著者可能对研究有贡献，但没有参与项目的写作阶段），你们应该如何作为一个团队进行写作？这个问题的答案可能和团队成员的数量一样多，但总的来说，这里有一些建议。

- **确定一起写还是分开写。** 有时刚接触共同写作的作者会惊讶地发现两个作者"一起"写文章（在同一个房间里同时写同一篇文章）的情况有多么少见。而且当尝试同时写作时，效果会有多差。几乎所有要"一起"写作的主要原因是，它可以形成一种承诺机制，强制两个作者同时把注意力放在同一个项目上。即使你们不说话，背对着对方工作，至少你们清楚彼此都同意要把这部分工作完成。

- **确定首席作者。** 形成写作团队后的首要任务，是确定一个首席作者。他不需要是第一作者，也不需要完成大部分实际写作的工作。相反，首席作者在写作和出版过程中，要指导其他撰稿人，在各个撰稿人进行修改后保留稿件的最终版本，并进行编辑以确保前后风格和格式的整体一致。当稿件提交并出版时，首席作者很可能作为通讯作者，代表作者团队与期刊（以及最终与读者）进行沟通。如果首席作者善于追踪细节，坚持按计划行事，文章就会进展顺利；如果首席作者有强烈的动机去推动项目，进展就会更好。因此，在为即将到来的求职积攒简历的早期研究人员，是理想的首席作者人选。一个能够在唠叨和理解之间取得适当平衡的首席作者可以阻止稿件群龙无首，乃至方向跑偏。

- **分配写作任务。**共同写作的一大好处是，可以利用互补的优势划分写作任务。两个常见的策略是将文章按章节或按写作阶段划分任务。按章节划分可以利用经验上的差异。比如做实验的人最会写方法部分，而分析数据的人则最会写结果部分。导言和论述可能最适合由最了解文献的人来写，比如一个刚通过研究生考试（如综合考试）的早期研究人员。粗略地说，这样的分工是平行的，多个部分同时进行。另外，也可以分阶段按顺序划分任务：先由一位作者写完初稿，然后由另一位负责修改。这样可以利用彼此互补的写作优势。例如，我的一个朋友擅长快速写出初稿。然而，这些初稿很糟糕，不幸的是，这位朋友讨厌改稿子，要花很长时间才能把它们改好。相反，我写初稿的速度很慢，但一旦我面前有了一份完整的稿子，无论它多么糟糕，我都十分擅长把它改好。我们两个人还没有一起合作过写论文，但是如果我们合作，将是势不可挡的。

　　当任务分配过后，每个合作者都要为该项目投入时间。请现实地看待自己完成任务的能力。如果你轻敌地保证能在 3 周内写出初稿，后来又发现你正在教授的新课程很可能导致你甚至在两个月内都无法开始写作，这只会让你日后有不好的感受。首席作者应该制订一个工作时间计划，可以是这样的："作者 A 将在 9 月底前完成数据分析并写完方法部分和结果部分。到那时，作者 B 将从关岛（Guam）回来，在 11 月中旬写完导言部分和论述部分。我将合并这些内容，并将其

交给作者 C 进行彻底的修改。修订稿将在寒假前发给 A 和 B
征求意见。这些意见应在 1 月中旬提交，我将处理最后的修
订意见，并在 2 月底前投出去。"然后，首席作者要追踪进度，
在必要时向其他作者施加压力，以保证项目的进度。

27.5　共同写作的核心与关键

大多数合著者会在不同的时间和不同的地点写作，然后用电子的
方式交换稿件。这里有一些方法可以使这种交流更顺利地进行。

● **利用为共同写作设计的软件**。这里有两种类型：为相继写作
或为同步写作设计的软件。相继写作的工具，如微软文档中
的"修订模式"，允许作者在编辑文件的同时显示原始文本和
所做的修改。将标注过的文件发给其他作者后，他们可以看
到每一个修改意见，并选择接受或拒绝，要么就提供一个替
代方案。相继写作的好处是，不会有两个作者同时对同一文
本进行修改从而产生的冲突风险。缺点是，一个作者可能会
因为要等待同事的修改而被卡住进度。同步写作的工具，如
谷歌文档，则非常不同，因为它允许多个作者实时编辑同一
个文件。没有人需要等待其他人的工作。但是，要追踪谁做
了什么修改以及为什么要这样改，就会更困难。而且多个作
者同时工作时，文本不断变化可能会让人感到很沮丧。不同
的写作团队可能会偏好相继写作或同时写作。两种都可以尝
试一下。

- **整个写作过程中，首席作者应该保存一个确定的最新版本。** 如果一个作者做了修改后，才发现另一个作者已经修改了同样的段落，是会很沮丧的。至少在相继写作的情况下，首席作者应该在收到每个作者的修改意见后，检查文件是否一致，并给稿件起一个新的文件名，包括日期。然后再发给下一个撰稿人审阅，以此类推。稿件可以通过电子邮件交换，或上传到云服务，如 DropBox 或谷歌网盘。

- **通过评论，在不断更新的文本中与你的合作者进行沟通。** 作为一个独自写作的写作者，如果你发现自己在文章的任何一处都无法确定怎么写最好，你几乎没有什么选择，只能挣扎着写下去（见第 6 章）。但当大家作为一个团队写作时，为什么不利用与你共同写作的写作者所带来的资源呢？我自己的草稿中到处都是这样的批注："** 阿恩：你们知道对这一点有什么好的引文吗？"和"** 朱莉娅：我不太能决定这一段应该放在第一还是第二，请按你的想法移动"。如果你对不属于你写的部分有什么想法，可以在恰当的地方插入你的建议，同样标记为评论。你的合作者一般都会觉得这样会有所帮助，如果他们不这么觉得，那么"删掉就好"。

27.6　投稿前的协议

虽然共同写作的实践中大部分事情都是灵活的，但有一点是一定的：投稿需要得到所有合著者的同意。无论是在初次投稿，还是在审稿后提交修改稿时，通讯作者都必须表明所有合著者都同意以目前的形式提交文章。通常，这意味着要在在线投稿的表格中打一个钩，或者在投稿信中加入一句套话。

偶尔你可能会想直接勾选"所有作者都同意"。哪怕你其实还没有确认每个合作者都看完了最终稿件。或者有一个合作者仍想修改而其他人不同意。在有严重分歧的情况下，这样做是不道德的，而且无论如何也不可能奏效。因为大多数期刊处理稿件的常规做法是用电子邮件通知每个合著者有他们名字的稿件已经被提交了。如果有作者回复说你没有得到他们的批准，期刊会立即退回稿件，在最好的情况下这对你和合著者来说也是很尴尬的。不过，在有大量合著者的情况下，收集齐所有人积极回应的"同意投稿"的回复可能也很麻烦，所以首席作者可能更愿意询问合著者，并默认其回应为同意。试试这样发："这是完成的稿件，我认为可以提交了。如果您认为需要进一步编辑，请在（大约2周后）告诉我；否则，我将认为您同意提交。"

需要所有合著者同意投稿，这带来了一个有趣的潜在的问题。你也许很少会遇到这个问题，但它一旦出现就有可能对你的职业生涯造成严重影响。如果你准备提交稿件，但有一位合作者无法批准提交，会发生什么？如果你的合作者去世了，你的投稿就可以顺利地被接收。但除此之外的所有其他原因导致的无法确认，都可能使稿件无限期地被搁置。你的合著者可能因为许多原因而无法工作，比如他去了偏远地区进行长时间的实地考察，或者生病（如昏迷）了[①]。或者因工作压力大而休假了，因行为不当被停职了，或私人问题，如亲人去世，无法工作。这些都不是经常发生的事，但也不是没有听说过。我

---

① 不管你信不信，一家大型出版商最近向我确认，他们会接收有一个已经去世的合著者的投稿，但不会接收一个有正在昏迷的合著者的投稿（幸运的是，这两种情况都是假设）。他们的理由是，已经去世的同事不会再回来对投稿提出异议，而昏迷中的同事醒来后还是有可能提起申诉的。

见过不止一篇稿件因上述的某个原因就被搁置了。

如果一个合著者有几周时间无法处理稿件，通常等等他就可以了。但是，如果这个时间没有尽头，或者超过了一个到两个月，情况就比较严重了。长时间的拖延可能会危及一个研究结果出版的优先权，或者损害正在找工作，或即将获得终身教职的人的职业生涯。避免这种情况的唯一办法是使用一份我称之为《出版委托书》的文件（见框 27.1）。这是一封简短的信，表明了如果签字人无法批准待提交的合著稿件，则授权另一个人代表自己确认。如果你正在准备一份《出版委托书》，你要指定一个对你的工作有足够了解，并能够判断你署名的这份稿件质量好坏的人。你应该能相信他会做出令你满意的作者决定。最有可能的人选会是你所属的领域内关系亲密的同行，可能是一位经常合作的人。然后，你应该在同事那里或部门办公室放置一份副本，并定期告诉你的合著者在哪里可以找到它。

《出版委托书》还没有得到很普遍的应用，根据我的经验，大多数研究人员对这一想法不屑一顾，直到他们真的需要了。当然，那时也已经晚了。我强烈建议你去做你的实验室或研究组中第一个撰写和签署委托书的人。你这样做后，再与你的合作者、导师以及同行聊聊为什么他们也应该这样做。不怕一万，就怕万一。

框 27.1　《出版委托书》的模板

　　《出版委托书》仍然非常罕见，所以这种文件还没有标准的措辞。但总体来说，内容最好尽可能地简单和明确。下面的这个模板写得比较宽泛，所以它可以以文件形式保留，并适用于所有情况。但也可以在此基础上进行改编，以适用于特定的稿件、项目或一组合作者。

[日期]

致有关人士：

如果我超过 60 天无法参与出版过程，我将授权我的同事约顿海姆大学的阿加特·马格努森博士，代表我批准向科学期刊提交发表我参与合著的稿件。此授权适用于我无法回复的时间，完全或部分处在 2022 年 1 月 1 日至 2024 年 12 月 31 日的所有情况。为本授权确认我处于无法回复的情况的人，是尼弗尔大学生物系主任。

你真诚的，

[研究人员的姓名]

27.7　虽然复杂，但值得

也许这一章让合著听起来好像很复杂，充满了陷阱和挫折。的确如此，但独自写作也是如此。合著带来的麻烦都是值得的，因为合著让你的研究和写作变得更容易，这些好处会大于它带来的麻烦。我和我最常合作的作者一起写过 9 篇论文，其中有些论文比让我独自来写要更容易，也要好得多。

本章小结

- 现在大多数领域的大多数论文都是合著的，而且合著率还在不断提高。

- 划定作者资格的标准各不相同，但大多数情况下，作者资格是由在以下方面中有实质性贡献确立的：①构思、实验设计、获取数据、数据分析或数据解释；②稿件的撰写。

- 在合作过程中，应尽早商讨合著者的问题。

- 合著的模式有很多，但确定一个"首席作者"来指导其他作者完成整个过程，永远是一个好的主意。

- 提交稿件需要经过所有合著者的批准。签署《出版委托书》可以在某个合作者出现无法回复的情况下避免耽误出版进度。

第28章

三种类型的阅读：
参考阅读、调查阅读和深度阅读

　　也许你会惊讶地发现，在一本表面上是关于写作的书中，还潜伏着另一个关于阅读的章节。第3章"写作与阅读"，至少主旨显而易见：你可以通过关注你的阅读来提高你的写作水平。但是，写作和阅读也以另一种方式联系在一起。因为科学研究是累积性的，你的工作并不独立于之前的工作。为了做科学研究，然后写科学论文，你需要阅读和理解其他人在你的领域做出的贡献。别人的工作和你的工作之间的联系可能是直接的（比如当你采用别人研究出的方法时），也可能是比较分散的（比如当你查阅文献以确定你打算填补的知识空白时），但这些联系总是存在的。

　　如果这项工作对于你来说不是如此不堪重负，阅读的必要性就不值得讨论。科学论文是对一个复杂的世界进行复杂的写作，而且它们往往写得不是特别好。更糟糕的是，新科学的发表速度令人吃惊，而且只会越来越快，所以你根本无法在你的领域"跟上文献"。如果你想为科学事业做出自己的贡献，你就需要掌握从科学的消防水管中喝水的技巧。[①]

28.1　如何阅读

也许问你是如何阅读的看起来是一个很奇怪的问题。毕竟，你从很小的时候就开始阅读了，而且你现在也在阅读，但可能没有想那么多。如果你正坐在舒适的椅子上阅读斯蒂芬·金或芭芭拉·金索尔弗的最新小说，那么可能不需要（或想要）思考你正在做什么。但是，处理科学文献，需要一个更审慎的方法。

阅读文献的关键是意识到阅读论文的方式不止一种，而是至少有 3 种，我在这里称之为参考阅读（reference reading）、调查阅读（survey reading）和深度阅读（deep reading）。它们对应于你阅读一篇论文的不同原因：通过参考阅读以提取特定的信息；通过调查阅读以探索大量可能与你的工作有关也可能无关的论文；通过深度阅读以详细了解某项研究。只要仔细思考你需要从每篇论文中获得什么，以及如何从中获得这些信息，你就能完成你需要做的阅读。

28.2　参考阅读

你可能需要从论文中得到的最简单的内容是一个特定的信息。也

[①] 你可能会认为，你可以只对自己的领域进行狭义的界定，然后跟上时代的步伐，但至少有两个原因，使得这是不可行的：你需要把你的工作放在更广泛的背景下，以获得资助或写出令人信服的导言部分，而科学上的重大进展往往来自研究领域之间的交叉融合。

许你需要知道在化学合成的某一步骤中，什么温度能使产量达到最佳，或者 2020 年加利福尼亚州有多少居民。提取这些信息，接近于在像百科全书这样的参考文献中查找东西（因此称为"参考阅读"）。这并不要求你阅读整篇论文，了解其在该领域的背景，或考虑其对未来研究优先事项的讨论。但是，它确实要求你找到要找的信息，以及任何你应该对其有信心的材料。

找到你需要的信息通常很容易。如果你在阅读电子书，文本搜索就是快速和容易的［特别是可以进行巧妙的搜索，如搜索一个词的词根，以免错过其他形式。例如，搜索 *optim** 可以同时找到 *optimum*（最优）、*optimal*（最佳）、*optimizing*（优化）和 *optimized*（优化过的）等词］。但即使没有文本搜索，IMRaD 的典型结构也会把内容放在你期望让其出现的地方：结果放在论文的结果部分，方法放在论文的方法部分，等等。不过，找到信息只是任务的一半。在引用或依赖某个信息之前，你必须评估你对它的信心，这可能意味着要注意图上的误差条、表格中的统计检验、结果措辞中的限制语，或者论述中提到的不确定性或替代性解释。幸运的是，这些东西往往出现在论文中可预测到的地方，只要注意一下，参考阅读就会非常快。

28.3 调查阅读

所有科学家都有一种熟悉的沉甸甸的感觉。这种感觉是通过看到 Scopus™ 或谷歌学术的搜索结果，并意识到清单上有几十或几百篇论文而产生的。仔细调整搜索条件可以减少搜索结果的数量，而图书馆馆员等专业人士的建议也是非常宝贵的。但无论如何，你迟早会面对一个装满论文的文件夹（无论是实物的还是电子的）。有些是重要的

第28章　三种类型的阅读：参考阅读、调查阅读和深度阅读

参考资料，有些是有用的辅助材料，有些则与你的工作无关。但是，哪些对应哪些，你如何决定，才会不把你生命中最美好的年华都用到那个文件夹中呢？答案就在于一个有效的调查阅读过程：迅速从一篇论文中找出主旨，并决定它是否需要进一步关注。

调查阅读有多种方法。一般来说，成功的方法有两个共同点：它们是定向的，而且是有选择性的。所谓定向，我的意思是，它们对论文提出具体的问题。例如，你可以通过调查阅读来发现，一篇论文是否包含与某一特定问题相关的数据，对某一特定系统有用的方法，或某一特定问题的背景。每个问题都会建议你在调查阅读中采用不同的重点。所谓选择性，我所指的不是更快地阅读同一文本（那是速读）。相反，调查性阅读的重点是通过阅读论文中选定的段落来提取关键信息。

你应该阅读哪些段落以使你的调查阅读既高效又有效？虽然你应该从摘要部分开始，它应该总结整篇论文，包括论文目的、基本方法、主要结果和对该领域的意义。你也许可以根据摘要把一篇论文放在一边，认为它没有价值。但如果不是，那么下一步就是阅读 4 个关键段落。从导言部分的第一段和最后一段开始。这两段应分别介绍研究的背景和对中心研究问题的简明陈述，以及作者是如何处理这个问题的。然后阅读论述部分的第一段和最后一段，这两段应该分别告诉你：作者得出了什么结论，以及为什么他们认为这很重要。在这中间，你可能会发现阅读各部分和小节的标题很有帮助，或者，如果你相当肯定这篇论文值得进行更仔细地检查，则可以阅读每段的第一句（主题）。你也可以检查图表（至少，如果不多的话），因为这些图表会以补充文本的方式说明关键结果。有些读者会在阅读关键的导言部分和论述部分之前查看图表（而不是之后），尤其是与他们自己的领

域非常接近的论文。然而，这可能会花费更多的精力，并诱使你过快地进入细节。

所有这一切，对于一个有经验的读者来说，应该不超过 5 分钟或 10 分钟的时间。记住，你的阅读不是为了掌握论文的内容，而是为了决定它是否值得你去深入阅读。在这一点上，你应该能够确定作者的论文目标：它是否提供了一种新的方法，确认或推翻了以前的结果，解决了一个争论，还是其他什么。你还应该能够用自己的话重述中心研究问题及其答案，为论文写一个小型摘要（见第七章）。现在是进行分类的时候了，你需要深入阅读这篇论文吗？还是应该简单地把它输入你的参考文献管理软件（加上一些记号，以便你以后可以检索自己的想法），然后转向另一篇？大多数论文最终会被归入后一类。考虑到来自"消防水管的流量"，它们必须如此。

虽然我在这里关注的是你的阅读，但调查阅读对你的写作也有重要的意义。其他所有的科学家都和你一样，对他们看到的大多数论文都止步于快速的调查阅读。这意味着，你的论文的大多数读者将是调查阅读读者。那么你是为谁而写的呢？当然，你应该倾向于满足深度阅读读者的需求。那些深入研究你的论文的人，应该能发现仔细的分析、适当的模糊描述，以及所有其他的东西。但是为了更多的调查阅读读者，你需注意你的各部分标题要有信息量，你的主题句要很好地代表其段落，而且你要把关键信息准确地放在读者预期的位置上。这样一来，调查阅读读者就会很容易理解你的关键点——你可能会吸引他们中的一些人成为深度阅读读者。

28.4 深度阅读

深度阅读是完全不同的。在深度阅读中，你要详细了解一篇论文，但这不仅仅是阅读每个词的问题。相反，是指你使用高阶思维来分析论文及其成果，并将你在论文中发现的东西与你已经知道的东西综合起来。你要找出作者的论点和结论，对其进行质疑，并将其与其他文献联系起来。如果这听起来很复杂，那是因为它的确很复杂，但有一些技巧可以使深度阅读变得容易管理。

让我们从一些工具开始。第一，打印一份纸质拷贝稿。电子阅读可能感觉起来更容易，但大多数研究发现，在纸上阅读会带来更深入的理解，即使是完全习惯于在屏幕上阅读的读者（Mangan et al., 2013）。第二，让自己与打印的纸张保持互动。用铅笔或钢笔作为指针，沿着你正在阅读的行进行追踪，有助于保持你的注意力，你也会用同样的工具来画线或做旁注，准备一套荧光笔也很有用。第三，为这项任务做好准备。深度阅读需要深度思考。你可以在一天中头脑最清醒的时候，在一个没有干扰的安静空间里阅读。

接下来，就像在调查阅读时一样，问问自己你想从阅读中得到什么：你是最需要了解论文的方法，还是它的结果，还是它在这个领域的背景？你需要彻底掌握研究的哪些方面，而哪些方面你可以略过？

深度阅读需要时间。你不会只是让你的眼睛沿着一行行文字运动。有效的深度阅读需要与文字进行积极的对话——你会向它提出问题并思考答案。你可以通过边读边写，从而帮助自己做到这一点。可以用下划线或用亮色标记关键短语，也许可以用一些颜色编码。例如黄色表示论文的中心问题，绿色表示其答案，蓝色表示对该领域的意义，橙色表示局限性，粉红色表示方法的关键细节，等等。不过要有选择性，目的是在每个段落中只标记几个短语或几个句子。如果你最后把整个稿件都涂亮了，那么你的阅读只是在页面上进行机械性涂色。注意作者的元话语可以帮助你，如"重要的是"或"我们强调"这样的措辞是作者故意留下的路标，以示他们认为是关键的段落。你也可以在论文的空白处记下你认为聪明的或可疑的方法、你不理解的推论、与你读过的其他论文的联系，或对你自己工作的影响。突出标记和做笔记有助于你专注于材料，也有利于更深入地研究以及思考元认知（思考你对论文的思考方式）。

涂亮论文中的段落有一个弱点：它受制于作者选择的词语和框架。因此，你还应该对论文的关键点进行单独的批注解析。明确这一点的方法之一是打印一份模板表单，其中包括"故事摘要"（见第 7章）的 9 个问题，并为每个问题留出写一两句话的空间。在深度阅读期间，你的工作是用你自己的话回答这 9 个问题。如果能做到这一点，你就已经理解了这篇论文。根据需要，你可以选择为这 9 个问题中的某些问题写更多的细节，例如，如果你阅读主要是为了了解一种新的方法，那么就写更多关于问题 3—5 的内容。完成的故事摘要可以装订在论文上，以便以后快速复习记忆。

你不需要按照论文呈现的顺序进行深度阅读。有两个常见的选择：背景优先和数据优先。背景优先的阅读从导言部分和论述部分开始，然后才进入结果部分（方法是可选的）。数据优先的阅读从结果部分开始，故意推迟阅读导言部分和论述部分，以便在不受作者的框架和解释的影响下接触数据。概括地说就是，对于与你自己的研究非常接近的论文，数据优先阅读可能会奏效，但在其他情况下则会失败，因为如果没有背景，你可能很难理解数据的意义。通常情况下，你需要通过实验来找出最适合你的方法。

无论你走哪条路，当你完成阅读时，先别急着把论文收起来。现在在字里行间中和文字之外进行思考：为什么作者选择了他们所做的方法？其他方法可能会得到不同的结果吗？作者的论点对你的说服力如何？他们还有什么没有说？他们的结论是否与你对这个领域的了解相一致？或者他们是否挑战了一个共识？或者做了一些真正的创新？

深度阅读需要仔细和复杂的思考，而且这个过程并不快。然而，它并不像听起来那么令人生畏，因为每次你把一篇论文置于这个过程中，你就会有所提高，并扩大你对文献的舒适圈。不要放弃。

28.5　只有三种阅读方法？

本章的标题是一个谎言。

介绍三种阅读方法是很方便的，但方法并不止三种，或者更准确地说，阅读技巧不需要被分成整齐的类别。例如，当你所追求的信息是有争议的，而不是一个事实问题时，有些论文可能需要介于参考阅读和深度阅读之间的方法。有时，调查阅读可能会让你犹豫不决，需要进行"浅层深读"。当然，深度阅读也可以有不同的重点，这取决于你对论文提出什么问题。只有你才知道你需要从一篇论文中得到什么。你的需要将决定你先读什么、略读什么，以及仔细和反复读什么。本章的建议不是僵硬的规则，它们就像是模板，你可以修改、削减或扩展，以适应你正在阅读论文的目标。沟通不仅仅是作者的工作：积极的阅读将会使一切变得不同。

- 因为所有的科学都是以之前的工作为基础，并与之相关，所以，所有的科学家都需要从文献中阅读。然而，已发表的论文太多，任何人都无法对全部文章进行深入阅读。

- 参考阅读的目的是从论文中提取特定的信息，通常是事实性信息。了解论文的标准组织结构可以使阅读变得快速。

- 调查阅读是为了快速评估一篇论文，并取决于有效地提取中心问题，及其答案和重要性。

- 深度阅读是为了彻底、详细地了解一篇论文，以及它与你已知的领域的联系。这需要深入思考，并通过强调、转述和其他技巧来帮助写作者集中注意力和进行批判性评估。

- 有效的阅读是一个积极的过程，在这个过程中，你要决定你需要从一篇特定的论文中得到什么，并有针对性地设计你的方法。

第29章

以英语为辅助语言的写作

科学写作对每个人来说都很困难（见第 2 章），但如果你的母语不是英语［这使你成为 EAL 作者，即以英语为辅助语言（English as an Additional Language）的作者］，你可能会面临特殊的挑战。这是因为，自 21 世纪初以来，绝大多数科学文献（超过 90%）是用英语发表的（Ammon, 2012）。更大比例阅读和引用的文献是英语，部分原因是引用数据库强调英语期刊，而这些期刊比其他语言的期刊分布范围更广，影响更大（Hanauer and Englander, 2013）。

科学总有一种主导的语言（或其中的几种），尽管它并不总是英语。古希腊语和阿拉伯语在其使用者推动全球科学发展时是占主导地位的。然后，拉丁语有很长一段时间（12 世纪到 17 世纪），被许多语言背景的学者共同使用。随后的几个世纪里，个别几种语言开始争夺主导地位。例如，从 1880 年到 1910 年，法语、英语和德语的文献几乎平分秋色，而到了最近的 20 世纪 70 年代初，世界文献的 20% 以上是俄语（Ammon, 2012）。但英语在 20 世纪稳步发展，以至于戈尔丁（Gordin, 2015）将现代科学领域描述为"世界上有史以来最坚决地使用单一语言的国际社会"（p. 2）。这背后的原因很复杂，但结果很简单。即使英语不是你的第一语言，你也肯定想用英语发表文章。用英语发表的文章被更多人阅读和引用，更有可能带来新的国际合作，可能（无论对错）为你简历带来更多声望，并且可能得到奖励，甚至是行政机构在晋升、发放工资或申请研究经费方面所要求的（Corcoran et al., 2019）（虽然地方性和应用性的研究更经常发表在非英语期刊上，但很少有科学家会只发表这样的作品）。

毫无疑问，大部分单语文献是有效的。毕竟，它让任何语言背景的科学家，最多只需用一种辅助语言而不是几十种语言与文献互动。但是你也可以把英语的主导地位看作是一个社会公正的问题，使来自非英语世界的科学家处于不利地位。这是另一本书的主题（Ammon, 2012; Hanauer and Englander, 2013）。在这一章中，我确定了 EAL 写作者感兴趣的潜在写作挑战，并提供了一些相关建议。但是，如果你是以英语为母语的人，我希望你也能继续阅读，因为那些指导 EAL 写作者、与他们合作的科学家，或者审阅或编辑他们作品的科学家，也应该考虑到那些写作者正在努力克服的挑战。这种挑战是非常困难的：如果你是一个以英语为母语的人，想象一下你必须用俄语、他加禄语或波斯语来写你的科学论文！你能做的就是帮助你的 EAL 写作者克服挑战。任何你能帮助你的 EAL 同事的做法，都将是对科学的宝贵贡献。

大多数关于 EAL 科学写作的学术研究都集中在确定用英语发表文章的障碍，并对这些障碍提出制度上的纠正措施。较少有研究试图确定，EAL 写作者个人可以采取哪些步骤来改善他们的科学写作。在此，我提供能想到的最具体的建议。然而，EAL 写作者并不是一个同质化的群体（Corcoran et al., 2019）。他们说着不同的母语，在不同的年龄段和不同的教育背景下遇到了英语，并且可能在主要使用其母语、英语或其他语言的国家工作。因此，没有任何一个建议会适用于所有人。

29.1　翻译还是不翻译

一个显而易见的问题是，EAL 写作者应该在写作的哪个阶段转为英语。至少有三种选择：用母语写一篇完整的论文，然后翻译成英语；用母语写大纲，但用英语写正文；从最初阶段就用英语写作。

用母语写作似乎很有吸引力，因为它更容易，允许在写作过程中进行更复杂的表达（和思考），并允许直接重复使用可能来自演示文稿、实验笔记本等的母语材料。这种策略在 EAL 写作者中似乎相当普遍，尤其是在他们职业生涯的早期（Gosden, 1996; Hanauer and Englander, 2013）。然而，采用先写后译策略的写作者往往对结果不满意，主要有两个原因：第一，翻译自己的作品需要花费巨大的时间和精力，而那些花钱购买专业翻译的人往往发现，翻译者对科学和科学写作的不熟悉是一个真正的问题（Flowerdew, 1999）；第二，保留非英语的措辞和结构可能意味着翻译作品的质量很差，但不同语言背景的写作者可能会使用不同的方式来组织材料和建立论点（Kubota, 1992; Khatib and Moradian, 2011）。因此，过于忠于原语言的翻译产生的英语文本似乎是无序的。在翻译过程中重组文本的替代方法会使一项困难和耗时的任务变得更加困难（Okamura, 2006）。如果你先用自己的母语写作，那么，试着把作品看作是要用英语重新写一遍的内容，而不是要翻译的内容。从一开始就用英语写作的替代策略开始可能看起来更困难，但可以避免翻译问题。冈村（Okamura, 2006）发现，更多的日本高级研究人员不仅用英语写作，而且在写作时用英语思维思考问题，其中一位甚至承认，在写作时，他会用英语回答日本同事的问题！如果你觉得很难想象自己能达到这样的熟练程度，不要担心，这个例子只是说明了什么是可能实现的，而不是一个你必须通过的测试。

据我所知，没有任何数据表明 EAL 写作者是应该用母语还是用英语来写提纲，尽管我认为这两种方法都很有效。然而，如果你用母语写提纲，那么在写主题句之前，最好先换成英语（见第 7 章）。从段落到分节的组织可能会受到英语和你的母语之间不同的语言习惯的影响。

归根结底，建议你用英语而不是用你的母语写作，这可能是无情的，因为这不可避免得很困难。然而，现有的文献表明，英语优先的策略（总体上）并不比写作和翻译难多少，而且有可能产生更好的文本。它也提供了长期学习的最大潜力。

29.2　保持简洁

EAL 写作者可能会发现，构建科学文献中典型的复杂句子特别具有挑战性，这似乎是个坏消息。掌握日常英语已经很困难了，处理名词短语、从句、缩略语和专业术语就更难了。然而，面对文献的这些特点，读者既不需要帮助也没有帮助。EAL 写作者可以通过保持简短的句子和尽可能使用简短的、熟悉的词汇来减少错误。作为一个可喜的意外收获，其结果将是文本更清晰，更容易阅读。事实上，如果所有作者（不仅仅是 EAL 写作者）都努力用大家都认识的词来构建更短、更简单的句子，我们的文献就会得到改善。

29.3　学　习

学习一门额外的语言是一项巨大的任务。对于一个 EAL 科学作者来说，它有两个重叠的部分：学习一般的英语写作（语法、标点符号和其他具体细节），以及学习科学英语写作（包括本书第三部分的重点，那种特定学科的修辞和结构惯例）。关于其中哪一个是 EAL 写作者最常见的制约因素，存在着相当大的争议，例如，邱（Cho, 2009）和瑙曼（Nauman, 2019）强调前者，而郑和曹（Zheng and Cao, 2019）以及阿恩布约恩斯多蒂尔（Arnbjörnsdóttir, 2019）则强调后者。这种争论并不令人惊讶，因为不同的写作者在日常英语和英语科学文献方面的经验和教育背景都不一样。幸运的是，学习日常英语和科学英语的策略有相当多的重叠之处。以下是这些策略中的几个。

- **广泛地阅读英语文章**。在第 2 章中，我认为即使是以英语为母语的人也应该阅读英语，而且阅读时要有意识地注意他们以后在写作中可能要模仿或避免的方面。如果你是一个 EAL 写作者，这一点尤其重要，因为你可以利用这个机会来学习英语和你的母语在表达方式或结构上的差异。鉴于英语在科学文献中的主导地位，无论如何你都必须广泛地阅读英语文献，以掌握你所在学科的知识基础。在阅读过程中，你可以记录经常遇到的或有用的短语、修辞方法和论证方式，以便将来使用。记录（最好是用笔在纸上记录）有助于巩固你在大脑中观察到的东西。请导师推荐他们认为写得特别好的论文可能是有用的，毕竟，很多以英语为母语的人写的论文也都很糟糕，以他们为榜样来写自己的论文是不会有帮助的！

不过，你不需要把自己限制在科学文献上。阅读任何英语文章都会让你熟悉英语写作，并给你提供一个装有短语和风格选择的工具箱。因此，在工作中既要阅读科学文献，也要阅读你喜欢的（英文）文章。

- **模仿现有的书面英语**。许多 EAL 写作者报告说，他们选择了一篇现有的论文，并以其结构和措辞为蓝本进行自己的写作。这是阅读策略的逻辑延伸（而且不需要局限于 EAL 写作者，见第 5 章）。这种策略的风险在于，过于接近的模仿可能会导致抄袭（下文将详细介绍）。相较于模仿句子和段落那样长度的文本，模仿一篇论文的架构和最细微的措辞更安全。此外，选择一篇在主题、范围或方法上与你自己的稿件不太接近的论文进行模仿也比较安全，以免你被诱使将自己的数据简单地移植到别人的文章中。

- **在数据库中寻找可用的措辞**。我们中的大多数人都将文献全文搜索视为寻找特定主题论文的一种方式，例如在谷歌学术中。然而，你也可以通过搜索来发现一个词或短语在文献中的使用方式和频率。例如，你可以搜索"这个假设得到了 * 的支持"（"*"是一个通配符，所以你可以在这里找到任何词组），从而了解这个词组是否被普遍使用，以及哪些词可以补充它以表示支持程度。在这个例子中，"强大的""令人信服的""各种各样的""仅有的薄弱的"是经常出现的，因此在稿件中会是合适的选择。

- **练习**。经常和持续的写作练习对所有作者都有好处，但 EAL 写作者可能会发现它特别有价值。如果你是一个写作小组的成员（见第 27 章），自愿写早期的草稿可以让你从有更多英语经验的合作者的修改中学习。任何练习都是有帮助的，不仅仅是科学写作的练习，使用英语写博客、电子邮件、同行评议和任何其他你能找到的练习机会，你会从这些机会中受益。

- **加入或创办一个 EAL 写作者小组**。无论你在哪里，你肯定不是唯一的 EAL 写作者。与其他面临类似挑战的人一起写作，是找到支持性环境的好方法。这样的小组成员可以在一起练习英语口语，交流写作草稿，或邀请 EAL 教学或写作专家做报告。不要忘记，你不需要把这样的小组限制在你自己的学科里。

- **在以英语为工作语言的研究所工作**。作为研究生、博士后、休假访问学者等在以英语为工作语言的研究所工作过的 EAL 科学家普遍承认其价值（Flowerdew, 1999; Cho, 2009）。鉴于沉浸式语言教学的成功，这并不令人惊讶。用英语工作可能对你的理解力和英语口语有最直接的帮助，但它也提供了练习写作的机会（在课程作业或论文中写作，或与以英语为母语的同事一起写作）和审阅以英语为母语的科学家所撰写的文章。当然，经济上的限制或不愿意（或没有能力）离开自己的国家，可能会使许多 EAL 的作者失去这个选择。尽管如此，如果你能旅行，可能没有比这更有效的方法来提高英语能力了。

- **用英语写论文，或介绍研究**。许多 EAL 研究生，即使他们参加的是母语研究生课程，也可以选择用英语写论文。这在加拿大魁北克省（Quebec）、斯堪的纳维亚（Scandinavia）和中国是很常见的。当然，这可能意味着要花更多的时间来写论文，但这应该会减少发表论文各部分内容的工作量，并不断

提高英语写作的流畅性。同样地，会议有时会提供用母语或
英语演讲的机会。前者会比较容易，但从长远来看，后者更
有用。

● **参加专门的写作工作坊和课程。**一般的 EAL 写作课程是广泛
存在的，但偶尔你可能会有机会参加专门帮助提高科学写作
或至少是提高学术写作的工作坊或课程。许多英语语言世界
以外的大学都开设了这样的工作坊或课程（Corcoran et al.,
2019），它们通常冠以"以研究出版为用途的英语"的标签。
即使是英语国家的大学也可以提供类似的课程，特别是在外
国学生和教师占研究人员的很大一部分的主要研究机构。例
如，得克萨斯农工大学（Texas A & M University, TAMU）提
供了一门研究强化写作的课程，该课程向所有人开放，但特
别欢迎 EAL 写作者。大规模在线开放课程（MOOCs）的出
现，为此课程被更广泛地应用提供了一个有趣的途径，尽管
目前还不清楚这些课程对写作教学的效果如何。但有一点需
要注意的是，要考虑到教师的资质。有时，EAL 导师是有才
华的日常英语教师，但对科学写作的惯例缺乏经验或不了解
（例如 Li and Cargill, 2019）。

29.4 写作辅导

所有写作者都能从他人的帮助中获益，特别是 EAL 写作者，当
他们从更流利的英语使用者那里获得写作帮助时，可以获得巨大的好
处。你可以从合著者、友情审阅人（见第 22 章）、写作导师和顾问、
专业编辑（以及其他选择）那里获得帮助。值得一提的是，我在本节

中讨论的每一种写作帮助形式都应该被认为是一种额外的学习方式，而不仅仅是打磨特定文章的一种方式。

依靠以英语为母语的合著者是一个常见的策略，既能提供即时的写作修改，又能让你有机会从他们的修改中学习。然而，很少有 EAL 写作者能在每个写作项目中都有以英语为母语的合著者。一个以英语为母语的科学家（但不是合著者）的友情审阅（见第 22 章）可能是非常有用的。不过，如果你的英语还不熟练，请记住，指望友情审阅人提供实质性的语言修改，可能是要求太高了。另一种方法是向校园写作中心的写作辅导员或导师寻求帮助（通常由机构支付费用）或向专业编辑服务机构寻求帮助（由写作者支付费用）。偶尔，你的机构可能会提供资金支持编辑服务，或者至少会推荐那些已经被证明是高质量的服务。有些专业服务与大型出版商有联系，如爱思唯尔和自然出版集团（Nature Publishing Group），有些则是独立企业。如果你正在考虑寻求写作中心或收费服务的帮助，应该先问一问语言专家是否熟悉双重专业知识。这种双重专业知识有很大的价值，与科学出版商有关的服务更有可能提供这种专业知识，费用各不相同，但如果专业的编辑能减轻你的写作压力，并使出版更有可能，这可能是一项好的投资。

由于 EAL 写作者将合著者和友情审阅人作为非常重要的写作帮助来源（例如 Uzuner, 2008），任何更有可能促成合著或友情审阅的事情都应该得到回报。这说明了国际互联的重要性，尽可能地参加英语研讨会和会议（在那里，努力与英语语言学者打成一片）。

29.5　知其所不知

不同的 EAL 写作者在英语的不同方面挣扎，与以英语为母语的写

作者一样（见第 21 章），将使他们认识到自己特定的写作弱点并从中
受益。当然，其中一些变化是个人的，但有相当一部分是其他语言在
语法、结构和组织方面与英语不同，以及与语言相关的文化差异造成
的。如果你是一位 EAL 写作者，了解那些困扰母语使用者的问题可以
大大改善你的写作。它还可以帮助你了解以英语为母语的审稿人，甚
至是来自不同语言背景的 EAL 读者对你的书面作品的反应。几个常见
的问题包括：

- **冠词**。许多语言都没有冠词（a, an, the），包括汉语、韩语、
  日语、俄语、波斯语和芬兰语。英语中冠词的使用并不简单
  （Di and Hoy, 2001, 第 17 章），对于来自这些语言背景的写作
  者来说，这可能是一个重大挑战。

- **可数名词、不可数名词和复数**。可数名词有单数和复数形式
  （an apple, two apples），而不可数名词是一个没有区别的集
  合体（some equipment, more equipment）。并非所有语言都将
  名词归入同一类别，例如，设备在法语（un équipement, des
  équipements）和德语（die Ausrüstung, die Ausrüstungen）中
  是可数的。其他语言处理复数的方式与英语完全不同，例如，
  大多数中文和日文名词都需要一个辅助的"量词"，而不是复
  数后缀。不太幸运的是，英语在可数性和复数的形式上并不
  完全一致。狄燕妮和霍伊（Di and Hoy, 2001, 第 17 章）提供
  了一个很好的处理方法。

- **人称代词**。在一些语言中（包括汉语、波斯语、斯瓦希里语、
  土耳其语和芬兰语），第三人称代词不像英语那样有性别区
  分。也就是说，没有"he/she"或"his/her"，这实际上是一

个令人羡慕的特点（Heard, 2015a）。有些语言（例如，法语、意大利语和西班牙语）对动物和物体使用性别化的代词，而英语则使用非性别化的 it。与此相关的是，有些语言，如汉语，不会按主宾格区分代词（没有 she/her 或 I/me 的区别）。

- **易错词**。许多语言都有一些听起来或拼写起来与英语单词非常相似的单词，但其含义完全不同。西班牙语的 embarazada（怀孕）和英文的 embarrassed（感觉到自责或羞愧）碰巧不太可能出现在科学稿件中，但如果它们出现了，可能既不幸又有趣。更有可能出现的情况是，eventuell 在德语中的意思是"也许"，而 eventual 在英语中的意思是"最终"；actuellement 在法语中的意思是"现在"，而 actually 在英语中的意思是"事实上"。当然，这些只是例子，值得参考或编制一份英语和你自己语言之间的"易错词"清单。

- **词序**。英语习惯上将句子排序为主语/动词/宾语，并将形容词放在名词之前，但其他语言使用不同的惯例。例如，阿拉伯语和希伯来语的惯例是动词/主语/宾语，而印地语、土耳其语和日语的惯例是主语/宾语/动词。在法语和西班牙语中，形容词通常在名词之后。

- **冲突性主张与尊重性主张**。说日语的人（Gosden, 1996），以及其他一些人，可能会避免以对抗性的方式来构建主张。有这种倾向的 EAL 写作者可能会在导言中犹豫不决地指出知识差距（见第 10 章），或者在论述部分中淡化与先前研究的分歧（见第 13 章）。说日语的人在写有关研究空白的话题时也倾向于避免使用现在时，这就削弱了他们声称自己的研究具有重要意义的强度（Okamura, 2005）。苏丹写作者会避免使用仅基于他们自己的数据的说法（ElMalik and Nesi, 2008），但是尚不清楚其他讲阿拉伯语的人是否也有这种倾向。相比之下，一些说西班牙语的人的行文被说英语的人视为过度夸张（Englander, 2009）。

● **修辞学和逻辑学方法**。语言背景不仅仅是一个语法和词汇的问题。不同语言的人也可能使用不同的修辞手段和逻辑方法进行论证（Kubota, 1992; Connor, 1996），对这些倾向的研究被称为对比修辞（contrastive rhetoric），例如，讲阿拉伯语的人可能会使用许多平行的论据和详细的阐述，并可能用特别全球范围的陈述来介绍概念。印地语文本可以使用旁逸（digression）来连接论证中的元素，与英语中更多的线性论证形成对比。说汉语、日语、泰语、韩语的人可能更喜欢从具体到一般的组织方式，而不是英语写作者所喜欢的从一般到具体的方式（也就是说，他们的理论方法更多的是归纳法而不是演绎法）。值得注意的是，所有这些说法都是宽泛的概括，而且都是经过验证的（Kubota, 1992）。语言和文化对论证的修辞方法的影响是复杂的。所有这些都意味着，EAL写作者有时可能会写出对其他语言背景的读者来说不熟悉的且因此显得"不对劲"的文本，即使他们的语法和词汇是完美的。

● **作者负责的语言和读者负责的语言**。英语是一种"作者负责"的语言。这意味着惯例是作者通过提供大量的元话语（关于写作的写作，如"在本节中我们展示"或"下一步"）和连接段落与各部分的过渡性表达（见第17章）等来减少读者的理解负担。诸如汉语、日语、韩语、西班牙语和德语等语言更加需要"读者负责",因为读者需要付出更多努力来解释文本。这些语言的使用者有时会觉得传统的英语元话语不成熟,甚至是幼稚的(Hanauer and Englander, 2013)。

29.6　剽窃、文化和语言

大量的文献表明,EAL 写作者比以英语为母语的写作者更有可能发生剽窃行为。虽然这些文献大多集中在本科生课程的写作上,但至少有一些例子表明,这种模式延伸到了科学写作的出版上。这是一个重要的问题,因为对抄袭行为的惩罚是非常严厉的,包括撤回论文、被研究生院开除,甚至被从终身职务上解雇。

可能有几个原因导致 EAL 写作者比以英语为母语的人更难避免抄袭(Hayes and Introna, 2005; Abasi and Graves, 2008)。第一,对自己的写作技巧缺乏信心,可能导致他们借用英语论文的措辞(尤其是为了在科学事业中取得成功而发表论文的压力)。第二,一些 EAL 写作者可能不熟悉西方的出版惯例,包括不熟悉转述和抄袭之间的分界线。第三,对一些 EAL 写作者来说,问题不仅仅是不熟悉,而是实践上的真正差异,因为全球各地对重复使用他人文字的文化态度不同(Bennett, 2017)。但要清楚的是,这些都是对抄袭发生的解释,而不是维持这种做法的理由。作为一名 EAL 写作者,你必须特别注意熟悉科学文献中的抄袭禁令,并提高警惕,以免无意中违反了这些禁令。特别是向更有经验的英语使用者咨询,并在恰当的时候提供示范文本和新文本,可以让他们帮助你辨识可能被理解为剽窃的写作。其他关于理解和避免抄袭的提示可在第 3 章找到。

29.7　投稿和审稿

EAL写作者在期刊投稿和审稿过程中有各种各样的经历（Hanauer and Englander, 2013）。一些期刊积极致力于提高其国际代表性，因此可能特别欢迎 EAL 写作者。其他期刊则可能无意中并不欢迎，例如，编辑委员会中完全没有 EAL 成员。这可以作为你选择期刊时的一个考虑因素（见第 25 章），但它不应该凌驾于主题匹配之上。

你可能想把期刊审稿人看作写作帮助的来源，但这是不明智的。与友情审阅人、写作中心专家和付费编辑不同的是，期刊审稿人除了发挥改善稿件的作用外，还扮演着把关人的角色（见第 23 章）。过分依赖期刊审稿人改进稿件的风险是，他们有可能会简单地建议退稿。

许多 EAL 科学家怀疑评议过程中对写作者的偏见，是基于他们的名字或他们与非英语机构的关系（Salager-Meyer, 2008）。当然，审稿人经常指出英文错误，认为这些错误是由于作者的 EAL 背景造成的，并要求修改这些错误。这是个事实，但就其本身而言，这只能证明期刊希望发表写得好的论文，而不能证明审稿人有偏见。令人不安的是，审稿人对 EAL 写作者的要求，可能真的比对以英语为母语的写作者的要求更高。审稿人是否真的有这样的偏见还不清楚，当他们意识到文中的错误反映作者的 EAL 身份时，有些人可能真的会更加宽容。尽管如此，如果你担心审稿人的潜在偏见，你可以选择双盲审稿（审稿人不被告知作者的姓名或隶属关系），如果有的话。不幸的是，这只能避免最严重的偏见——那些即使在文本完美的情况下也会出现的偏见——因为删除姓名和隶属关系并不能阻止有经验的审稿人根据他们看到的错误类型来猜测你的语言背景。

与编辑的通信，特别是《意见回复》（见第 24 章），对 EAL 写作者来说可能是另一种挑战。对自己的英语写作技能信心不足的写作者，可能会发现自己在为自己的作品辩护或挑战审稿人的意见时不太自信（Okamura, 2004）。值得记住的是，友好的评论可以提高《意见回复》的水平，就像对稿件的改善一样。事实上，这不仅仅是对 EAL 写作者而言，我希望我自己能够更早地意识到这一点。

　　所有这些听起来好像 EAL 写作者在审稿过程中面临巨大障碍。我认为这不一定是真的。我作为编辑与大多数审稿人一起工作过，他们以及我认识的大多数编辑，都理解 EAL 写作者所面临的挑战，并希望帮助他们出版他们优秀的作品。

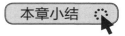

本章小结

- 现在，绝大多数的科学文献都是用英语出版的，英语出版物被更广泛地编入索引并被更广泛引用。
- EAL 写作者应避免使用先用母语写作再翻译的写作方式。
- EAL 写作者可以通过多种方式提高他们的英语能力，包括阅读、练习写作、在英语机构工作、用英语写论文和演讲、以现有的英语文本作为写作范例，以及参加写作课程。
- 对 EAL 写作者的帮助可以来自合作作者、友情审阅人、写作顾问或专业编辑。不应依赖期刊审稿人的写作帮助。
- 来自不同语言背景的 EAL 写作者有不同的挑战，这些挑战来自他们的母语和英语之间的特殊差异。
- 由于缺乏自信、不熟悉出版惯例和文化差异，避免抄袭可能是 EAL 写作者面临的一个特别重要的问题。

第七部分

最后的思考

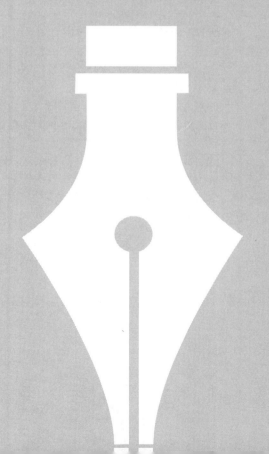

写作和修改这本书是一段有趣的经历（还有令人兴奋、令人沮丧、令人激动、令人痛苦，以及各种其他的形容词）。一开始，我以为我知道一些关于科学写作的事情，而写这本书只需要找到清晰的方法来表达它们。考虑到我自己在故事讲述过程中不断发展的论点（见第5章、第7章、第21章），我不应该惊讶地发现我错了。在写这本书的时候，我学到了很多关于写作的知识，以及关于我自己作为一个写作者的知识。

　　我学到的大部分内容，都很适合我已经计划好的章节，但有一件事并不适合。在写到一半的时候，我注意到我的思维中有一个漏洞。我一直在忙着推动我的读者（你！），让他们的坚持不懈使科学写作更加清晰明了。但是，我没有考虑到这可能带来的副作用。特别是，如果我们如此痴迷地重视清晰性，那么作品是否不可避免地过于功利，以至于虽容易阅读，但没有色彩？或者说，读者能否不仅在阅读清晰明了的科学作品时体验到愉悦，也包括奇思妙想、幽默或美感？为了得出一个初步的答案，我进行了大量的阅读并与朋友和同事进行了大量的交谈。讨论结果将作为我对写作的最后想法。它们是个人的，它们可能是有争议的，而且它们很可能是错误的。尽管如此，这里有一些关于科学写作中潜在的令人愉悦的想法。

第 30 章

论奇思妙想、幽默和美感：
科学写作可以成为一种乐趣吗

我在这本书中花了很多时间来强调这样一个观念，即科学写作应该是清晰明了的，甚至是"心灵感应"式的。在第 1 章中，我赞许地引用了一些作家和修辞学家的观点，包括纳撒尼尔·霍桑，他断言最好的风格是使"文字完全消失在思想中"（Van Doren，1949: 267）。但是，等等，如果文字消失了，只留下思想，它们确实完成了自己的工作，但是否也浪费了一个机会？也许是因为你加入了奇思妙想、幽默或有美感的小点缀，你的读者除了毫不费力地理解你的内容外，还能在文字中获得别样的享受。甚至这种享受能否增强你与读者的沟通？

当写这本书时，我意外地发现了这些问题，我感到很困惑。我熟悉的书中没有任何关于科学写作是否可以成为一种乐趣，或者是否应该成为一种乐趣的内容。[①] 我从来没有参与过任何关于这个问题的讨论，没有与期刊编辑讨论过，没有与合作者讨论过，没有在实验室会议上对已发表的论文进行过批评。后来我发现，我的许多同事对这个问题都有看法。但总的来说，他们把这些意见藏在心里，除了在出版物的序言和附注中顺便表达一些关于其他事情的想法（例如Rosenzweig, 1995: xv; Mangel, 2006: xi）。

我还了解到，这个没有答案的问题已经伴随我们几百年了。回想一下托马斯·斯普拉特和罗伯特·波义耳在发展现代清晰明了的科学论文方面的作用（见第1章）。碰巧的是，斯普拉特和波义耳在写作风格上有一些分歧。斯普拉特反对任何不是最朴素的语言，特别是对比喻、比拟或讽刺（统称为"修辞"）等言语形象的鄙视。

> 谁能不愤慨，这些似是而非的修辞和图形给我们的知识带来了多少迷雾和不确定因素？有多少奖赏……被……好听的虚荣心夺走了？（Sprat, 1667: 112）

这一立场可以很好地融入大多数现代写作指南，包括本指南的前几章。但是，波义耳认为斯普拉特想把钟摆摆得太远。

> 在描述一项经验时，使用不必要的修辞装饰……就像在望远镜的目镜上画画一样……即使是最悦目的颜色，也会妨

---

① 此后，我在哈蒙和格罗斯的著作（Harmon and Gross, 2007）中发现了一些评论，尽管它更多是描述性的，而不是规定性的。索德（2012）认为，学术写作可以是"时尚的"，并包括一些人文科学写作的例子。许多书籍更广泛地探讨了说明性写作中的时尚性和美感，威廉姆斯（Williams, 1990）非常值得一读，尽管它没有特别指向科学写作。

第 30 章　论奇思妙想、幽默和美感：科学写作可以成为一种乐趣吗

碍视线……然而，我并不赞成许多人采用的那种枯燥无味的写作方式……因为尽管一个哲学家不需要刻意让他的风格以华丽的姿态来取悦读者，但我认为可以允许他注意，不要让他的读者因其平淡而感到恶心……虽然给……望远镜的目镜上色是愚蠢的，但给……镜筒镀金，可能会使它们最容易被使用者接受。（Boyle, 1661: 11–12）

波义耳说得有道理吗？毫无疑问，他的论点的前半部分是正确的，在科学写作中，如果艺术妨碍了简单的理解（比喻中说，给望远镜的目镜上色），那就是一个坏主意。在文学作品中，优美神秘的写作可能是一种成功，如赫尔曼·梅尔维尔（Herman Melville）的《白鲸》（*Moby Dick*）（Melville, 1851）中有意的神秘象征主义。在科学中，漂亮的神秘主义写作是一种失败。这就是为什么前面几章如此坚持不懈地强调清晰明了的观念，任何对写作乐趣的思考都必须在达到清晰明了之后才开始。不过，波义耳继续说，当艺术不干扰清晰度时（仅仅是美化望远镜的镜筒），可以通过招揽和留住读者使科学写作更加有效。他的这部分观点对吗？我认为是的。

作为一个例子，考虑一下海尔伯特的一篇论文（Hurlbert, 1984），这是一篇关于假重复（pseudoreplication）的长篇大论，是困扰生态学（以及其他领域）的一类统计问题。假重复是生态学家的一个重要问题，但即使是像我这样的统计学迷也不会一想到它就感到兴奋。事实上，25 页的假重复论述很容易让人觉得其在统计学上相当于在看油漆变干。然而，海尔伯特的论文仍然被广泛阅读并被引用了数千次。我怀疑这在很大程度上要归功于海尔伯特对实验中恶魔性入侵和非恶魔

性入侵 ① 之间的区别的讨论。我第一次读这篇论文的时候，只是因为这个引人注目的术语而坚持了下来。最近我又重读了一遍，因为"恶魔性入侵"这个短语在我的记忆中徘徊，要求我追踪下去。海尔伯特的奇思妙想把我带入了一篇重要的论文中，并吸引我再次读它，多年来对许多其他读者也是如此。

虽然我认为海尔伯特的影响力因读者对"恶魔性入侵"的乐趣而增强，但我无法提供正式的分析来证明这一点（或我的更普遍的说法，即读者的快乐可以增强科学写作的功能）。这样的分析已经可以成为科学研究中一篇优秀的博士论文了，我希望有一天有人会进行这样的分析。同时，我可以提供一些让读者感到兴奋的科学写作方法。在这个过程中，请问你自己：你愿意读到清晰、实用但也有趣的文章，还是愿意读到清晰、实用但没有其他内容的文章？

30.1 见闻（1）：科学文献中的游戏性

我把这一节称为"见闻"，因为科学文献有着冗长乏味的名声，虽然这可能不是"实至名归"的，但这也不是完全没有道理的。妙趣横生或令人捧腹大笑的科学作品并不常见，找到一个就像看到了一只貘或独角鲸，值得向你的朋友炫耀下。或者说，貘和独角鲸并不是正确的比喻，因为虽然罕见，但这些都是大而显眼的动物。也许一个更好

---

① 海尔伯特所说的恶魔性入侵是指这样一种情况：由于某种原因，一种未被检测到的，但一致的扰动被应用于某一个实验处理组的每一次重复中，而不影响其他的处理组。这是一个恶毒的恶魔可能做的事（尽管海尔伯特也给出了自然的例子）。"混杂"是比较习惯的说法。非恶魔性入侵是指随机发生的扰动影响每个处理组的重复（"错误"和"噪声"是惯用术语）。

的比喻是辉喉煌蜂鸟或盐溪虎甲虫：美丽，但很小，只是一瞥而过。在科学写作中，读者的乐趣往往来自一些小东西：俏皮的点缀、灵巧的转折、故事和闪光的比喻，这些都是装饰性的，并不主宰文本。

一个著名的奇思妙想（和文学故事）的例子来自盖尔曼（Gell-Mann, 1964）用"夸克"（quark）这个名字来表示一种预测的新基本粒子。盖尔曼（1964, 1995）把这个名字归因于詹姆斯·乔伊斯（James Joyce）的《芬尼根的觉醒》（*Finnegans Wake*）中的一句典型的高深莫测的台词："3 个夸克给马斯·特马克！"（Joyce, 1939: 383）由于每个质子或中子由 3 个夸克组成，这个名字很合适。有趣的是，夸克是由乔治·茨威格（George Zweig）（1964）在盖尔曼的论文发表前几周独立预测的，但茨威格称它们为"艾斯"（aces）。夸克，而不是艾斯流传了下来，这是盖尔曼的预测而不是茨威格的预测被广泛记住了。这可能有几个原因，但读者觉得盖尔曼的命名有意思肯定是一个因素。

在各个学科中都可以找到好玩的术语。系统论者在命名新属和新种时，以《星球大战》（*Star Wars*）中的大反派达斯·维德（Darth Vader）的名字命名了一种形状类似的螨虫——达斯维德螨虫（*Darth vaderum*）（Hunt, 1996），以《哈利·波特与密室》（*Harry Potter and the Chamber of Secrets*）中的蜘蛛阿拉戈克（Aragog）命名了一种活板门蜘蛛 *Aname aragog*（Harvey et al., 2012），以卡通人物海绵宝宝（SpongeBob）的名字命名了一种海绵状蘑菇 *Spongiforma squarepantsii*（Desjardin et al., 2011）。化学家们也在玩这个游戏，例如，一类大型环状有机分子被称为 *dogcollaranes*（狗锁骨）（Craig and Paddon-Row, 1987）。但最好的例子也许是在果蝇的基因命名中，果蝇是分子遗传学的核心样本。由于有数以千计的基因需要命名，并面临着不得不记住像"snoRNA:Me18S-G1358b"这样的名字的替代方案，果蝇遗传学

家将基因命名为 *saxophone*（萨克斯管）、*scarface*（疤面）、*skittles*（滚球撞柱）、*smaug*（史矛革）、*sneaky*（鬼鬼祟祟）、*spotted dick*（葡萄干布丁）（仅举几个 S 开头的例子）。

俏皮的修饰并不限于术语。它们可能在标题和致谢中最为常见，尽管原因不同。俏皮的标题是为了吸引读者的注意力，例如，科尔曼和李（Coleman and Lee, 1989）的《逃离巨大虫洞的威胁》（"escape from the menace of the giant wormholes"）或范·戴克等人（Dyke et al., 2019）的《神奇酵母在哪里：两型真菌病原体的隐藏多样性》（"Fantastic yeasts and where to find them: the hidden diversity of dimorphic fungal pathogens"[①]）。谁会不想读下去呢？致谢中的嬉笑怒骂，对写作者来说可能更像是一个解脱的阀门，他们可以在那里说一些在其他地方会被编辑删掉的事情。例如，范·瓦伦（Valen, 1973）感谢一个资助机构"经常拒绝我的……关于真实生物体的资助申请……从而迫使我进入了理论研究领域"。

尽管斯普拉特很反感，但科学写作者仍在继续使用隐喻和比喻。对于我们来说，有些已经变得很熟悉，以至于我们不记得在第一次使用时，它们是闪闪发光的（如"生命之树""大爆炸"）。对文学和其他艺术故事的恰如其分的使用也带来了一丝乐趣。有些故事被采纳为标准术语，因为它们非常适合科学，如演化生物学的红皇后假说[②]。其他故事

---

① 这个标题模仿的是《哈利·波特》系列书籍《神奇动物在哪里》（*Fantastic Beasts and Where to Find Them*）的书名。——编者注

② 这是一个概念，即随着环境的变化和敌人进化出更好的攻击手段，生物体必须不断进化，以适应持续的变化。这个术语指的是《爱丽丝梦游仙境》（*Alice's Adventures in Wonderland*）的续集《镜中奇遇记》（*Through the Looking Glass*）中的红皇后。红皇后和爱丽丝以最快的速度奔跑，当爱丽丝指出他们一直没有离开他们开始的地方时，红皇后解释说："现在，在这里，你看，你尽其所能地奔跑，却始终在同一个地方。"（Carroll, 1871: 42）

第 30 章　论奇思妙想、幽默和美感：科学写作可以成为一种乐趣吗

只是一种装饰，如使用 T. S. 艾略特（T. S. Eliot）的《四个四重奏》（*Four Quartets*）（Eliot, 1943）中的一句话来结束首次报告人类基因组测序的论文（"International Human Genome Sequencing Consortium"，2001）。

> 我们不会停止探索，
>
> 而我们所有探索的终端，
>
> 将会是我们启程的地点，
>
> 我们生于第一次知道的地方。

这很好地传达了报告基因组序列的满足感和兴奋感，这本身就是一项重大成就，同时也是了解我们作为人类的生物学基础的漫长旅程的第一步。

科学论文的视觉元素也可以包含趣味性：装饰性元素或视觉笑话占据了本来可能是空白的空间。沉迷于这种做法的写作者遵循了一个悠久的传统，至少可以追溯到中世纪的地图，上面装饰着海怪和独角兽等幻想生物（见图 30.1）。独角兽现在仍然偶尔会出现：海尔伯特（1990）撰写了他的论文《山地独角兽的空间分布》（"Spatial Distribution of the Montane Unicorn"），提出了一个关于生态学中空间模式检测的重要观点。由于他（发明的）独角兽生活在山区，他让它们爬上条形图，说明它们的分布形状（见图 30.2）。威尔逊和卡尔文（Wilson and Calvin, 1955）更巧妙地使用了装饰。他们的论文确定了光合作用化学反应中的一些中间产物（这是一个更大的研究计划的一部分，卡尔文凭此研究获得了 1961 年诺贝尔化学奖）。实验中使用了一些精心设计的仪器来控制 $^{14}CO_2$ 和 $^{12}CO_2$ 在一个装有藻类培养物的容器中的流动。他们提供了这个装置的示意图，仔细观察后你会发现藻类容器中有一个意外惊喜（见图 30.3）。

图 30.1　装饰在早期阿拉斯加地图上的水生独角兽（de Jode, 1593）

注：稀有地图 G4371 S1［1593?］D4，详见阿拉斯加和极地地区收藏和档案
（Alaska and Polar Regions Collections and Archives）、埃尔默·E.拉斯穆森图书
馆（Elmer E.Rasmuson Library）、阿拉斯加大学费尔班克斯分校（University of
Alaska at Fairbanks）。

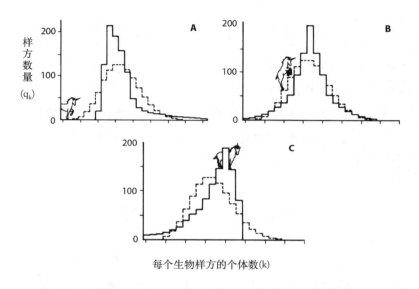

图 30.2 山地独角兽的栖息地包括世界各地的高山,显然也包括条形图

注:改自(Hurlbert, 1990)。

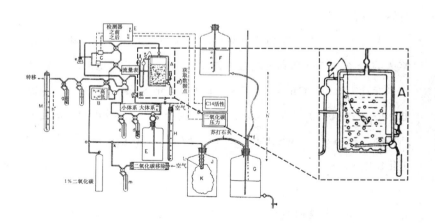

图 30.3 一个用于研究光合作用生物化学的仪器

注:改自威尔逊和卡尔文(1955)。

人们可以指责把独角兽放在地图上的科尼利厄斯·德·约德（Cornelius de Jode）是在给望远镜的目镜上色，因为在他那个时代，许多读者会非常严肃地看待他的独角兽存在的可能性。但海尔伯特的独角兽，以及威尔逊和卡尔文的渔夫，都安全地给望远镜的镜筒镀了一层金，读者不会把这些装饰品与数据或仪器的真实特征混淆。读者也不会从这两篇文章中毫无收获的。

30.2　见闻（2）：美感

在阅读上一节时，也许你发现自己在想，我是在追求轻松地收获信息。当然，科学家会沉迷于诙谐的标题、俏皮的术语和文学故事，但是真正优美的文章呢？我承认这种情况比较少见。这部分是因为例子真的很罕见，尽管没有人通过汇编这些例子来吸引你的注意，但这对你并没有帮助。

人们可以优雅而美丽地书写科学，这一点毋庸置疑。科普写作悠久的传统中包括亨利·戴维·梭罗（Henry David Thoreau）、雷切尔·卡森（Rachel Carson）、卡尔·萨根（Carl Sagan）和约翰·麦克菲（John McPhee）等人。我只提供一个例子，我最喜欢的科学散文家刘易斯·托马斯（Lewis Thomas）的一段话，他在这里写到了突变的进化作用。

> 轻微失误的能力是 DNA 的真正奇迹。如果没有这种特殊的属性，我们仍然是厌氧性细菌，也不会有音乐……给我们带来的每一个突变都代表着一个随机的、完全自发的意

外，但突变的发生根本不是意外，DNA 分子从一开始就被设计成会犯小错误。如果我们一直在研究，我们就会找到一些方法来纠正这一点，而进化就会被阻止在其轨道上。……但事实就是这样：我们在这里是纯粹的偶然，而且是错误的。在某个地方，核苷酸被分开，让新的核苷酸进入，也许是病毒进入，带着其他外来基因组的碎片。来自太阳或外太空的辐射导致分子中出现微小的裂缝，人类就这样诞生了。（Thomas, 1979: 23）

原文：

The capacity to blunder slightly is the real marvel of DNA. Without this special attribute, we would still be anaerobic bacteria and there would be no music... Each of the mutations that have brought us along represents a random, totally spontaneous accident, but it is no accident at all that mutations occur; the molecule of DNA was ordained from the beginning to make small mistakes. If we had been doing it, we would have found some way to correct this, and evolution would have been stopped in its tracks... But there it is: we are here by the purest chance, and by mistake at that. Somewhere along the line, nucleotides were edged apart to let new ones in; maybe viruses moved in, carrying along bits of other, foreign genomes; radiation from the sun or from outer space caused tiny cracks in the molecule, and humanity was conceived. (Thomas, 1979: 23)

这段话实际上是相当有技术性的，然而除了让它变得清晰明了，托马斯还能让它变得动听。

但是，为普通人写科学文章和为大众文学爱好者写科学文章是两件不同的事情。一个人能否像托马斯和其他人在非专业文章中处理美感那样来汇报新的科学成果？这在以前是可能的，因为那时的文献没那么多，我们可以在长篇论文和专著中进行范围广泛的写作。下面是享有盛名的是达尔文在《物种起源》中的结论。

> 凝视纷繁的河岸，覆盖着形形色色茂盛的植物，灌木枝头鸟儿鸣啭，各种昆虫飞来飞去，蠕虫爬过湿润的土地；复又沉思：这些精心营造的类型，彼此之间是多么地不同，而又以如此复杂的方式相互依存，却全都出自作用于我们周围的一些法则，这真是饶有趣味。……生命及其蕴含之力能，最初由造物主注入到寥寥几个或单个类型之中；当这一行星按照固定的引力法则持续运行之时，无数最美丽与最奇异的类型，即是从如此简单的开端演化而来，并依然在演化之中；生命如是之观，何等壮丽恢弘！(Darwin, 1859：489–490）[1]

原文：

It is interesting to contemplate a tangled bank, clothed with many plants of many kinds, with birds singing on the bushes, with various insects flitting about, and with worms crawling through the damp earth, and to reflect that these elaborately

---

[1] 译文来自达尔文：《物种起源》，苗德岁译，译林出版社，2013年10月。——编者注

constructed forms, so different from each other, and dependent upon each other in so complex a manner, have all been produced by laws acting around us… There is grandeur in this view of life, with its several powers, having been originally breathed into a few forms or into one; and that, whilst this planet has gone cycling on according to the fixed law of gravity, from so simple a beginning endless forms most beautiful and most wonderful have been, and are being, evolved. (Darwin, 1859: 489–490)

今天，在对期刊空间和读者注意力的现代要求下，我们能完成这样的工作吗？在我整理思路写这一章时，这无疑是最难的问题。

一个有趣的地方，可以从弗拉基米尔·纳博科夫（Vladimir Nabokov）那里开始寻找答案。这位文学巨匠在写《洛丽塔》（Lolita）和其他小说时展示了"对散文审美潜力的掌握"，这些小说是"20 世纪最精雕细琢的语言艺术作品"（Morris, 2010: 3）。但他也是一位科学家，特别是一位系统论者，发表过关于蝴蝶分类的论文。纳博科夫的大部分科学著作包括物种描述和分类学评论，这是一项技术性很强的工作，取决于形态学和地理分布的详尽细节。因此，他的蝴蝶论文并非从摘要到结论的每一句话都是抒情的，这一点也不令人惊讶。不过，他的文章洒满了艺术和幽默的小亮点，阅读这些文章是一种探险，会发现一些闪光的小惊喜。

　　　［凯灰蝶属有一个具有两个凸起的］……裂片的斗篷①

---

① 斗篷，像翅瓣、尾叉、阳茎一样，指的是蝴蝶生殖器的一个部分。因为昆虫的雄性生殖器在昆虫分类学中既复杂又重要，纳博科夫不得不对这

……在环带内与小翼羽相连，在环带下方与毛皮的点相连，在阳茎前面汇合的方式……就像一件僵硬隆起的短马甲，对于它所包裹的身体来说，太过充裕了。（Nabokov, 1952: 15）

原文：

[The genus *Cyclargus* has a sagum4 with] two convex… lobes… connected at the zone with the alula, and below the zone with the points of the furca, converging in front… of the adeagus in the manner of a stiffly bulging short waistcoat, too ample as it were for the body it encloses. (Nabokov, 1952: 15)

以及

［灰蝶属］的摇篮是北极圈以外的一个失落的富饶国家……它的苗圃是中亚的山脉、阿尔卑斯山（the Alps）和落基山脉（the Rockies）。在一个特定的地理区域内，已知的物种很少超过两个，也不超过三个，而且就记录而言，在同一个水坑或同一个花丛中经常出现的物种不超过两个。（Nabokov, 1944: 111）

原文：

[The genus *Lycaeides*'] cradle is a lost country of plenty beyond the Arctic Circle… ; its nurseries are the mountains of

---

些结构使用技术术语。但是，反正他的文章依旧熠熠生辉。

第 30 章 论奇思妙想、幽默和美感：科学写作可以成为一种乐趣吗

Central Asia, the Alps, and the Rockies. Seldom more than two and never more than three species are known to occur in a given geographical region, and so far as records go, not more than two species have ever been seen frequenting the same puddle or the same flowery bank. (Nabokov, 1944: 111)

我认为，这种清晰而实用的写作模式，加上偶尔闪现的美感，是我们应该追求的模式。纳博科夫给望远镜的镜筒镀了一层金。

也许你认为书写蝴蝶（甚至其生殖器）很容易。也许吧，那么让我们接着说说量子力学。默明（Mermin, 1995）讨论了一个惊人的结果，似乎让观察者测量了一组不应该同时测量的属性。默明把观察者称为"爱丽丝（Alice）"，把这种测量称为"VAA 技巧"（以最初提出它的作者命名）。在总结 VAA 技巧可能的原因时，默明写道：

没有任何物理依据来坚持 [爱丽丝] 为它所属的每 3 个相互交换的组分配一个相同的可观察值——这一要求确实会让她的工作变得微不足道。9 个可观察的 BKS 定理给爱丽丝带来的痛苦的方式比这更微妙。它深埋在构造的数学中，而这个数学结构使其成为可能，在可能的情况下实现 VAA 技巧。（Mermin, 1995: 834）

原文：

There are no physical grounds for insisting that [Alice] assign the same value to an observable for each mutually commuting trio it belongs to—a requirement that would indeed trivially make her job impossible. The manner in which the nine-observable BKS theorem brings Alice to grief is more subtle than that. It is buried deep inside the mathematics that underlies the construction that makes it possible, when it is possible, to do the VAA trick. (Mermin, 1995: 834)

你不必理解这段话就能欣赏到文字中的可爱。

罗克曼（Rockman, 2012）在一篇回顾寻找对生物体性状有巨大影响的突变（所谓的"数量特征核苷酸"，或 QTNs）的论文中，特别有效地使用了一个扩展的、引人注目的比喻。这是定量遗传学中的一个重要问题，因为影响大的突变（等位基因）很容易被发现，但并不常见。大多数进化变化可能是由于许多等位基因的积累，每个等位基因对变化的贡献很小。在介绍这个问题时，罗克曼写道：

1848 年 1 月，詹姆斯·马歇尔（James Marshall）在约翰·萨特（John Sutter）的锯木厂的磨道里发现了金片。几个月内……淘金热就开始了。人们离家出走，绕过海角，穿越地峡，或加入前往西部的马车队。很快，容易采到的东西就没有了，矿工们联合起来，从山上开采出更多的薄片。开采技术层出不穷，首先是岩石机和"长汤姆"，然后是砾石挖掘机，最后是水力开采，将整座山冲进巨大的水闸，从裂缝中回收密集的金片。

现代的 QTN 就像是勘探 19 世纪 50 年代的内华达山脉（Sierra Nevada）。闪亮的金块（孟德尔定律）正在迅速被收集起来，越来越多的研究人员带着越来越强高的技术手段，现在正在探测整个基因组以寻找他们的采石场。但是，可见的片状金块只占全球黄金储备的一小部分，大多数黄金都是隐藏在低级别的矿石中的微小颗粒。如果进化的物质往往是具有微观效应的等位基因，那么产生大效应的金块就不能告诉我们关于进化的物质基础。（Rockman, 2012: 2）

原文：

In January 1848, James Marshall found gold flakes in the millrace of John Sutter's saw mill. Within months… the rush was on. Thousands left home, rounding the Cape, crossing the Isthmus, or joining the wagon trains headed west. Soon the easy pickings were gone, and consortia of miners banded together to blast more flakes from the hills. Extraction technologies proliferated: first rockers and long toms, then gravel dredges, and finally hydraulic mining, which washed whole mountains through giant sluices to recover dense gold flakes from the riffles.

Modern day QTN prospecting is the Sierra Nevada of the 1850s. The shiny (Mendelian) nuggets are rapidly being collected, and ever larger teams of researchers with ever more powerful technologies are now probing whole genomes to find their quarry. But visible flakes of placer gold represent a small fraction of the global gold reserve; most gold is in microscopic particles concealed in low-grade ore. If the stuff of evolution is often alleles of microscopic effect, large-effect nuggets can tell us little about the material basis for evolution. (Rockman, 2012: 2)

没有任何频率直方图能像黄金比喻那样生动地说明罗克曼的观点：大效应等位基因很容易找到，当你找到一个时也很兴奋，但它们可能对整个基因变异没有多大贡献。

最后一个例子属于化学界。克罗托等（Kroto et al., 1985）在一篇题为《C_{60}：富勒烯》（"C60: Buckminsterfullerene[①]"）的论文中命名并描述了一种新分子的可能结构。他们在这里描述了他们推测的结构，一个碳原子组成的足球。

> 一个异常美丽（可能也是独一无二的）的选择是截断的二十面体……这种结构满足了所有的化合价，而且该分子似乎是芳香族的。该结构具有二十面体组的对称性。内外表面被 π 电子海所覆盖（Kroto et al., 1985: 162）。

原文：

An unusually beautiful (and probably unique) choice is the truncated icosahedron…All valences are satisfied with this structure, and the molecule appears to be aromatic. The structure has the symmetry of the icosahedral group. The inner and outer surfaces are covered with a sea of π electrons (Kroto et al., 1985: 162).

---

① 这个名字是为了纪念建筑学家和未来学家巴克明斯特·富勒（Buckminster Fuller），他使用类似的几何形状设计出了优雅的建筑。几乎没有化学名词能像"富勒烯"这样让人脱口而出。

这些例子有两个共同点。首先，它们在不影响清晰明了的前提下达到了美感。其次，它们与我们分享作者在拉开大自然的帷幕，做出新发现时所感受到的喜悦。我们大多数人都会时不时地感受到这种快乐，为什么不让快乐体现在我们的写作中呢？

30.3　反对意见

你或许不同意我对有趣的、好玩的或美丽的科学写作的推崇。如果是这样，那么你不是一个人。在我们的文献中，有很多反对快乐的想法。《有机化学期刊》（*Journal of Organic Chemistry*）曾经发表过一篇几乎完全用无韵诗句写成的论文（Bunnett and Kearley, 1971），但是在一个脚注中，编辑们很清楚地表示他们再也不打算这样做了。塞林豪斯等（Seringhaus et al., 2008）和其他人批评了"愚蠢的"基因名称。格罗斯等（2002: 167）举了一些显示"个人风格"的写作例子，并认为这些是"'坏'科学文章的例子……如果它们更普遍，就会对有效沟通科学起到反作用"。施密特（Schmidt, 2020: 219）进一步指出，建议"不要试图在写作中表达你的个性或创造性……科学写作应该像任何科学家都可能写出的那样"。

我自己在提交一份关于一种濒危植物的种群遗传学的稿件时就遇到了这种反对意见（Heard et al., 2009）。尽管该植物有许多缺乏雄蕊（雄性结构）的小花，但它似乎可以自我授粉，我们认为这很可能是通过植物在风中飘动时花粉在小花之间的机械传递来实现的。所以我写道："然而，有相当多的证据（Houle, 1988）表明花粉在小花之间的传递……是通过风或摇晃实现的（Hall et al., 1957）。"一个细心的读者会发现，霍尔（Houle）等人的说法是指杰瑞·李·刘易斯

（Jerry Lee Lewis）的经典歌曲《整个乐透》（*Whole Lotta Shakin' Goin' On*）。一位审稿人注意到了这一点，并抱怨说："虽然我很欣赏霍尔等人的说法，但我认为它不适合于科学出版物。"我们不得不放弃这个"笑话"。

你可以说我想说的笑话不是很好笑（我也很难为自己辩护），但这并不是审稿人所反对的。相反，他们反对的是，这对科学文献来说并不"合适"。这很有意思，因为有两个可能的原因导致了我所描述的那种反对意见。有些反对意见是波义耳式的：认为某个笑话、隐喻或一点美丽的文字掩盖了其原本意义（画望远镜的目镜）。我调查了一个关于生态学和进化论的主要期刊的编辑部，了解他们对写作中的乐趣的态度，他们回答中最经常提到的是，担心一些读者不能理解一个笑话或一个比喻，这将损害交流。如果比喻非常容易理解，或者笑话不会被那些不理解的人注意到，那么大概就可以反驳这种反对科学写作中特定的快乐尝试的意见。其他反对意见似乎是，科学写作一般来说不应该是有趣或美丽的。正如萨希和耶奇亚姆（Sagi and Yechiam, 2008）所说，也许"传统上，科学出版被认为是一件严肃的事情，而幽默似乎与之对立"（P. 686）。我想这是拒绝我的杰瑞·李·刘易斯式笑话的审稿人的立场。毋庸置疑，许多科学家都是这样想的，而且你发现他们就在你的同事、主管、审稿人和编辑中。从整体上看，我认为这太糟糕了。

30.4　一个处方

如果你想做的只是写得清清楚楚，那么就用文章来实现这个主要功能，即毫不费力地阅读，那很好，这样做将使你的作品跻身于科学

第 30 章　论奇思妙想、幽默和美感：科学写作可以成为一种乐趣吗

文献的最佳行列。但是，如果你想达到更高的境界，并且如果你同意我的观点，即我们还可以为我们的读者提供一些乐趣，你能做什么？你不能突然决定把你的论文都写成单口相声或充满隐喻的十四行诗，而且你也不应该这样做。但即便意识到有时审稿人会让你删掉这些内容，你也可以试着在写作中加入一些奇思妙想、幽默和美感，当然，是在不影响清晰度的情况下。当你审阅稿件时，你可以压制任何让你质疑这种润色的本能反应，你甚至可以（温和地）建议把它们放进去。最后，你可以宣布，你对那些给你带来快乐的写作的钦佩之情，向创作这段文字的写作者、正在考虑这段文字命运的编辑，以及可能阅读它的学生或同事宣布：我们可以改变我们的文化，在我们的写作中输送并重视这种快乐——如果我们选择这样做。

当然，最后我必须回过头来谈一谈清晰明了的重要性。你的读者会欣赏你的奇思妙想、幽默和美感，但前提是它们不能干扰他们对你所写内容的简单理解。在你写作时，清晰度应该始终是你考虑的第一件事，也是最后一件事。

本章小结

- 追求清晰并不一定要排除科学写作中的奇思妙想、幽默和美感。
- 幽默和美感甚至可以提高写作水平，通过吸引读者阅读论文，在他们阅读时留住他们，并将论文留存在他们的记忆中。
- 尽管奇思妙想、笑话和美感很吸引人，但清晰度仍然是优秀科学写作的最重要属性。

参考文献

Aad G et al. (ATLAS Collaboration,CMS Collaboration) (2015) Combined measurement of the Higgs boson mass in pp collisions at $\sqrt{s}$ =7 and 8 TeV with the ATLAS and CMS experiments. Physical Review Letters 114:191803.

Aaij R et al. (LHCb collaboration) (2014) Updated measurements of exclusive J/ψ andψ(2S) production cross-sections in pp collisions at $\sqrt{s}$ =7 TeV. Journal of Physics G: Nuclear and Particle Physics 41:055002.

Abasi AR, Graves B (2008) Academic literacy and plagiarism:Conversations with international graduate students and disciplinary professors. Journal of English for Academic Purposes 7:221–233.

Ackerman D (1990) A natural history of the senses. Random House, New York, NY.

Ahmed S (2013) Making feminist points (blog post). ttps://feministkilljoys. com/2013/09/11/making-feminist-points/, accessed Sept 23 2020.

Ahmed S (2017) Living a feminist life. Duke University Press, Durham, NC.

Akerlof G (1970) The market for lemons. Quarterly Journal of Economics 84:488–500.

Alda A (2018) If I understood you, would I have this look on my face? My adventures in the art and science of relating and communicating. Random House, New York, NY.

Alquist J, Baumeister RF (2012) Self-control: Limited resources and extensive benefits. WIREs Cognitive Science 3:419–423.

American Institute of Physics Publication Board (1990) AIP style manual. 4th edition. American Institute of Physics, New York, NY.

Ammon U (2012) Linguistic inequality and its effects on participation in scientific discourse and on global knowledge accumulation: With a closer look at the problems of the second-rank language communities. Applied Linguistics Review 3:333–355.

Ancheta Justin, Heard Stephen B. (2011) Impacts of insect herbivores on rare plant populations. Biological Conservation 144:2395–2402.

Ancheta Justin, Heard Stephen B. ,Lyons, Jeremy W. (2010) Impacts of salinity and simulated herbivory on survival and reproduction of the threatened Gulf of St. Lawrence aster, *Symphyotrichum laurentianum*. Botany 88:737–744.

Anderson KR (2020) bioRxiv: Trends and analysis of five years of preprints. Learned Publishing 33:104–109.

Anholt RRH (1994) Dazzle'em with style: The art of oral scientific presentation. W.H. Freeman, New York, NY.

Ariga A, Lleras A (2011) Brief and rare mental "breaks" keep you focused: Deactivation and reactivation of task goals preempt vigilance decrements. Cognition 118:439–443.

Arnbjörnsdóttir B (2019) Supporting Nordic scholars who write in English for research publication purposes. In: Corcoran J, Englander K, Muresan LM (eds) Pedagogies and policies for publishing research in English: Local initiatives supporting international scholars. Routledge, New York, NY, pp. 77–90.

Arvey RD, Rotundo M, Johnson W, Zhang Z, McGue M (2006) The determinants of leadership role occupancy: Genetic and personality factors. Leadership Quarterly 17:1–20.

Bacon F (1609) De sapientia veterum. In: Spedding J, Ellis RL, Heath DD (eds) (1860) The works of Francis Bacon vol 8. Brown and Taggard, Boston, pp. 155–156.

Bacon F (1627) New Atlantis. Dr. Rawley, London, England.

Ballard JG (2003) Millennium people. Harper Collins, New York, NY.

Banerjee R, Pudritz RE (2007) Massive star formation via high accretion rates and early disk-driven outflows. Astrophysical Journal 660:479–488.

Barnett A, Doubleday Z (2020). The growth of acronyms in the scientific literature. eLife 2020;9:e60080.

Basturkmen H (2012) A genre-based investigation of discussion sections of research articles in dentistry and disciplinary variation. Journal of English for Academic Purposes 11:134–144.

Beaver DD, Rosen R (1978) Studies in scientific collaboration. I. The professional origins of scientific co-authorship. Scientometrics 1:6–84.

Beckett S (1954) Waiting for Godot. Grove Press, New York, NY.

Belcher WL (2019) Writing your journal article in twelve weeks: A guide to academic publishing success. 2nd ed. University of Chicago Press, Chicago, IL.

Bennett S (2017) The geopolitics of academic plagiarism. In: Cargill M, Burgess S (Eds) Publishing research in English as an additional language: Practices, pathways and potentials. University of Adelaide Press, Adelaide, Australia, pp. 209–220.

Bizarro JP (2013) Comment on "Wigner function for a particle in an infinite lattice." New Journal of Physics 15: 068001.

Boice R (1990) Professors as writers: A self-help guide to productive writing. New Forums Press, Stillwater, OK.

Boice R (2000) Advice for new faculty members: *Nihil nimus.* Allyn and Bacon, Boston, MA.

Bonnell IA, Bate MR (2006) Star formation through gravitational collapse and competitive accretion. Monthly Notices of the Royal Astronomical Society 370:488–494.

Booth WC, Colomb GG, Williams JM, Bizup J, FitzGerald WT (2016) The craft of research. 4th ed. University of Chicago Press, Chicago, IL.

Borenstein M, Hedges LV, Higgins JPT, Rothstein HR (2009) Introduction to meta-analysis. John Wiley and Sons, Chichester, UK.

Bowater L, Yeoman K (2013) Science communication: A practical guide for scientists. Wiley-Blackwell, Chichester, UK.

Bowman LL, Levine LE, Waite BM, Gendron M (2010) Can students really multitask? An experimental study of instant messaging while reading. Computers & Education

54:927–931.

Boyle R (1660) New experiments physico-mechanical: Touching the spring of the air and its effects, made, for the most part, in a new pneumatical engine. H. Hall, Oxford, England.

Boyle R (1661) Certain physiological essays written at distant times, and on several occasions. Henry Herringman, London, England.

Boyle R (1665a) An account of a very odd monstrous calf. Philosophical Transactions of the Royal Society (London) 1:10.

Boyle R (1665b) Observables upon a monstrous head. Philosophical Transactions of the Royal Society (London) 1:85–86.

Bryson B (2004) Bryson's dictionary of troublesome words. Broadway Books, New York, NY.

Bunnett JF, Kearley FJ (1971) Comparative mobility of halogens in reactions of dihalobenzenes with potassium amide in ammonia. Journal of Organic Chemistry 36:184–186.

Calcagno V, Demoinet E, Gollner K, Guidi L, Ruths D, de Mazencourt C (2012) Flows of research manuscripts among scientific journals reveal hidden submission patterns. Science 338:1065–1069.

Carpenter S (ed) (2020) The craft of science writing: Selections from The Open Notebook. The Open Notebook, Madison, WI.

Carrier J, Monk TH (2000) Circadian rhythms of performance: New trends. Chronobiology International 17:719–732.

Carroll L (1871) Through the looking-glass, and what Alice found there. Macmillan, London, UK.

Carter GG, Wilkinson GS (2013) Food sharing in vampire bats: Reciprocal help predicts donations more than relatedness or harassment. Proceedings of the Royal Society B: Biological Sciences 280: 20122573.

Casadevall A, Fang FC (2010) Reproducible science. Infection and Immunity 78:4972–4975.

Chabrier G (2003) Galactic stellar and substellar initial mass function. Publications of the Astronomical Society of the Pacific 115:763–795.

Chaffer CL, Marjanovic ND, Lee T, Bell G, Kleer CG, Reinhardt F, D'Alessio AC, Young RA, Weinberg RA (2013) Poised chromatin at the ZEB1 promoter enables breast cancer cell plasticity and enhances tumorigenicity. Cell 154:61–74.

Cho DW (2009) Science paper writing in an EFL context: The case of Korea. English for Specific Purposes 28:230–239.

Chua HF, Ho SS, Jasinska AJ, Polk TA, Welsh RC, Liberzon I, Strecher VJ (2011) Self-related neural response to tailored smoking-cessation messages predicts quitting. Nature Neuroscience 14:426–427.

Cicero (55 BC) De oratore. (1942) Harvard University Press, Cambridge, MA CMS Collaboration, LHCb Collaboration (2015). Observation of the rare $B_s^{\,0} \to \mu^+\mu^-$ decay from the combined analysis of CMS and LHCb data. Nature 522:68–72.

Coleman S, Lee K (1989) Escape from the menace of the giant wormholes. Physics Letters B 221:242–249.

Connor U (1996) Contrastive rhetoric: Cross-cultural aspects of second-language writing. Cambridge University Press, Cambridge, UK.

Cooper H, Hedges LV, Valentine JC (eds) (2019) The handbook of research synthesis and meta-analysis. 3rd ed. Russell Sage Foundation, New York, NY.

Corcoran J, Englander K, Muresan LM (2019). Pedagogies and policies for publishing research in English: Local initiatives supporting international scholars. Routledge, New York, NY.

Costello MJ, Beard KH, Primack RB, Devictor V, Bates AE (2019) Are killer bees good for coffee? The contribution of a paper's title and other factors to its future citations. Biological Conservation 229:A1-A5.

Council of Science Editors SMC (2006) Scientific style and format: The CSE manual for authors, editors, and publishers. 7th edition. Council of Science Editors, Reston, VA.

Craig DC, Paddonrow MN (1987) Crystal structures of 3 long, rigid, norbornylogous compounds of relevance to distance-dependence studies of long-range intramolecular electron-transfer processes. Australian Journal of Chemistry 40:1951–1964.

Darwin C (1859) The Origin of Species. John Murray, London, UK.

Daston L, Gallison P (2007) Objectivity. Zone Books, New York, NY.

Davis M (2005) Scientific papers and presentations. Revised edition. Academic Press,

Burlington, MA.

Davis PM, Fromerth MJ (2007) Does the arXiv lead to higher citations and reduced publisher downloads for mathematics articles? Scientometrics 71:203–215.

Day RA, Gastel B (2006) How to write and publish a scientific paper. 6th edition. Greenwood Press, Westport, CT.

Derham W (1733) Letter to John Conduitt, 18 July 1733; Keynes Ms. 133, King's College, Cambridge, UK.

Desjardin DE, Peay KG, Bruns TD (2011) *Spongiforma squarepantsii*, a new species of gasteroid bolete from Borneo. Mycologia 103:1119–1123.

Dion ML, Sumner JL, Mitchell SM (2018) Gendered citation patterns across political science and social science methodology fields. Political Analysis 26:312–327.

DiYanni R, Hoy PC II (2001) The Scribner handbook for writers. 3rd edition. Allyn and Bacon, Boston, MA.

Eisenberger R (1992) Learned industriousness. Psychological Review 99:248–267.

Eliot TS (1943) Four quartets. Harcourt Brace, New York, NY.

ElMalik AT, Nesi H (2008) Publishing research in a second language: The case of Sudanese contributors to international medical journals. Journal of English for Academic Purposes 7:87–96.

Englander K (2009) Transformation of the identities of nonnative English-speaking scientists as a consequence of the social construction of revision. Journal of Language, Identity, and Education 8:35–53.

Fanelli D (2009) How many scientists fabricate and falsify research? A systematic review and meta-analysis. PLOS One 4:e5738.

Faulkes Z (2021) Better posters: Plan, design, and present an academic poster. Pelagic Publishing, Exeter, UK.

Feder ME, Mitchell-Olds T (2003) Evolutionary and ecological functional genomics. Nature Reviews Genetics 4:649–655.

Finkl CW (series editor) (1968–2021) Encyclopedia of earth sciences. Springer, New York, NY.

Fleischmann M, Pons S (1989) Electrochemically induced nuclear fusion of deuterium. Journal of Electroanalytical Chemistry 261:301–308.

Flowerdew J (1999) Writing for scholarly publication in English: The case of Hong Kong. Journal of Second Language Writing 8:123–145.

Flowerdew J (2007) The non-Anglophone scholar on the periphery of scholarly publication. AILA Review 20:14–27.

Foote S (1958) The Civil War: A narrative. 1. Fort Sumter to Perryville. Random House, New York, NY.

Foote S (1963) The Civil War: A narrative. 2. Fredericksburg to Meridian. Random House, New York, NY.

Foote S (1974) The Civil War: A narrative. 3. Red River to Appomattox. Random House, New York, NY.

Foote S (1994) Shelby Foote: Stars in their courses: The Gettysburg campaign. C-SPAN Booknotes, http://www.booknotes.org/FullPage.aspx?SID=60099-1.

Fowler HR, Aaron JE (2011) The Little, Brown handbook. Pearson, Boston, MA.

Fowler HW, Burchfield RW (1996) The new Fowler's modern English usage. Clarendon Press, Oxford, UK.

Fraser N, Momeni F, Mayr P, Peters I (2020) The relationship between bioRxiv preprints, citations and altmetrics. Quantitative Science Studies 1:618–638.

Friedland A, Folt C, Mercer JL (2018) Writing successful science proposals. 3rd edition. Yale University Press, New Haven, CT.

Gell-Mann M (1964) A schematic model of baryons and mesons. Physics Letters 8:214–215.

Gell-Mann M (1995) The quark and the jaguar: Adventures in the simple and the complex. Henry Holt, New York, NY.

Gerwing TG, Allen Gerwing AM, Avery-Gomm A, Choi C-Y, Clements JC, Rash JA (2020). Quantifying professionalism in peer review. Research Integrity and Peer Review 5:9.

Glänzel W, Schubert A (2005) Analyzing scientific networks through co-authorship. In: Moed HF, Glänzel W, Schmoch U (eds) Handbook of quantitative science and technology research: The use of publication and patent statistics in studies of S&T systems. Kluwer, New York, NY, pp. 257–276.

Godden DR, Baddeley AD (1975) Context-dependent memory in two natural environments: On land and underwater. British Journal of Psychology 66:325–331.

Gopen GD, Swan JA (1990) The science of scientific writing. American Scientist 78:550–558

Gordin, MD (2015) Scientific Babel: How science was done before and after global English. University of Chicago Press, Chicago, IL.

Gosden, H (1996) Verbal reports of Japanese novices' research writing practices in English. Journal of Second Language Writing 5:109–128.

Gross AG, Harmon JE, Reidy M (2002) Communicating science: The scientific article from the 17th century to the present. Oxford University Press, Oxford, UK.

Gulick S, Reece R, Christeson G, van Avendonk H, Worthington L, Pavlis T (2013) Seismic images of the Transition fault and the unstable Yakutat-Pacific-North American triple junction. Geology 41:571–574.

Gustavsson JP, Weinryb RM, Göransson S, Pedersen NL, Åsberg M (1997) Stability and predictive ability of personality traits across 9 years. Personality and Individual Differences 22:783–791.

Halverson KL,Heard Stephen B. , Nason JD, Stireman JO III (2008a) Differential attack on diploid, tetraploid, and hexaploid *Solidago altissima* L. by five insect gallmakers. Oecologia 154:755–761.

Halverson KL, Heard Stephen B. , Nason JD, Stireman JO III (2008b) Origins, distribution and local co-occurrence of polyploids in *Solidago altissima* L. American Journal of Botany 95:50–58.

Hanauer DI, Englander K (2013) Scientific writing in a second language. Parlor Press, Anderson, SC.

Harmon JE, Gross AG (2007) The scientific literature: A guided tour. University of Chicago Press, Chicago, IL.

Hartley J (2004) Current findings from research on structured abstracts. Journal of the Medical Library Association 92:368–371.

Harvey FSB, Framenau VW, Wojcieszek JM, Rix MG, Harvey MS (2012) Molecular and morphological characterisation of new species in the trapdoor spider genus Aname(Araneae: Mygalomorphae: Nemesiidae) from the Pilbara bioregion of Western Australia. Zootaxa:15–38.

Hayes N, Introna LD (2005) Cultural values, plagiarism, and fairness: When plagiarism gets in the way of learning. Ethics and Behavior 15:213–231.

Heard Stephen B. (1992) Patterns in tree balance among cladistic, phenetic, and randomly generated phylogenetic trees. Evolution 46:1818–1826.

Heard Stephen B. (1995) Short-term dynamics of processing chain systems. Ecological Modelling 80:57–68.

Heard Stephen B. (2012) Use of host-plant trait space by phytophagous insects during hostassociated differentiation: The gape-and-pinch model. International Journal of Ecology 2012:ID192345.

Heard Stephen B.(2015a) Dealing with the defect in English (blog post). https://scientistseessquirrel.wordpress.com/2015/04/24/dealing-with-the-defect-in-english/.

Heard Stephen B. (2015b) Is "nearly significant" ridiculous? (blog post) https://scientistseessquirrel.wordpress.com/2015/11/16/is-nearly-significant-ridiculous/.

Heard Stephen B. (2018) Go ahead, use contractions: poll responses and more (blog post). https://scientistseessquirrel.wordpress.com/2018/11/06/go-ahead-use-contractions-poll-responses-and-more/.

Heard Stephen B.(2020) Charles Darwin's barnacle and David Bowie's spider: how scientific names celebrate adventurers, heroes, and even a few scoundrels. Yale University Press, New Haven, CT.

Heard Stephen B., Cox Graham H. (2007) The shapes of phylogenetic trees of clades, faunas, and local assemblages: Exploring spatial pattern in differential diversification. American Naturalist 169:E107–E118.

Heard Stephen B., Jesson Linley K., TulkJesson Kirby (2009) Population genetic structure of the Gulf of St. Lawrence aster, Symphyotrichum laurentianum (Asteraceae), a threatened coastal endemic. Botany 87:1089–1095.

Heard Stephen B., Kitts Emily K. (2012) Impact of Gnorimoschema gallmakers on their ancestral and novel Solidago hosts. Evolutionary Ecology 26:879–892.

Heard Stephen B., Remer Lynne C. (1997) Clutch size behavior and coexistence in ephemeral-patch competition models. American Naturalist 150:744–770.

Heard Stephen B., Remer Lynne C. (2008) Travel costs, oviposition behavior and the dynamics of insect-plant systems. Theoretical Ecology 1:179–188.

Hendrickson R (1994) The literary life and other curiosities. Revised edition. Houghton Mifflin, New York, NY.

Higgs P (1964) Broken symmetries and the masses of gauge bosons. Physical Review Letters 13:508–509.

Higham NJ (1998) Handbook of writing for the mathematical sciences. Society for Industrial and Applied Mathematics, Philadelphia, PA.

Hind KR, Saunders GW (2013) A molecular phylogenetic study of the tribe Corallineae (Corallinales, Rhodophyta) with an assessment of genus-level taxonomic features and descriptions of novel genera. Journal of Phycology 49:103–114.

Hobbes T (1655) Elementorum philosophiae sectio prima de corpore. The English works of Thomas Hobbes of Malmesbury (1839 edition). John Bohn, London.

Huang J, Gates AJ, Sinatra R, Barabási A-L (2020) Historical comparison of gender inequality in scientific careers across countries and disciplines. Proceedings of the National Academy of Sciences (USA) 117:4609–4616.

Hughes M (2011) Online comment, The Globe and Mail (Toronto); confirmed by pers. comm.

Hunt GS (1996) Description of predominantly arboreal platermaeoid mites from eastern Australia (Acarina: Cryptostigmata: Plateremaeoidea). Records of the Australian Museum 48:303–324.

Hurlbert SH (1984) Pseudoreplication and the design of ecological experiments. Ecological Monographs 54:187–211.

Hurlbert SH (1990) Spatial distribution of the montane unicorn. Oikos 58:257–271.

Hyland K (1998) Hedging in scientific research articles. John Benjamins, Amsterdam

Idzik KR, Nodler K, Licha T (2014) Efficient synthesis of readily water-soluble amides containing sulfonic groups. Synthetic Communications 44:133–140.

Illingworth S, Allen G (2020). Effective science communication: a practical guide to surviving as a scientist. 2nd ed. IOP Publishing, Bristol, UK.

International Human Genome Sequencing Consortium (Lander ES et al.) (2001) Initial sequencing and analysis of the human genome. Nature 409:860–921.

Jamieson KH, Kahan D, Scheufele DA (eds.) (2017) The Oxford handbook of the science of science communication. Oxford University Press, Oxford, UK.

Janssen N (2013) Response exclusion in word-word tasks: A comment on Roelofs, Piai and Schriefers. Language and Cognitive Processes 28:672–678.

Jode C de (1593) Speculum orbis terrae. Arnold Koninx, Antwerp.

Johnson ED (1991) The handbook of good English. Washington Square Books, New York, NY

Joyce J (1939) Finnegans wake. Faber and Faber, London.

Katsnelson A (2015) Cancer paper pulled due to "identical tex"t from one published 6 days

prior; author objects (blog post). https://retractionwatch.com/2015/06/12/cancer-paper-pulled-due-to-identical-text-from-one-published-6-days-prior-author-objects/.

Katz MJ (2006) From research to manuscript: A guide to scientific writing. Springer, Dordrecht.

Khatib M, Moradian MR (2011) Deductive, inductive, and quasi-inductive writing styles in Persian and English: Evidence from media discourse. Studies in Language and Literature 2:81–87.

King S (2000) On writing: A memoir of the craft. Scribner, New York.

Kolaczan CR, Heard Stephen B., Segraves KA, Althoff DM, Nason JD (2009) Spatial and genetic structure of host-associated differentiation in the parasitoid Copidosoma gelechiae. Journal of Evolutionary Biology 22:1275–1283.

Kosslyn SM (2006) Graph design for the eye and mind. Oxford University Press, Oxford, UK.

Kotiaho JS (2002) Ethical considerations in citing scientific literature and using citation analysis in evaluation of research performance. Journal of Information Ethics 11:10–16.

Kroto HW, Heath JR, O'Brien SC, Curl RF, Smalley RE (1985) C_{60}: Buckminsterfullerene. Nature 318:162–163.

Kubota R (1992) Contrastive rhetoric of Japanese and English: A critical approach. PhD Dissertation, Department of Education, University of Toronto.

Kupfer JA, Webbeking AL, Franklin SB (2004) Forest fragmentation affects early successional patterns on shifting cultivation fields near Indian Church, Belize. Agriculture, Ecosystems and Environment 103:509–518.

Levelt WJM, Drenth P, Noort E (eds) (2012) Flawed science: The fraudulent research practices of social psychologist Diederik Stapel. Commissioned by the Tilburg University, University of Amsterdam and the University of Groningen. Tilburg, Netherlands. http://hdl.handle.net/11858/00-001M-0000-0010-2590-A.

Li K, Qian S-B (2013) Two particular EA-type binaries in the globular cluster ω Centauri. Research in Astronomy and Astrophysics 13:827–834.

Li Y, Cargill M (2019) Observing and reflecting in an ERPP "Master Class." In: Corcoran J, Englander K, Muresan LM (eds) Pedagogies and policies for publishing research in English: Local initiatives supporting international scholars. Routledge, New York, NY, pp 143–160.

Loscalzo J (2012) Irreproducible experimental results: Causes, (mis)interpretations, and consequences. Circulation 125:1211–1214.

Lozano GA, Lariviere V, Gingras Y (2012) The weakening relationship between the impact factor and papers'citations in the digital age. Journal of the American Society for Information Science and Technology 63:2140–2145.

Lyons J (2009) The house of wisdom: How the Arabs transformed western civilization. Bloomsbury, New York.

Maddox GD, Cook RE, Wimberger PH, Gardescu S (1989) Clone structure in four Solidago altissima (Asteraceae) populations: Rhizome connections within genotypes. American Journal of Botany 76:218–326.

Magnusson WE (1996) How to write backwards. Bulletin of the Ecological Society of America 77:88.

Maliniak D, Powers R, Walters BF (2013) The gender citation gap in international relations. International Organizations 67:889–922.

Mangan A, Walgermo BR, Brønnick K (2013) Reading linear texts on paper versus computer screen: Effects on reading comprehension. International Journal of Educational Research 58:61–68.

Mangel M (2006) The theoretical biologist's toolbox. Cambridge University Press, Cambridge, UK.

Martin Ginis KA, Bray SR (2010) Application of the limited strength model of self-regulation to understanding exercise effort, planning and adherence. Psychology and

Health 25:1147–1160.

Maupertuis P-LM de (1737) La figure de la terre, determinée par les messieurs de l'Académie Royale des Sciences, qui on mesuré le degré du méridien au Circle Polaire.

Mémoires de l'Académie Royale des Sciences 1737:389–466.

Mazur JE (1996) Procrastination by pigeons: Preference for larger, more delayed work requirements. Journal of the Experimental Analysis of Behavior 65:159–171.

Meer L van der, Costafreda S, Aleman A, David AS (2010) Self-reflection and the brain: A theoretical review and meta-analysis of neuroimaging studies with implications for schizophrenia. Neuroscience and Biobehavioral Reviews 34:935–946.

Melville H (1851) Moby-Dick; or, the whale. Harper and Brothers, New York, NY.

Mermin ND (1995) Limits to quantum mechanics as a source of magic tricks: Retrodiction and the Bell-Kochen-Specker theorem. Physical Review Letters 74:831–834.

Michel J-B, Shen YK, Aiden AP, Veres A, Gray MK, The Google Books Team, Pickett JP, Hoiberg D, Clancy D, Norvig P, Orwant J, Pinker S, Nowak MA, Aiden EL (2011) Quantitative analysis of culture using millions of digitized books. Science 331:176–182.

Milojević S (2017) The length and semantic structure of article titles–Evolving disciplinary practices and correlations with impact. Frontiers in Research Metrics and Analytics 2:2.

Montgomery SL (2003) The Chicago guide to communicating science. University of Chicago Press, Chicago, IL.

Morris PD (2010) Vladimir Nabokov: Poetry and the lyric voice. University of Toronto Press, Toronto.

Munroe R (2015) Thing explainer: complicated stuff in simple words. Houghton Mifflin Harcourt, Boston, MA.

Murphy SM, Vidal MC, Hallagan CJ, Broder ED, Barnes EE, Hornalowell ES, Wilson JD (2019) Does this title bug (Hemiptera) you? How to write a title that increases your citations. Ecological Entomology 44:593–600.

Murray DM (1990) Shoptalk: Learning to write with writers. Boynton/Cook, Portsmouth, NH.

Nabokov V (1944) Notes on the morphology of the genus Lycaeides (Lycaenidae, Lepidoptera). Psyche 51:104–138.

Nabokov V (1952) Notes on neotropical Plebejinae (Lycaenidae, Lepidoptera). Psyche 52:1–61.

Nason John D. ,Heard Stephen B. ,Williams Frederick R. (2002) Host associated genetic differentiation in the goldenrod elliptical-gall moth, *Gnorimoschema gallaesolidaginis* (Lepidoptera: Gelechiidae). Evolution 56:1475–1488.

Nauman S (2019) The impact of English language teaching reforms on Pakistani scholars'language and research skills. In: Corcoran J, Englander K, Muresan LM (eds) Pedagogies and policies for publishing research in English: Local initiatives supporting international scholars. Routledge, New York, NY, pp. 179–192.

Nicholas KA, Gordon W (2011) A quick guide to writing a solid peer review. Eos 92:233–240.

Novak JD, Cañas AJ (2008) The theory underlying concept maps and how to construct and use them. Technical Report IHMC CmapTools 2006–01 Rev 01–2008. Florida Institute for Human and Machine Cognition, Pensacola, FL.

Okamura A (2004) How do British and Japanese scientists publish their academic papers in English? The Economic Journal of Takasaki City University of Economics 46:39–61.

Okamura A (2005) Pragmatic force in biology papers written by British and Japanese scientists. In: Togninin-Bonelli E, Del Lungo Camiciotti G (eds) Strategies in academic discourse. John Benjamins Publishing, Amsterdam.

Okamura A (2006). How do Japanese researchers cope with language difficulties and succeed in scientific discourse in English?: Interviews with Japanese research article writers. The Economic Journal of Takasaki City University of Economics 48:61–78.

Oke Oluwatobi A., Heard StephenB.,Lundholm Jeremy T. (2014) Integrating phylogenetic community structure with species distribution models: An example with plants of rock barrens. Ecography 37:614:625.

Oppenheimer DM (2006) Consequences of erudite vernacular utilized irrespective of necessity: Problems with using long words needlessly. Applied Cognitive Psychology 20:139–156.

Oruç A (2012) A handbook of scientific proposal writing. CRC Press, BocaRaton, FL.

Osycka-Salut C, Diez F, Burdet J, Gervasi MG, Franchi A, Bianciotti LG, Davio C, Perez-Martinez S (2014) Cyclic AMP efflux, via MRPs and A1 adenosine receptors, is critical for bovine sperm capacitation. Molecular Human Reproduction 20:89–99.

Palmer D, Digges E (1665) An extract of a letter containing some observations, made in the ordering of silk-worms, communicated by that known vertuoso, Mr. Dudley .

Palmer, from the ingenuous Mr. Edward Digges. Philosophical Transactions of the Royal Society (London) 1:26–27.

Peacock M (2002) Communicative moves in the discussion section of research articles. System 30:479–497.

Pecorari D (2008) Academic writing and plagiarism: A linguistic analysis. Continuum, London, UK.

Pennycook A (1996) Borrowing others' words: Text, ownership, memory, and plagiarism. TESOL Quarterly 30:201–230.

Pérez-Ramos A (1996) Bacon's legacy. In: Peltonnen M (ed) The Cambridge companion to Bacon. Cambridge University Press, Cambridge, UK, pp. 311–334.

Pinker S (2014) The sense of style: The thinking person's guide to writing in the 21st century. Viking, New York.

Plavén-Sigray P, Matheson GJ, Schifferl BC, Thompson WH (2017). The readability of scientific texts is decreasing over time. eLife 2017;6:e27725.

Queenan J (2009) Newman, Hoffman, and me. The Guardian (London), Apr 25.

Quiller-Couch A (1916) On the art of writing: Lectures delivered in the University of Cambridge. Cambridge University Press, Cambridge, UK.

Ramsden JJ (2009) Impact factors: A critique. Journal of Biological Physics and Chemistry 9:139–140.

Robinson JW, Skelly Frame EM, Frame GM II (2005) Undergraduate instrumental analysis. 6th edition. Marcel Dekker, New York, NY.

Rockman MV (2012) The QTN program and the alleles that matter for evolution: All that's

gold does not glitter. Evolution 66:1–17.

Rosenzweig ML (1995) Species diversity in space and time. Cambridge University Press,

Cambridge, UK.

Sagi I, Yechiam E (2008) Amusing titles in scientific journals and article citation. Journal of Information Science 34:680–687.

Salager-Meyer F (2008) Scientific publishing in developing countries: Challenges for the future. Journal of English for Academic Purposes 7:121–132.

Sanders DB, Scoville NZ, Solomon PM (1985) Giant molecular clouds in the galaxy. 2. Characteristics of discrete features. Astrophysical Journal 289:373–387.

Saunders GW, Clayden SL (2010) Providing a valid epithet for the species widely known as *Halosacciocolax kjellmand* S. Lund (Palmariales, Rhodophyta)–*Rhodophysema kjellmanii* sp. nov. Phycologia 49:628.

Schmidt MH (2020) Being a scientist: tools for science students. University of Toronto Press, Toronto, Canada.

Schwartz GJ, Kennicutt RC Jr (2004) Demographic and citation trends in Astrophysical Journal papers and preprints. arXiv:astro-ph/0411275 (https://arxiv.org/abs/astro-ph/0411275).

Seringhaus MR, Cayting PD, Gerstein MB (2008) Uncovering trends in gene naming. Genome Biology 9:401–404.

Sever R, Roeder T, Hindle S, Sussman L, Black K-J, Argentine J, Manos W, Inglis JR (2019) bioRxiv: the preprint server for biology. bioRxiv 833400; doi: https://doi.org/10.1101/833400.

Shapin S (1984) Pump and circumstance: Robert Boyle's literary technology. Social Studies of Science 14:481–520.

Shulman HC, Dixon GN, Bullock OM, Colón Amill D (2020) The effects of jargon on processing fluency, self-perceptions, and scientific engagement. Journal of Language and Social Psychology 39:579–597.

Silvia P (2007) How to write a lot: A practical guide to productive academic writing. American Psychological Association, Washington, DC.

Silvia P (2014) Write it up!. American Psychological Association, Washington, DC.

Smith MJ, Weinberger C, Bruna EM, Allesina S (2014) The scientific impact of nations: Journal placement and citation performance. PLOS ONE 9(10):e109195.

Sohrabi B, Iraj H (2017) The effect of keyword repetition in abstract and keyword frequency per journal in predicting citation counts. Scientometrics 110:243–251.

Soutullo A, Dodsworth S, Heard Stephen B. , Mooers AO (2005) Distribution and correlates of carnivore phylogenetic diversity across the Americas. Animal Conservation 8:249–258.

Sprat T (1667) The history of the Royal Society of London. J. Martyn, London.

Stafford W (1978) Writing the Australian crawl: Views on the writer's vocation. University of Michigan Press, Ann Arbor.

Steel P (2007) The nature of procrastination: A meta-analytic and theoretical review of quintessential self-regulatory failure. Psychological Bulletin 133:65–94.

Steel P, König CJ (2006) Integrating theories of motivation. Academy of Management Review 31:889–913.

Steinbeck J (1969 [1972]) Journal of a novel: The East of Eden letters. Pan, New York, NY.

Strunk W Jr., White EB (1972) The elements of style. 2nd edition. Macmillan, New York, NY.

Swales JM (1990) Genre analysis: English in academic and research settings. Cambridge University Press, Cambridge, UK.

Swales JM (2004) Research genres: Explorations and applications. Cambridge University Press, Cambridge, UK.

Swales JM, Feak CB (2009) Abstracts and the writing of abstracts. University of Michigan Press, Ann Arbor, MI.

Swales JM, Feak CB (2012) Academic writing for graduate students: essential tasks and skills. 3rd ed. University of Michigan Press, Ann Arbor, MI.

Swann WB, Hixon JG, Stein-Seroussi A, Gilbert DT (1990) The fleeting gleam of praise: Cognitive processes underlying behavioral reactions to self-relevant feedback. Journal of Personality and Social Psychology 59:17–26.

Sword H (2012) Stylish academic writing. Harvard University Press, Cambridge, MA.

Sword H (2017) Air & light & time & space. Harvard University Press, Cambridge, MA.

Szomszor M, Pendlebury DA, Adams J (2020) How much is too much? The difference between research influence and self-citation excess. Scientometrics 123:1119–1147.

Thaler R (1981) Some empirical evidence on dynamic inconsistency. Economics Letters 8:201–207.

Thomas L (1979) The medusa and the snail: More notes of a biology watcher. Viking, New York, NY.

Tufte ER (2001) The visual display of quantitative information. 2nd edition. Graphics Press, Cheshire, CT.

Uzuner S (2008) Multilingual scholars' participation in core/global academic communities: A literature review. Journal of English for Academic Purposes 7:250–263.

Van Doren M (1949) Nathaniel Hawthorne. W. Sloane Associates, New York, NY.

Van Duzer C (2013) Sea monsters on medieval and Renaissance maps. British Library, London, UK.

Van Dyke MCC, Teixeira MM, Barker BM (2019) Fantastic yeasts and where to find them: the hidden diversity of dimorphic fungal pathogens. Current Opinion in Microbiology 52:55–63.

Vangeison G, Carr D, Federoff HJ, Rempe DA (2008) The good, the bad, and the cell type-specific roles of hypoxia inducible factor-1 alpha in neurons and astrocytes. Journal of Neuroscience 28:1988–1993.

Van Valen LM (1973) A new evolutionary law. Evolutionary Theory 1:1–30.

Vonnegut K Jr. (1997) Timequake. Putnam, New York, NY.

Walz N (2010) Publications of BRIC and Outreach Countries in international journals on limnology. International Review of Hydrobiology 95:298–312.

Wang Z, David P, Srivastava J, Powers S, Brady C, D'Angelo J, Moreland J (2012) Behavioral performance and visual attention in communication multitasking: A comparison between instant messaging and online voice chat. Computers in Human Behavior 28:968–975.

Ware C (2012) Information visualization: Perception for design. 3rd edition. Morgan Kaufmann, Waltham, MA.

Wasserstein RL, Lazar NA (2016) The ASA's statement on p-values: context, process, and purpose. The American Statistician 70:129–133.

Wei, J, Barr J, Kong L-Y, Wang Y, Wu A, Sharma AK, Gumin J, Henry V, Colman H,

Sawaya R, Lang FF, Heimberger AB (2010) [Retracted] Glioma-associated cancer-initiating cells induce immunosuppression. Clinical Cancer Research 16:461–473.

Weinberger C, Evans JA, Allesina S (2015) Ten simple (empirical) rules for writing science. PLOS Computational Biology 11(4):e1004205.

West-Eberhard MJ (2014) Darwin's forgotten idea: The social essence of sexual selection. Neuroscience and Biobehavioral Reviews 46:501–508.

Westfall RS (1980) Never at rest: A biography of Isaac Newton. Cambridge University Press, Cambridge, UK.

Whitlock MC, McPeek MA, Rausher MD, Rieseberg LH, Moore AJ (2010) Data archiving. American Naturalist 175:145–146.

Wilcox C, Brookshire B, Goldman JG (eds) (2016) Science blogging: The essential guide. Yale University Press, New Haven, CT.

Williams JM (1990) Style: Toward clarity and grace. University of Chicago Press, Chicago, IL.

Wilson AT, Calvin M (1955) The photosynthetic cycle: CO_2-dependent transients. Journal of the American Chemical Society 77:5948–5957.

Wong BBM and Kokko H (2005) Is science as global as we think? Trends in Ecology and Evolution 20:475–476.

Woods EC, Hastings AP, Turley NE, Heard Stephen B. , Agrawal AA (2012) Adaptive geographical clines in the growth and defense of a native plant. Ecological Monographs 82:149–168.

Worm O (1655) Museum Wormianum. Elzevir, Leiden Young HJ, Young TP (1992) Alternative outcomes of natural and experimental high pollen loads. Ecology 73:63–647.

Zheng Y, Cao Y (2019) Publishing research in English for Chinese multilingual scholars in language-related disciplines: Towards a biliteracy approach. In: Corcoran J, Englander K, Muresan LM (eds) Pedagogies and policies for publishing research in English: Local initiatives supporting international scholars. Routledge, New York, NY, pp. 161–175.

Zweig G (1964) An SU(3) model for strong interaction symmetry and its breaking. CERN Report Geneva TH. 401.

致 谢

  对于评论、建议和其他各种帮助，我很感激张博（Bo Zhang）、王少鹏（Shaopeng Wang）、卢西·维齐纳（Lucie Vezina）、弗拉德·塔西奇（Vlad Tasić）、罗杰·史密斯（Roger Smith）、安妮·萨瓦雷斯（Anne Savarese）、彼得·彼得雷蒂斯（Peter Petraitis）、劳尔·帕切科-维加（Raul Pacheco-Vega）、托比·奥凯（Tobi Oke）、金·尼古拉斯（Kim Nicholas）、约兰达·莫雷比（Yolanda Moreby）、阿尔恩·穆尔斯（Arne Mooers）、兰德尔·马汀（Randall Martin）、戴夫·马吉（Dave Magee）、凯特琳·麦克多诺·麦肯齐（Caitlin McDonough Mackenzie）、凯蒂·路易克（Katie Luiker）、鲁宾娜·科塔克（Rubina Kotak）、理查德·凯米克（Richard Kemick）、艾莉森·卡莱特（Alison Kalett）、罗伯·约翰斯（Rob Johns）、林利·杰森（Linley Jesson）、凯伦·詹姆斯（Karen James）、维卡·侯赛因（Viqar Husain）、米凯拉·亨辛格（Mikaela Huntzinger）、

金·哈德森–布雷丁（Kim Hudson-Brading）、史蒂夫·亨德里克斯（Steve Hendrix）、克里斯蒂·赫德（Kristie Heard）、凯瑟琳·哈珀（Katherine Harper）、乔纳森·霍尔（Jonathan Hall）、多西亚·格雷戈里（Dorthea Grégoire）、米沙·贾松（Mischa Giasson）、莱斯利·弗莱明（Lesley Fleming）、利亚·弗莱厄蒂（Leah Flaherty）、梅格·达菲（Meg Duffy）、弗洛伦斯·德巴雷（Florence Débarre）、克洛伊·卡尔（Chloe Cull）、巴里·卡尔（Barry Cull）、斯蒂利亚诺斯·查齐马诺（Stylianos Chatzimanolis）、埃米莉·香槟（Emilie Champagne）、德鲁·卡尔顿（Drew Carleton）、林赛·伯勒尔（Lyndsey Burrell）、亚历克斯·邦德（Alex Bond）、马德琳·巴塞内（Madeline Bassnet）、约翰·保罗·巴尔蒙特（John Paul Balmonte）、娜迪亚·奥宾–霍斯（Nadia Aubin-Horth）、弗雷德·艾伦多夫（Fred Allendorf）、彼得·艾布拉姆斯（Peter Abrams），以及几位匿名的审稿人。彼得·泰勒（Peter Taylor）、杰伊·斯塔霍维奇（Jay Stachowicz）、肖恩·奥唐奈（Sean O'Donnell）、特里什·莫尔斯（Trish Morse）、马克·曼格尔（Marc Mangel）、克拉·克里林（Kera Kreiling）、德鲁·克霍夫（Drew Kerkhof）、莉娜·卡巴迪（Lina Kabbadj）、布洛克·哈普尔（Brock Harpur）、杰里米·福克斯（Jeremy Fox）、克里斯·达林（Chris Darling）、朱迪·布朗斯坦（Judie Bronstein）、贾斯廷·安切塔（Justin Ancheta）、弗雷德·阿德勒（Fred Adler）和朗尼·阿尔森（Lonnie Aarsen）就科学写作中的幽默和美感问题发表了意见（但不一定同意）。钱德拉·莫法特友好地允许我在第20章中引用她修改前和修改后的摘要，桑杰夫·希赫拉（Sanjeev Seahra）向我解释了一些量子力学。菲尔·塔伯（Phil Taber）、朱迪·麦克林（Judy MacLean）、弗兰·霍尔约克（Fran Holyoke）、乔什·迪金森（Josh Dickison）以

及 UNB 图书馆（UNB Libraries）的其他幕后人员提供了出色的图书馆支持；金·斯塔福德（Kim Stafford）和扎克·塞利（Zach Selley）帮助追踪威廉·斯塔福德关于写作者瓶颈的想法。新不伦瑞克大学（The University of New Brunswick）的英语系和多伦多大学（University of Toronto）的科夫勒生物保护区（Koffler Biological Reserve）在我写这本书时慷慨地提供了空间。最后，杰米·赫德（Jamie Heard）和 NOVA 系列纪录片（ NOVA documentary series）的制作人启发了我的 ALMA 天文台 / 大质量恒星形成的例子。

不过，我最想感谢的是所有那些帮助我学习写作技巧的科学家和教育家——从小学老师一直到阅读我最新的稿件的同事、审稿人和朋友。我试图提供的任何名单都会非常长，但不可避免地不完整。如果你属于这个名单，谢谢你。